ANALYTISCHE GEOMETRIE

LEHRBUCH

DER

ANALYTISCHEN GEOMETRIE

VON

DR. FRIEDRICH SCHUR,
PROFESSOR AN DER UNIVERSITÄT STRASSBURG.

ZWEITE, VERBESSERTE UND VERMEHRTE AUFLAGE.

MIT ZAHLREICHEN FIGUREN IM TEXT.

LEIPZIG,
VERLAG VON VEIT & COMP.
1912.

Druck von Metzger & Wittig in Leipzig.

Vorwort zur ersten Auflage.

Wenn ich die Vorlesungen über analytische Geometrie, die ich in den Jahren 1882—92 an den Universitäten Leipzig und Dorpat gehalten habe, zu einem Lehrbuche zusammenfaßte, so bedarf ein solches Unternehmen in Anbetracht der großen Anzahl derartiger Bücher, die in älterer und neuerer Zeit erschienen sind, einiger Rechtfertigung. Hierzu wird es nötig sein, die Ziele und Grenzen des vorliegenden Lehrbuches zu kennzeichnen. Dasselbe soll die Studierenden der Mathematik sowohl als diejenigen der Naturwissenschaften oder der Technik, die mit den Elementen der Mathematik vertraut sind, insoweit in die analytische Geometrie der Ebene und des Raumes einführen, als einerseits zum Verständnisse der mathematischen Behandlung naturwissenschaftlicher oder technischer Probleme, andererseits zum Eindringen in die umfangreicheren Werke über analytische Geometrie und die Anwendungen der Differential- und Integralrechnung auf Geometrie nötig ist. Diese Anwendungen selbst wurden, von anderen Gründen abgesehen, deshalb nicht aufgenommen, weil eine sichere Aneignung der Methoden der analytischen Geometrie am besten auf dem Boden der Elementarmathematik geschieht. Eben deshalb beschränkten wir uns auch auf die Betrachtung der Linien und Flächen 1. und 2. Grades, da die Behandlung der Gebilde höherer oder gar transcendenter Art teils ohne Differential- und Integralrechnung überhaupt nicht oder nur künstlich durchgeführt werden kann, teils für den Naturforscher oder Techniker von geringerem Interesse ist.

Was die analytischen Hilfsmittel betrifft, so haben wir auf die Determinantentheorie verzichten zu müssen geglaubt und finden uns hierin vielleicht im Gegensatze zu einigen mathematischen Kollegen. Eine mehrjährige Unterrichtserfahrung hat dem Verfasser aber gezeigt, daß der Gewinn an Einfachheit und Eleganz der Rechnungen, der ja ohne Zweifel durch die Determinantentheorie erzielt wird, zunächst vollkommen durch die neue Schwierigkeit aufgehoben wird, die diese Rechnungsart dem Anfänger bereitet.

Daß es dem bisher vorgetragenen Standpunkte entspricht, wenn wir uns weder der homogenen Punktkoordinaten, noch der Linien- oder Ebenenkoordinaten bedienen, bedarf kaum einer näheren Auseinandersetzung. Erst auf dem Grunde einer genauen Kenntnis der sogenannten Cartesischen analytischen Geometrie halten wir im pädagogischen Interesse die Einführung dieser Begriffe für geboten, die überdies für die Anwendungen auf Naturwissenschaft oder Technik überflüssig sind. Nichtsdestoweniger lehnt sich unser Lehrgang soweit, wie es einer Einführung in die analytische Geometrie entspricht, an die sogenannte moderne Geometrie an, in der jene Begriffe ja hauptsächlich Anwendung finden.

Fügen wir hinzu, daß wir bestrebt waren, die analytische Geometrie der Ebene und des Raumes innerhalb des beschriebenen Rahmens möglichst kurz darzustellen, so müssen wir dem Urteile des Lesers die Entscheidung darüber überlassen, ob die bezeichneten Ziele durch dies neue Lehrbuch in höherem Grade erreicht sind als durch die alten. Vielleicht ist es ein wichtiger Punkt in dem sich das vorliegende Buch von manchen früheren unterscheiden mag. Wenn wir auch durch eine große Anzahl von Figuren dem Gedanken Ausdruck zu geben versuchten, daß jede geometrische Forschung immer wieder in der Anschauung Befruchtung und Belebung suchen müsse, wenn wir sogar vielfach in solchen Fällen, in denen der analytische Beweis nur den Charakter einer rechnerischen Verifikation gehabt hätte, synthetischen Beweisen den Vorzug gegeben haben, so haben wir doch stets, besonders bei allen grundlegenden Entwickelungen, Nachdruck darauf gelegt, daß der Beweis niemals an der Figur hafte, denselben vielmehr so eingerichtet, daß seine Gültigkeit bei jeder Lage der betrachteten Punkte, Geraden oder Ebenen ohne weiteres erhellt. Wir kennen wenig Lehrbücher der analytischen Geometrie und unter ihnen nicht einmal die verbreitetsten, die dieser gerade für eine analytische Geometrie fundamentalen Forderung genügen.

Was die zur Raumgeometrie gehörigen Figuren betrifft, so haben wir bei einigen ihre Konstruktion sowohl durch Erläuterungen im Texte als durch Hilfslinien angedeutet, damit der Leser sich über die Entstehung dieser Figuren Rechenschaft ablegen könne, ohne auf die Lehrbücher der darstellenden Geometrie angewiesen zu sein.

Haben wir so auf der einen Seite auf das geometrische Element einen starken Nachdruck gelegt, so fehlt es auf der anderen Seite auch nicht an schwierigen analytischen Entwickelungen.

Dieselben entsprangen einmal den allgemeineren Fragestellungen, von denen die analytische Geometrie ihrem Wesen nach ausgehen muß, dann aber auch der Absicht, den Lernenden schon zeitig daran zu gewöhnen, daß er sich bei der analytischen Behandlung einer Aufgabe nicht von der Durchführung einer längeren Rechnung abschrecken lasse. Eine solche ist zuweilen unvermeidlich, zuweilen aber auch nur eine Vorstufe, über die man zu einer eleganteren und kürzeren Lösung der Aufgabe geführt wird. Wenn diese Rechnungen dem Anfänger zu große Schwierigkeiten bereiten sollten, wie z. B. auf S. 59—61 der Kreislehre oder auf S. 99—100 und in den §§ 11 und 12 der Kegelschnittslehre, so können diese Stellen überschlagen werden, ohne daß dadurch das Verständnis des Folgenden beeinträchtigt wird.

Dem eigentlichen Lehrgange geht eine Einleitung voraus, die, ohne für das Verständnis desselben durchaus notwendig zu sein, erstens den Koordinatenbegriff und die Kegelschnittslehre vorbereiten und zweitens die geometrische Bedeutung des Rechnens mit Strecken zum vollen Bewußtsein des Lesers bringen soll.

Wie man nämlich auch über die Zeuthensche Hypothese, daß die alten Griechen bei Entwickelung der Kegelschnittslehre schon eine Art analytischer Geometrie anwandten, denken mag, so ist doch so viel sicher, daß sie den Koordinatenbegriff gerade in der Form und mit denselben Namen hatten, die noch heute gebräuchlich sind. Es schien mir daher wohl am Platze, auf diese Keime der analytischen Geometrie einzugehen, zumal wir die Entstehung der Kegelschnittslehre daran knüpfen konnten. Denn wenn auch jede analytische Theorie der Kegelschnitte am besten von einer Gleichung 2. Grades zwischen den Abscissen und Ordinaten ihrer Punkte ausgehen wird, so schien mir ein solcher Ausgangspunkt doch zu abstrakt für den Anfänger, wenn vorher nicht solchen Gleichungen eine gewisse anschauliche Bedeutung abgewonnen war, und wir glaubten in dieser Beziehung der historischen Entstehungsweise der Kegelschnitte den Vorzug geben zu müssen vor anderen Erzeugungsarten, die viel später entstanden sind und den Lernenden im Unklaren darüber lassen, warum gerade solche Kurven der Untersuchung unterzogen werden. Auf diese Weise war es zugleich möglich, ohne den systematischen Lehrgang zu unterbrechen, die Entstehungsweise der Namen der einzelnen Kegelschnitte zu entwickeln.

Was das Rechnen mit Strecken betrifft, so hielten wir es für gut, wieder einmal darauf hinzuweisen, daß der Aufbau der Geometrie nach dem Vorgange von Euklid auch ohne den Zahlbegriff möglich sei, was seit der Alleinherrschaft von LEGENDRES Elementen der Geometrie ganz in Vergessenheit geraten zu sein scheint. Während sich aber die EUKLIDische Theorie auf gewisse allgemeine Größensätze aufbaut, deren unmittelbare Annahme für andere Größen als Strecken nicht ohne Bedenken scheint, gehen wir von dem sogenannten Archimedischen Postulate aus (s. S. 7). Nun läßt sich zwar auch dies Postulat für den Aufbau der Elementargeometrie entbehren, aber einerseits wären die betreffenden Entwickelungen, um verständlich zu sein, zu umfangreich ausgefallen, andrerseits ist dies Postulat bei der für die Anwendungen unerläßlichen Bezugnahme auf das Zahlengebiet doch nicht zu vermeiden.

Zu den Bemerkungen, die wir in der Einleitung über DESCARTES, der als der Erfinder der analytischen Geometrie gilt, gemacht haben, wollen wir hier noch das Folgende hinzufügen. Die Art, wie DESCARTES' Géométrie gewöhnlich als das die Literatur über analystische Geometrie eröffnende Werk zitiert wird, hat gewiß oft die Vorstellung erweckt, als ob es sich dabei um ein systematisches Lehrbuch unserer Wissenschaft handle. Wenn wir darauf hinweisen, daß dem nicht so ist, so soll hierdurch das Verdienst DESCARTES' um die Erfindung der analytischen Geometrie nicht herabgesetzt werden, wie schon aus dem in der Einleitung darüber Gesagten hervorgeht. Daß aber DESCARTES' Géométrie kein systematisches Lehrbuch der analytischen Geometrie ist, folgt ja schon daraus, daß man in ihr vergeblich die Gleichung der einfachsten aller Linien, der geraden Linie, suchen wird. Die erste Veröffentlichung vielmehr, die den Anspruch auf jene Bezeichnung erheben darf, ist: JOHANNES DE WITT, elementa curvarum linearum, edita opera FRANCISCI A SCHOOTEN, liber II, Amsterdam 1659, das man im Anhange der SCHOOTENschen Ausgabe von DESCARTES' Géométrie auf S. 243 findet. Dasselbe leistet allerdings schon FERMAT in seinem Werke „Ad locos planos isagoge“ (Oeuvres, tome I, p. 91), die zwar schon vor dem Erscheinen von DESCARTES' Géométrie verfaßt und sogar mitgeteilt worden ist, aber erst im Jahre 1679 veröffentlicht wurde.

Von den Abweichungen, die unser Lehrbuch den gebräuchlichen gegenüber zeigt, mag besonders auf die Behandlung der Brennpunkte der Kegelschnitte hingewiesen werden, deren Entstehung wir nach EULERS vortrefflicher indroductio in analysin gegeben haben. Sie entspricht in der Tat der Forderung, auf einem analytischen Gedanken zu beruhen und zugleich elementar zu sein, während man sonst, soweit man nicht die sogenannten imaginären Kreispunkte oder dergleichen benutzt, meist von anderswoher bekannten geometrischen Erzeugungen der Kegelschnitte ausgeht. Die EULERsche Idee steht auch mit der Rolle in engster Beziehung, die die Brennpunkte in der Theorie der Planetenbewegungen spielen.

Unter den Aufgaben (166), die jedem Paragraphen folgen, wird der Leser überhaupt neben einer Reihe solcher, die ausschließlich dem Zwecke der Einübung der im Texte entwickelten Lehren gewidmet sind, auch solche finden, welche die Entwickelungen des Textes ergänzen sollen. Das alphabetische Sachregister soll unter anderem auch die Auffindung von Sätzen erleichtern, deren Beweis in den Erläuterungen zu den Aufgaben angedeutet ist.

Daß ein Buch, das der Entwickelung bekannter Lehren dienen soll, fast überall ältere Werke benutzt hat, bedarf kaum der Erwähnung. Diese sämtlich aufzuführen, würde gleichbedeutend sein mit einer Übersicht über die gesamte Literatur auf diesem Gebiete. Wir begnügen uns daher damit, die hauptsächlichsten Sammelwerke zu nennen, aus denen der junge Mathematiker weitere Belehrung und Anregung zum Studium der Originalliteratur schöpfen kann. Neben den nach einem weiten Plane angelegten Werken von SALMON-FIEDLER und CLEBSCH-LINDEMANN möchten wir hier besonders die analytische Geometrie von BALTZER erwähnen, die zwar dem Verständnisse nicht geringe Schwierigkeiten bietet, aber besonders reich ist an Nachweisen der geometrischen Literatur aus allen Zeiten. Natürlich kommen hier auch die Lehrbücher der Differential- und Integralrechnung in Betracht und insbesondere diejenigen, welche deren Anwendungen auf Geometrie gewidmet sind.

Was die Figuren betrifft, so habe ich mich bei dem Entwurfe eines Teiles derselben ebenso wie beim Lesen der Korrekturen der Unterstützung meines Freundes und Kollegen F. SCHILLING erfreuen können, und ich spreche ihm auch hier meinen wärmsten Dank dafür aus. Ebenso danke ich der Verlagsbuchhandlung für die Sorgfalt, die sie auf die Herstellung der Figuren sowie auf die Ausführung des Druckes verwendet hat.

Karlsruhe, im Juni 1898.

F. Schur.

Vorwort zur zweiten Auflage.

Die neue Auflage meines Lehrbuches der analytischen Geometrie erscheint im wesentlichen in der Form der alten, diese hat aber eine genaue Durchsicht und an vielen Stellen auch eine Erweiterung erfahren. Ich habe mich zwar bemüht, den Klagen über zu große Knappheit des Ausdrucks gerecht zu werden, bin aber absichtlich bei der Einfügung von Zusätzen über ein gewisses Maß nicht hinausgegangen. Denn das durch ein Lehrbuch Erlernte wird dem Studierenden nur dann dauerndes Eigentum bleiben, wenn er beim Verständnis gewisse Schwierigkeiten zu überwinden hat. Immerhin schien es mir nötig, besonders den Aufgaben weitere Erläuterungen hinzuzufügen. Eine gründliche Durcharbeitung dieser Aufgaben wird sicherlich jeden Studierenden der Mathematik in seiner allgemeinen geometrischen Bildung ganz wesentlich fördern, da sie ein großes Material enthalten.

Was die Determinanten betrifft, so habe ich in § 5 einige ihrer Eigenschaften entwickelt und dort, wo dadurch ein Gewinn entsteht, den alten Beweisen solche mit Benutzung der Determinantentheorie hinzugefügt. Gegen ihre systematische Verwendung muß ich das im Vorwort zur alten Auflage Gesagte (S. V) aufrecht erhalten ebenso wie dasjenige, was die homogenen Koordinaten betrifft. Einer besonders gründlichen Umarbeitung wurden die Paragraphen 19 über die räumliche Koordinatentransformation und 23 über das Hauptachsenproblem der Flächen 2. Grades unterzogen. Hinzugefügt wurde ein neuer Paragraph (§ 24) über die Fokaleigenschaften der Flächen 2. Grades, da sie doch zu wichtig und zu schwer verständlich sind, um wie bisher in den Aufgaben hinreichende Würdigung zu finden. Die STAUDEschen Fadenkonstruktionen konnten allerdings nicht entwickelt werden, sollte anders der Umfang des Buches nicht zu sehr anschwellen. Wir verweisen in dieser Beziehung auf STAUDES Handbuch der analytischen Geometrie selbst. Was endlich die Einleitung betrifft, so hat zwar die dort entwickelte Proportionslehre inzwischen eine wesentliche wissenschaftliche Vertiefung erfahren, worüber man in des Verfassers Grundlagen der Geometrie (Leipzig, Teubner, 1909) nachlesen kann, pädagogische Rücksichten veranlaßten aber die Beibehaltung der alten Darstellung.

Straßburg, im Juli 1912.

F. Schur.

Inhalt.

Einleitung.

Wollen wir demjenigen, welcher nur mit der Kenntnis der Elementargeometrie ausgerüstet ist, schon jetzt einen Begriff von dem Wesen der analytischen Geometrie verschaffen, so knüpfen wir am besten an die Keime an, die sich davon in der Geometrie der Alten finden. Diese Keime treten uns noch nicht entgegen in demjenigen Teile der alten Geometrie, welcher in den höheren Schulen vorzugsweise gelehrt wird, in der Geometrie der geraden Linie und des Kreises; die unmittelbare Anschaulichkeit dieser Gebilde sowohl wie ihrer grundlegenden Eigenschaften geben nirgends Veranlassung, die unmittelbare Anschauung zu verlassen. Anders ist es in der Theorie der Kegelschnitte, in deren Erforschung die alten Griechen viel Größeres geleistet haben, als man vielfach glaubt; gibt es doch wenig Eigenschaften der Kegelschnitte, die nicht in irgend einer, wenn auch unvollkommenen Form den Alten bekannt waren. Diese Stufe hätte die Theorie der Kegelschnitte bei den Griechen nicht erreichen können, wenn man den Kegelschnitt immer wieder am geraden oder schiefen Kreiskegel betrachtet hätte, wenn man sich nicht vielmehr entweder auf eine einheitliche, in der Ebene selbst vorzunehmende Erzeugung der Kegelschnitte gestützt hätte wie die moderne synthetische Geometrie oder auf eine Definition, die derjenigen durch ihre Gleichung in der analytischen Geometrie entspricht. Um zu beweisen, daß das letztere der Fall war, und damit zugleich zu zeigen, welche Keime der analytischen Geometrie sich bei den Alten vorfanden, müssen wir mehr auf Einzelheiten eingehen.

Wir betrachten den geraden Kreiskegel (Fig. 1, 2, 3) mit der Spitze S und der kreisförmigen Basis $U'P'T'$, wo $SU'Q'T'$ diejenige Ebene durch die Achse des Kegels sein mag, welche senkrecht auf der schneidenden Ebene $OP'Q'$ steht; hierbei soll O, der sogenannte Scheitelpunkt des Kegelschnittes (κορυφή), auf SU' liegen. Die Schnittlinie OQ' der gemeinsamen Symmetrieebene $SU'T'$ des Kegels und der schneidenden Ebene ist nämlich zugleich Symmetrieachse oder Durchmesser des

Kegelschnittes. Nun sind drei Fälle möglich, die der Reihe nach in den drei Figuren 1, 2, 3 dargestellt sind: 1. $OQ' \| ST'$ 2. OQ' schneidet die Kante ST' in einem Punkte L, der zu demselben Kegelmantel gehört wie O oder 3. OQ' schneidet die Kante ST'' in einem Punkte L, der zu dem anderen Kegelmantel gehört.

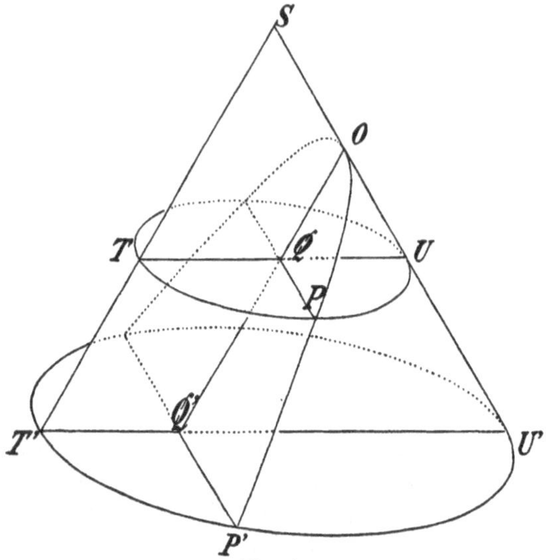

Fig. 1.

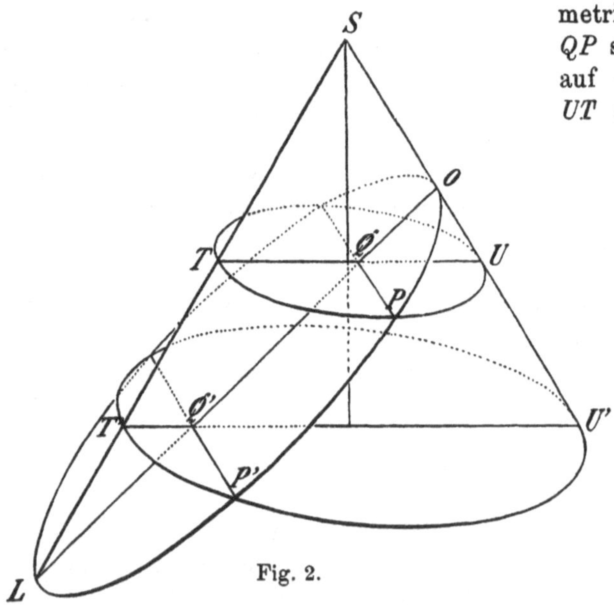

Fig. 2.

Ist nun P irgend ein Punkt des Kegelschnittes und PUT der ihn enthaltende Kreis des Kegels, der ja in einer Parallelebene zur Basisebene liegt, und Q der Schnittpunkt dieser Ebene mit der Symmetrieachse OQ', so daß QP sowohl auf OQ' als auf dem Durchmesser UT des Kreises senkrecht steht, so ist $QP^2 = TQ \cdot QU$.

Da im 1. Falle $QU : OQ = TU : TS = T'U' : T'S$ und $TQ = T'Q'$ ist, so ist hier:

$$\frac{QP^2}{OQ} = \frac{Q'P'^2}{OQ'} = 2p,$$

oder:

$$QP^2 = OQ \cdot 2p, \tag{1}$$

wo die konstante Strecke $2p$ der Parameter heißt (bei den Alten πλευρὰ ὀρθία latus rectum).

Im 2. und 3. Falle ergibt sich aus $Q'P'^2 = T'Q' \cdot Q'U'$, daß:

$$QP^2 : Q'P'^2 = TQ \cdot QU : T'Q' \cdot Q'U' = \frac{TQ}{T'Q'} \cdot \frac{QU}{Q'U'} = \frac{LQ}{LQ'} \cdot \frac{OQ}{O'Q'}$$
$$= LQ \cdot OQ : LQ' \cdot OQ',$$

oder:

$$QP^2 : LQ \cdot OQ = Q'P'^2 : LQ' \cdot OQ' = \alpha,$$

wo α ein konstantes Verhältnis ist. Setzen wir $OL = 2a$ (Durchmesser διαμέτηϱ oder πλευϱὰ πλαγία latus transversum) und $\alpha \cdot OL = 2p$, so ist im 2. Falle $LQ = 2a - OQ$ und im 3. Falle $LQ = 2a + OQ$, also:

(2) $$QP^2 = 2p \cdot OQ - \frac{2p}{2a} OQ^2,$$

und

(3) $$QP^2 = 2p \cdot OQ + \frac{2p}{2a} OQ^2.$$

Wir haben uns bei Ableitung dieser Beziehungen der Kürze wegen der modernen algebraischen Zeichensprache bedient. Die Alten kannten diese ja nicht, bedienten sich vielmehr der Proportionen und sprachen das Resultat in den folgenden Figuren (Fig. 4, 5 u. 6) aus, die zugleich zeigen, wie man in der Ebene jedes Kegelschnittes beliebig viel Punkte desselben mit Zirkel und Lineal konstruieren kann. Errichtet man in dem Scheitelpunkt O eine Gerade $OM = 2p$ senkrecht auf dem Durchmesser OL und zieht ML (in Fig. 4 die Parallele durch M zum Durchmesser), so ist das Quadrat der Ordinate QP (τεταγμένως κατηγμένη ordinatim applicata, d. h. die in bestimmter Richtung aufgetragene Strecke) gleich dem Rechtecke aus der Abszisse OQ (ἀπὸ τῆς διαμέτϱου ἀποτεμνομένη, d. h. die vom Durchmesser abgeschnittene Strecke) und dem Stücke QR der Ordinate von ihrem Fußpunkte bis zu ihrem Schnittpunkte mit der Geraden ML. Denn die zweite Seite des Rechtecks ist auch hiernach im ersten

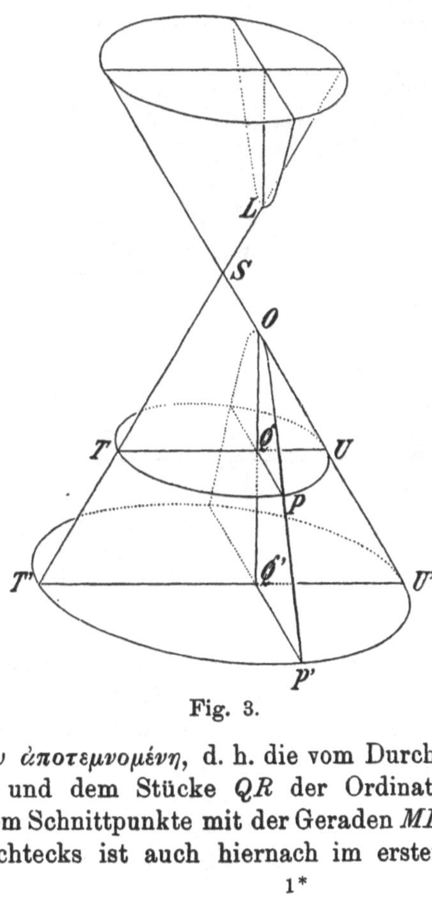

Fig. 3.

Falle $OR = OM$, im zweiten $OR = OM - OQ\frac{OM}{OL}$ und im dritten $OR = OM + OQ\frac{OM}{OL}$. Den drei Fällen entsprechend nannten die Alten den Kegelschnitt Parabel, Ellipse oder Hyperbel, und diese Namen sind auch heute noch im Gebrauch. Sie knüpfen an eine Aufgabe an, die wir füglich als Lösung einer quadratischen Gleichung bezeichnen können, und deren Behandlung den Alten sehr geläufig gewesen zu scheint. Bei dieser Aufgabe, der sogenannten Flächenanlegung, handelt es sich darum, an eine Seite OM ein Rechteck (OR) von gegebener Größe (gleich dem Quadrate über QP) entweder einfach anzulegen (παραβολή) oder so anzulegen, daß das zu dem Rechteck aus OM und der andern Seite OQ fehlende (ἔλλειψις) oder das überschießende (ὑπερβολή) Rechteck (MR) ein gegebenes Verhältnis der Seiten ($OM : OL$) habe. Wir sehen in der Tat aus den Figuren, daß eine Parallele zum Durchmesser im Abstande QP, nämlich der Seite des gegebenen Quadrates, je nachdem es sich um den 1., 2. oder 3. Fall der Aufgabe handelt, die Parabel, Ellipse oder Hyperbel in einem Punkte P schneidet, dessen Abszisse die zweite Seite des gesuchten Rechteckes ist.

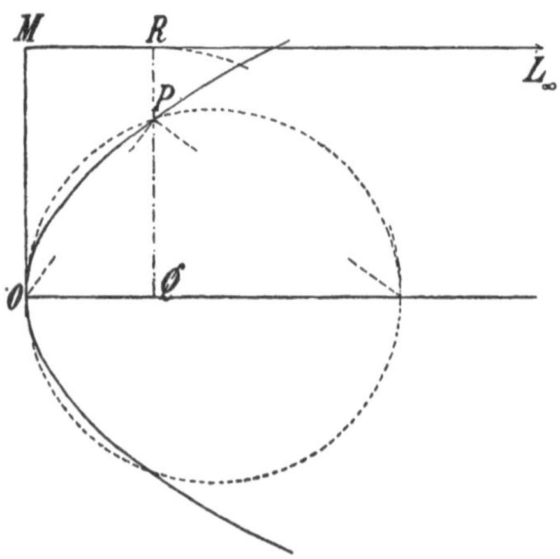

Fig. 4.

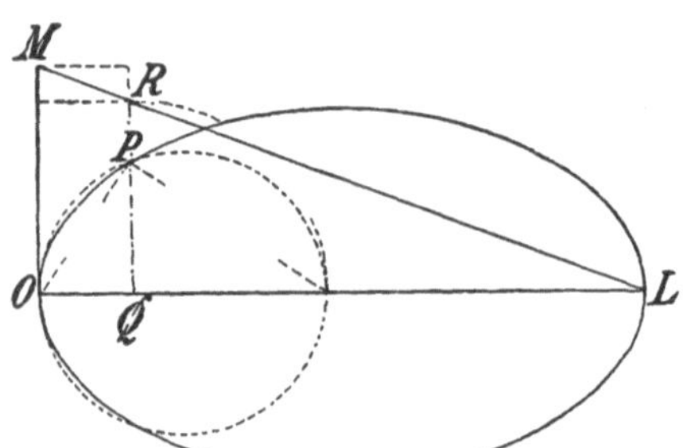

Fig. 5.

Die Figuren 4, 5 u. 6 dienten den Alten zu einer einfachen und übersichtlichen Definition der Kegelschnitte in der Ebene selbst; jedesmal, wenn der Ort eines Punktes als ein Kegelschnitt erkannt werden sollte, mußte nachgewiesen werden, daß der Punkt sich auch dieser Figur gemäß oder nach einer anderen konstruieren lasse, welche daraus abgeleitet war. Wenn wir nun, statt uns dieser Figuren zu bedienen, entweder durch algebraische Umformung aus den Gleichungen (1), (2), (3) zwischen den Ordinaten und den zugehörigen Abszissen jedes Punktes eines Kegelschnittes weitere Eigenschaften ableiten oder beweisen, daß zwischen den Ordinaten und Abszissen des Punktes eines anders definierten Ortes diese oder aus ihnen durch algebraische Umformung abgeleitete Gleichungen bestehen, so bedienen wir uns schon der Methoden der analytischen Geometrie. Tatsächlich waren diejenigen Werke, welche die analytische Geometrie eröffneten, im wesentlichen nur Übersetzung der alten Figurengleichungen in die Gleichungen der inzwischen erfundenen Algebra, wozu dann allerdings noch diejenige Idee Descartes kam, welche ihm so recht eigentlich den Anspruch auf die Erfindung der analytischen Geometrie verleiht, die Idee nämlich, daß jede Gleichung zwischen den Ordinaten und Abszissen eines

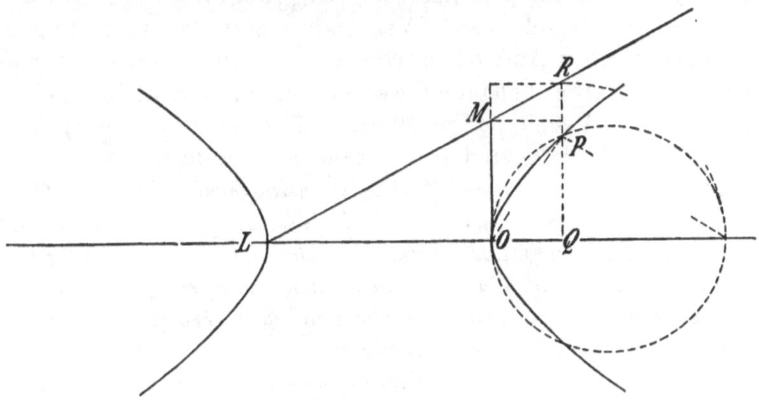

Fig. 6.

Punktes aufgefaßt werden könne als die algebraische Darstellung einer Linie der Ebene. Wir werden bei der Besprechung des Rechnens mit Strecken auf diese Idee noch ausführlicher zurückkommen.

Hiernach können wir das Wesen der analytischen Geometrie folgendermaßen beschreiben. Nachdem man jeden Punkte der Ebene nach Maßgabe obiger Figuren und in einer in § 1 noch näher zu beschreibenden Art eine ihn mit der Abszisse bestimmende Ordinate zugewiesen hat, ist jede Linie der Ebene durch eine in algebraischen Zeichen ausdrückbare Gleichung zwischen Abszisse und Ordinate eines veränderlichen Punktes der Linie dargestellt, und es stellt umgekehrt jede solche Gleichung eine Linie der Ebene dar. Die Untersuchung der Eigenschaften einer Linie oder ihrer Beziehungen zu anderen ebenfalls durch Gleichungen dargestellten Linien ist nun zunächst eine algebraische, deren Resultat dann natürlich wieder geometrisch interpretiert werden muß. Die analytisch-geometrische Behandlung einer geometrischen Aufgabe wird demnach in drei Teile zerfallen: 1. in die Umsetzung der gegebenen Voraussetzungen in Gleichungen zwischen den Abszissen und Ordinaten der gegebenen und der gesuchten Punkte, 2. in die Umformung und Kombination dieser Gleichungen und 3. in die Untersuchung der geometrischen Bedeutung des Resultates. Die systematische Entwickelung von Regeln, nach denen hierbei zu verfahren ist, wird einerseits die Hauptaufgabe der analytischen Geometrie sein und wird andererseits jeden damit Vertrauten in den Stand setzen, geometrische Aufgaben systematisch zu lösen, deren Bewältigung den alten Geometern nicht ohne besondere Kunstgriffe möglich war oder gewesen wäre.

Ehe wir uns dieser Hauptaufgabe zuwenden, wird es gut sein, einige Bemerkungen über das algebraische Rechnen mit Strecken vorauszuschicken. Wenn wir einerseits die Bedingungen einer geometrischen Aufgabe in Gleichungen umsetzen, die nach den Regeln der Algebra behandelt werden sollen, und andererseits das Resultat dieser Rechnung geometrisch interpretieren, so geschieht dies gewöhnlich auf Grund des folgenden Postulates:

Jeder von einem festen Punkte O auslaufenden Strecke OQ einer nach beiden Seiten sich ins Unendliche erstreckenden Geraden gehört eine positive oder negative, rationale oder irrationale Zahl zu, das Maß dieser Strecke in einer Längeneinheit, und es gehört umgekehrt jeder positiven oder negativen, rationalen oder irrationalen Zahl eine Strecke OQ der geraden Linie zu.

Nun wird aber dies Postulat einerseits von Anfängern, die die moderne Theorie der irrationalen Zahlen nicht kennen, nicht vollständig verstanden werden, und es entspricht andererseits nicht dem jeden Grenzprozeß ausschließenden Charakter der elementaren analytischen Geometrie. In der Tat waren die Alten, die ja, wie wir sahen, in der Theorie der Kegelschnitte auch eine Art analytischer Geometrie anwandten, weit davon entfernt, sich auf ein solches Postulat zu stützen, sie bedienten sich vielmehr ihrer Theorie der Proportionen, die, soweit es sich nicht um rationale Zahlen handelte, ausschließlich von geometrisch definierten Größen ausging. Wir wollen deshalb das Rechnen mit Strecken hier unabhängig von dem Begriffe der Irrationalzahl und dem obigen Postulate auf die Theorie der geometrischen Proportionen gründen, deren Hauptsätze wir zuvor in einer Form ableiten wollen, die für unsere Zwecke besonders geeignet erscheint. Indem wir uns dabei ausschließlich auf das erste Buch (1—32) des Euklid stützen, werden wir noch des folgenden Postulats bedürfen, das in jenem enthalten ist. Es ist das sogenannte Archimedische Postulat und lautet:

Jede Strecke kann durch hinreichend oftmals, aber doch stets nur eine endliche Anzahl von Malen wiederholte Vervielfältigung größer gemacht werden als jede andere Strecke.

Wir leiten zunächst die folgenden Hilfssätze ab:

1. *Sind auf zwei Geraden je vier Punkte A, B, C, D und A', B', C', D'* (Fig. 7) *so gewählt, daß $AA' \parallel BB' \parallel CC'$ und AB gleich und gleich gerichtet mit CD ist, so folgt aus $DD' \parallel AA'$, daß auch $A'B'$ gleich und gleich gerichtet mit $C'D'$ ist, und umgekehrt.*

Schneiden nämlich die Parallelen durch B und D zur zweiten Geraden die Geraden AA' und CC' in α und γ, so folgt aus den gemeinsamen Voraussetzungen des Satzes und seiner Umkehrung, daß $A'B'$, αB und γD gleich und gleich gerichtet sind, woraus der Satz und seine Umkehrung sich leicht ergibt. Der Beweis bleibt auch gültig, wenn A mit A' zusammenfällt oder (und zugleich) BB' mit CC'.

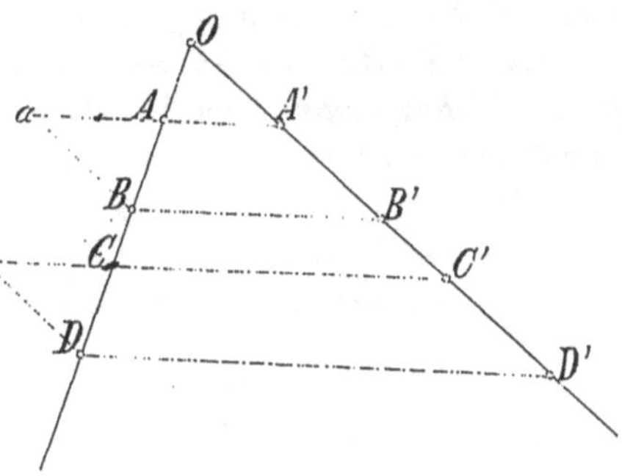

Fig. 7.

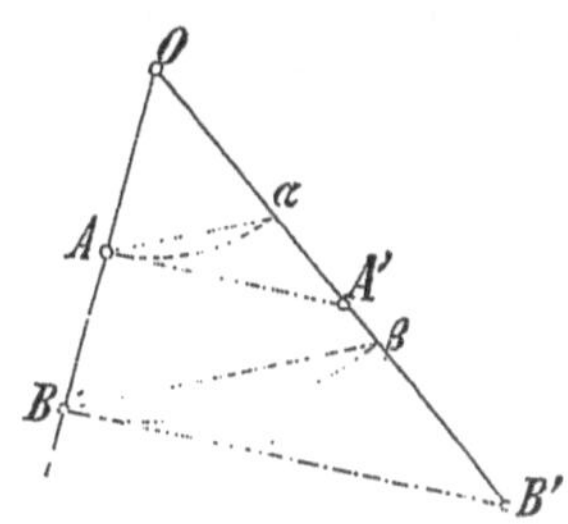

Fig. 8.

2. *Sind auf zwei Halbgeraden durch einen Punkt O je zwei Punkte A, B und A', B' so angenommen, daß $AA' \parallel BB'$, so ist erstens,* (Fig. 8) *je nachdem $OA >, =$ oder $< OB$, auch $OA' >, =$ oder $< OB'$ und zweitens, je nachdem $OA >, =$ oder $< OA'$, auch $OB >, =$ oder $< OB'$.*

Das Erste ergibt sich daraus, daß sich sonst AA' und BB' schneiden müßten. Um das Zweite zu beweisen, tragen wir OA und OB als $O\alpha$ und $O\beta$ auf der zweiten Halbgeraden auf, dann sind $A\alpha$ und $B\beta$ als Senkrechte zur Halbierungslinie des Winkels der beiden Halbgeraden einander parallel. Je nachdem also $\sphericalangle OA\alpha >, =$ oder $< \sphericalangle OAA'$, ist auch $\sphericalangle OB\beta >, =$ oder $< \sphericalangle OBB'$, d. h. auch $OB >, =$ oder $< OB'$.

3. *Ist unter den Voraussetzungen des vorigen Satzes $OB = nOA$, wo n eine positive ganze Zahl ist, so ist auch $OB' = nOA'$.*

Sind nämlich $A_1, A_2, \ldots, A_{n-2}$ auf der ersten Halbgeraden so gewählt, daß $OA_1 = 2\,OA$, $OA_2 = 3\,OA, \ldots, OA_{n-2} = (n-1)\,OA$ oder $OA, AA_1, A_1A_2, \ldots, A_{n-2}B$ gleich und gleich gerichtet sind, und schneiden die Parallelen durch diese Punkte zu AA' und BB' die zweite Halbgerade in $A'_1, A'_2, \ldots, A'_{n-2}$, so sind nach 1. auch OA', $A'A'_1, A'_1A'_2, \ldots, A'_{n-2}B'$ gleich und gleich gerichtet, also $OB' = nOA'$. Ebenso folgt aus der Umkehrung von 1. der umgekehrte Satz nämlich:

4. *Sind auf zwei Halbgeraden durch einen Punkt O je zwei Punkte A, B und A', B' so angenommen, daß $OB = nOA$ und $OB' = nOA'$, wo n eine positive ganze Zahl ist, so ist $AA' \parallel BB'$.*

Hieraus folgt:

5. *Sind auf zwei Halbgeraden durch einen Punkt O je vier Punkte A, B, C, D und A', B', C', D' so gewählt, daß $AA' \parallel BB'$, $OC = mOA$, $OD = nOB$, $OC' = mOA'$ und $OD' = nOB'$ ist, wo m und n positive ganze Zahlen sind, so ist auch $CC' \parallel DD'$.*

Daraus ergibt sich unmittelbar:

6. *Sind auf zwei Halbgeraden durch einen Punkt O je zwei Punkte A, B und A', B' so angenommen, daß $AA' \parallel BB'$, so ist, falls m und n irgend welche positive ganze Zahlen sind, je nachdem $mOA >, =$ oder $< nOB$ ist, auch $mOA' >, =$ oder $< nOB'$.*

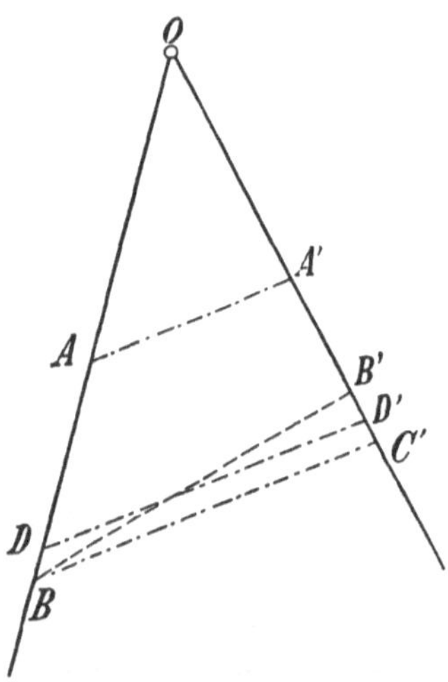

Fig. 9.

Nunmehr können wir die besonders wichtige Umkehrung dieses Satzes beweisen:

7. *Sind auf zwei Halbgeraden durch einen Punkt O je zwei Strecken OA, OB und OA', OB' so aufgetragen, daß je nachdem $mOA >, =$ oder $< nOB$, auch $mOA' >, =$ oder $< nOB'$ ist, was auch m und n für positive ganze Zahlen sein mögen, so ist $AA' \parallel BB'$.*

Sind OA und OB kommensurabel, also $mOA = nOB$, folglich auch $mOA' = nOB'$, so ist der Satz nach 6. evident; denn schneidet die Parallele durch B zu AA' die zweite Halbgerade in C', so wäre auch $mOA' = nOC'$, so daß B' *mit* C' zusammenfallen muß. Es kommt daher nur noch der inkommensurable Fall in Betracht, den wir indirekt beweisen. Würde dann B' nicht mit C' (Fig. 9) zusammenfallen, wäre vielmehr $OB' < OC'$, so können wir OA' so in n gleiche Teile teilen, daß jeder Teil $\leqq B'C'$ ist. Nach dem Archimedischen Postulate muß nämlich, wie klein auch $B'C'$ sei, eine positive ganze Zahl n existieren, für welche $nB'C' \geqq OA'$; die wirkliche Bestimmung von $\frac{OA'}{n} = ON'$ geschieht dann in bekannter Weise nach 3. Dann wird man nach demselben Postulate eine positive ganze Zahl m so finden können, daß $mON' = \frac{m}{n} OA' = OD' \geqq OB'$, hingegen $(m-1)\, ON' < OB'$ ist, wobei der Fall der Gleichheit wieder nicht mehr berücksichtigt zu werden braucht. Dann ist offenbar $OD' < OC'$; da nämlich $OB' > (m-1)\, ON'$ und $B'C' \geqq ON'$ ist, so folgt aus $OC' = OB' + B'C'$, daß $OC' > mON'$ oder $OC' > OD'$ ist. Schneidet daher die Parallele durch D' zu $A'A \parallel C'B$ die erste Halbgerade in D, so ist auch $OD \leqq OB$. Da aber nach 6. $OD = \frac{m}{n}\, OA$ sein muß, so wäre gegen die Voraussetzung $mOA \leqq nOB$, hingegen $mOA' > nOB'$, so daß sich die Annahme $OB' < OC'$ als widersprechend erweist. Analog ist zu verfahren, um dasselbe von der Annahme $OB' > OC'$ zu beweisen.

Um klar zu erkennen, daß in diesem Beweise nicht ein Grenzprozeß versteckt sei, wolle man bedenken, daß das Archimedische Postulat für jede Strecke streng gültig bleibt, deren Endpunkte nicht zusammenfallen, daß vielmehr die Einführung von Strecken, für die dasselbe nicht gilt, d. h. von unendlich kleinen Strecken ganz neue Betrachtungen erfordert; zur Einführung solcher Strecken liegt aber in der elementaren analytischen Geometrie keine Veranlassung vor.

Auf Grund dieser Hilfssätze können wir die folgende Definition aufstellen:

Die Strecke OA hat zur Strecke OB dasselbe Verhältnis wie OA' zu OB' oder in Zeichen $OA : OB = OA' : OB'$, wenn die zweimal zwei Strecken auf zwei Halbgeraden durch O aufgetragen bewirken, daß $AA' \parallel BB'$ ist

Aus 7. ergeben sich nämlich die folgenden Sätze, welche diese Definition als berechtigt erkennen lassen:

I. *Ist $OA = OA'$ und $OB = OB'$, so ist $OA : OB = OA' : OB'$.*

II. *Ist $OA : OB = OA' : OB'$ und $OA : OB = OA'' : OB''$, so ist auch $OA' : OB' = OA'' : OB''$.*

Satz I. ist ja eine unmittelbare Folge von 7. Aber auch aus den Voraussetzungen des Satzes II. und 6. folgt, daß je nachdem $mOA' \gtreqless nOB'$, auch $mOA \gtreqless nOB$, folglich auch $mOA'' \gtreqless nOB''$ ist, also $A'A'' \parallel B'B''$.

Diese Sätze zeigen, daß die Verhältnisgleichheit unabhängig ist von dem Winkel der beiden Halbgeraden, auf denen die zweimal zwei

Strecken aufgetragen sind. Zudem geht aus 6. hervor, daß, falls OA und OB sich zueinander wie zwei ganze Zahlen verhalten, dasselbe von OA' und OB' gilt.

Zugleich können wir nun leicht die beiden für die Multiplikation von Strecken fundamentalen Sätze beweisen:

III. *Ist* $OA:OB = OA':OB'$, *so ist auch* $OA:OA' = OB:OB'$.

Aus $OA:OB = OA':OB'$ folgt nämlich nach 7., daß auch $pOA:pOB = qOA':qOB'$, was auch p und q für positive ganze Zahlen sein mögen. Denn je nachdem $mOA \gtreqless nOB$ ist auch $mpOA \gtreqless npOB$ und entsprechend $mqOA' \gtreqless nqOB'$. Folglich ist nach dem zweiten Teile von 2., je nachdem $pOA >, =$ oder $< qOA'$, auch $pOB >, =$ oder $< qOB'$, also nach 7. $OA:OA' = OB:OB'$.

Endlich ergibt sich aus 1. und der sogleich zu gebenden Addition von Strecken:

IV. *Ist* $OA:OB = OA':OB'$, *so ist auch* $(OA + OB):OB = (OA' + OB'):OB'$.

Hieraus kann die Ähnlichkeitslehre in bekannter Weise entwickelt werden.

Wenn wir nun zum Rechnen mit Strecken übergehen, so sehen wir zunächst von der Richtung oder dem Vorzeichen der Strecken ab oder wir denken uns vielmehr alle Strecken auf einer Halbgeraden durch einen Punkt O aufgetragen. Dann ist unter der Addition von Strecken natürlich das Aneinanderfügen derselben zu verstehen oder genauer:

$$OC = OA + OB, \text{ wenn } AC = OB.$$

Dann folgt das kommutative Gesetz der Addition oder: $OA + OB = OB + OA$ aus der Umkehrbarkeit der geraden Linie. Denn ist M die Mitte der Strecke OC (Fig. 10), so daß bei einer

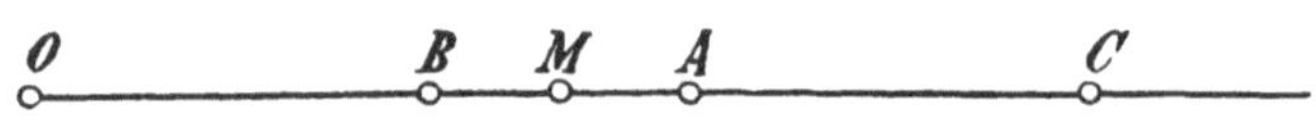

Fig. 10.

halben Umdrehung der Geraden um M der Punkt O nach C fällt und zugleich C nach O, so fällt hierbei wegen $OB = AC = CA$ auch A nach B und B nach A; es ist folglich auch $BC = AO = OA$ oder $OC = OB + OA$, *q.e.d.* Die Richtigkeit des assoziativen Gesetzes der Addition oder: $(OA + OB) + OC = OA + (OB + OC)$ ergibt sich folgendermaßen: Setzen wir $OA + OB = OC'$, also $OB = AC'$, und $OC' + OC = OD$, $OC = C'D$, so ist $AD = OB + OC$, also in der Tat auch $OD = OA + (OB + OC)$. Aus diesen beiden Gesetzen folgt die Vertauschbarkeit der Reihenfolge der Addition von beliebig viel Strecken in bekannter Weise.

Die Multiplikation von Strecken läßt sich aus der Addition nicht ohne weiteres herleiten, diese ergibt vielmehr nur das Produkt einer Strecke OB mit einer rationalen Zahl $\frac{m}{n}$. Fassen wir die letztere aber als die Strecke $OA = \frac{m}{n} OE$ auf, wo OE die Längeneinheit sein möge, so sehen wir, daß sich das Produkt zum Multiplikandus OB verhält wie der Multiplikator OA zur Längeneinheit. Wir werden daher zu der Definition veranlaßt:

$$OC = OA \cdot OB, \textit{ wenn } OC : OB = OA : OE.$$

Dann folgt aus III. sofort das kommutative Gesetz, nämlich $OC : OA = OB : OE$ oder $OA \cdot OB = OB \cdot OA$.

Dies liefert einen bemerkenswerten Satz, wenn man die das Produkt darstellende Strecke konstruiert. Werden nämlich auf einer zweiten Halbgeraden durch O die Punkte A', B', E' so angenommen, daß $AA' \parallel BB' \parallel EE'$ ist, so schneidet die Parallele durch A' zu BE' den gesuchten Endpunkt C auf der ersten Halbgeraden aus (Fig. 11). Da aber auch $OC : OA = OB : OE = OB' : OE'$, so ist auch $CB' \parallel AE'$. Wir erhalten daher den Satz: Liegen die Ecken eines Sechsecks $AA'CB'BE'$ abwechselnd auf zwei Geraden so, daß zwei Paar gegenüberliegender Seiten parallel sind, also $AA' \parallel BB'$ und $A'C \parallel BE'$, so ist es auch das dritte Paar oder $CB' \parallel E'A$ (Satz des Pascal). Da in dieser Figur OE' nach Annahme der Punkte A, B, A', B' noch beliebig, also auch gleich der Längeneinheit angenommen werden kann, wodurch C bestimmt ist, so liegt hierin zugleich der wichtige Satz:

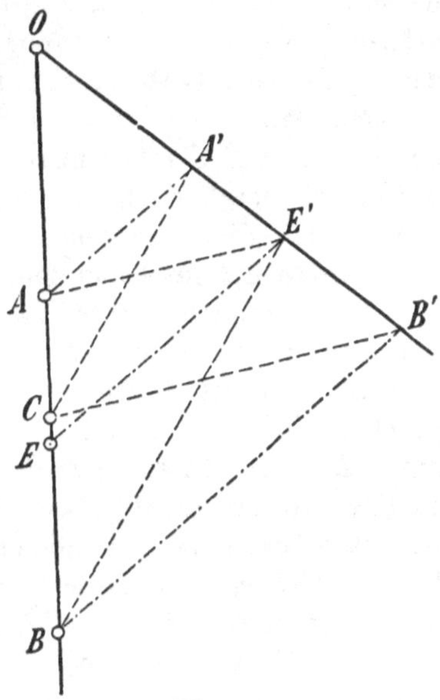

Fig. 11.

V. *Ist* $OA : OB = OA' : OB'$, *so ist* $OA \cdot OB' = OA' \cdot OB$, *und umgekehrt.*

Die Umkehrung kann indirekt bewiesen werden.

Nunmehr ergibt sich auch das assoziative Gesetz der Multiplikation: $(OA \cdot OB) \cdot OC = OA \cdot (OB \cdot OC)$. Setzen wir nämlich $OA \cdot OB = OA'$ und $OB \cdot OC = OC'$, so daß $OB : OE = OA' : OA = OC' : OC$, so folgt aus V., daß $OA' \cdot OC = OA \cdot OC'$, q. e. d. Hiermit ist bewiesen, daß auch ein Produkt von beliebig viel Faktoren von der Reihenfolge derselben unabhängig ist.

Aus IV. ergibt sich endlich das Addition und Multiplikation verbindende distributive Gesetz, nämlich:

$$(OA + OB) \cdot OC = OA \cdot OC + OB \cdot OC .$$

Setzen wir nämlich $OA \cdot OC = OA'$ und $OB \cdot OC = OB'$, so daß: $OC : OE = OA' : OA = OB' : OB$, so ist nach IV.:

$$(OA' + OB') : (OA + OB) = OB' : OB = OC : OE, \text{ w. z. b. w.}$$

Hiermit ist gezeigt, daß das Rechnen mit absoluten Strecken denselben Gesetzen folgt, wie das mit absoluten oder positiven Zahlengrößen. Für die Anwendungen kommt dann im besonderen noch der Pythagoräische Lehrsatz in Betracht. Es ist aber zu bemerken, daß er hier als ein Satz des Rechnens mit Strecken (nicht der Lehre vom Flächeninhalt) zu betrachten und als solcher zu beweisen ist (vergl. auch Satz 2 auf S. 22). Schneidet in der Tat die Senkrechte auf der Hypotenuse CB des rechtwinkligen Dreiecks ABC die Kathete AB in D, so folgen daraus, daß $\triangle ABC \sim ACD \sim CBD$ ist, die Proportionen $AC : AB = AD : AC$ und $AB : BC = CB : BD$ und hieraus $BC^2 = AB \cdot BD = AB^2 + AB \cdot AD = AB^2 + AC^2$. Hieran schließt sich die Aufgabe, AC zu konstruieren, wenn AB und BC gegeben sind, was bekanntlich mit Hilfe der Schnittpunkte der in A auf AB senkrechten Geraden und des Kreises um B mit dem Radius BC geschieht. Daß diese Schnittpunkte, sobald $BC > AB$ ist, stets existieren, kann entweder auf Grund eines besonderen Postulats oder mit Hilfe des Archimedischen Portulats bewiesen werden, worauf hier nicht eingegangen werden kann.

Obwohl hieraus das Rechnen mit negativen und positiven Strecken genau wie in der Algebra rein formal abgeleitet werden kann, so wollen wir doch einige Bemerkungen über seine geometrische Bedeutung machen. Wir denken uns dann *die Strecken von einem Punkte O einer Geraden nach beiden Seiten auf dieser aufgetragen und nennen eine Strecke OA positiv oder negativ, je nachdem sie dieselbe oder entgegengesetzte Richtung wie die Einheitsstrecke OE hat.* Dann gilt für die Addition dieselbe Definition wie oben, und auch die

Beweise für die Gesetze bleiben dieselben, wenn wir bedenken, daß für je drei Punkte A, B, C einer Geraden die Gleichung:

$$AB = AC + CB$$

gilt, wie aus der nebenstehenden Zusammenstellung der drei Lagen (Fig. 12) hervorgeht, die C gegen A und B haben kann. Wir finden uns hier veranlaßt auch die Nullstrecke einzuführen, die zusammenfallende Endpunkte hat und zu einer anderen Strecke addiert diese nicht ändert.

Auch die obige Definition der Multiplikation und die Konstruktion des Produktes zweier Strecken können wir beibehalten, wenn wir in der Definition der Gleichheit von Verhältnissen auf S. 9 die Halbgeraden durch die ganzen Geraden ersetzen. Es ist in der Tat leicht zu sehen, daß hierbei alle unsere Sätze bestehen bleiben. Wir finden dann aus der Definition, daß das Produkt zweier Strecken

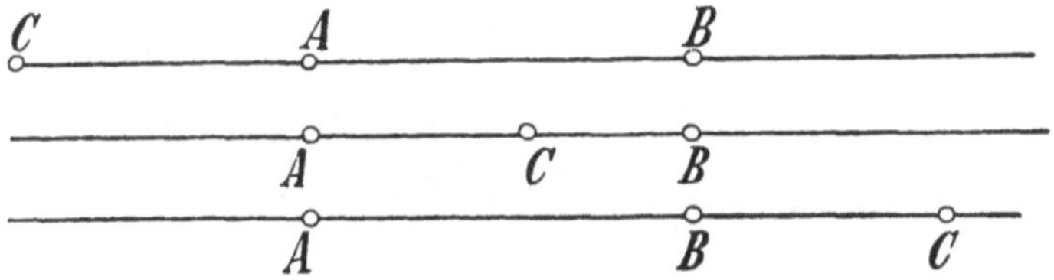

Fig. 12.

positiv oder negativ ist, je nachdem die beiden Strecken gleiche oder entgegengesetzte Richtung haben. Wir sehen endlich, daß *das Produkt einer Strecke mit der Nullstrecke wieder die Nullstrecke ergibt, und daß umgekehrt ein Produkt nur dann der Nullstrecke gleich ist, wenn ein Faktor eine Nullstrecke ist.*

Wenn wir auch das Produkt von beliebig viel Strecken wieder durch eine Strecke dargestellt haben, so deuten doch die Definition der Produktstrecke und Satz V. darauf hin, daß die ein Produkt von n Faktoren darstellende Strecke stets durch den Faktor OE^{n-1} ergänzt gedacht werden muß. In der Tat haben die Summanden einer aus einer geometrischen Forderung entstandenen Gleichung zwischen Strecken stets dieselbe Anzahl von Faktoren oder gleiche Dimension, und der Anfänger wird gut tun bei jedem Ansatze die Probe auf das Erfülltsein dieser Bedingung zu machen und sie auch im weiteren Verlaufe der Rechnung unter Berücksichtigung der Dimensionen der einzelnen Rechnungssymbole nicht zu unterlassen. Denn nur unter dieser Bedingung wird es möglich sein, das Resultat der Rechnung wieder geometrisch zu interpretieren. Ist umgekehrt eine Gleichung zwischen der Abszisse $OQ = x$ und der Ordinate $QP = y$ eines Punktes P gegeben, deren Koeffizienten eine genaue geometrische Bedeutung noch nicht gegeben werden kann oder soll, so wird man dieselbe nur dann als den algebraischen Ausdruck einer von dem Punkte P zu beschreibenden Linie ansehen können, wenn man jedem Summanden eine solche Potenz der Längeneinheit OE als Faktor hinzugefügt denkt, daß alle Summanden gleiche Dimension haben. Gerade diese Idee des DESCARTES[1] war es, welche die Anwendung des Rechnens zur Behandlung geometrischer Probleme von einer Sammlung jedem besonderen Probleme anzupassender Kunstgriffe zu einer systematischen Wissenschaft, der analytischen Geometrie, erworben hat.

[1] DESCARTES, Géométrie 1637.

Erster Abschnitt.

Geometrie der Ebene.

§ 1.

Parallelkoordinaten und Parallelverschiebung des Koordinatensystems.

Wir haben es in der Einleitung als den Zweck der analytischen Geometrie hingestellt, die geometrischen Eigenschaften der räumlichen Figuren durch Gleichungen zwischen den Strecken oder Zahlen darzustellen, welche die Lage der Punkte der Figuren in einem Koordinatensystem bestimmen. Die einfachste Art, die Lage der

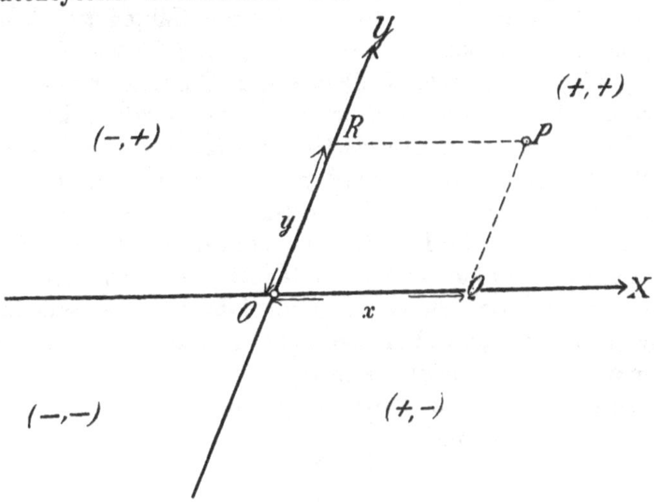

Fig. 13.

Punkte in einer Ebene zu bestimmen, knüpft an die in der Einleitung charakterisierte Methode der Alten an, die ebenen Schnitte eines Kreiskegels planimetrisch zu definieren. Man wählt zwei nach beiden Seiten beliebig weit zu verlängernde Achsen OX nnd OY (Fig. 13), deren Abschnitte positiv oder negativ zu rechnen sind, je nachdem sie in der Richtung von O nach X resp. Y oder umgekehrt laufen; hierbei wird OX gewöhnlich die Abszissen- und OY die Ordinatenachse genannt, der Schnittpunkt O der beiden Achsen heißt der Anfangspunkt. Dies vorausgesetzt, *versteht man unter der Abszisse* $x = OQ$ *resp. der Ordinate* $y = OR$ *eines Punktes* P *den Abschnitt, welchen die durch den Punkt* P *gezogene Parallele zur Ordinaten- resp. Abszissenachse auf der Abszissen- resp. Ordinatenachse macht.* Dieser Definition zufolge besitzt jeder Punkt P der Ebene in Beziehung auf zwei Achsen OX und OY eine Abszisse x und eine Ordinate y mit je einem bestimmten Vorzeichen, aber auch jedem Paar von mit bestimmten Vorzeichen behafteten Strecken oder Zahlen $x = OQ$ und $y = OR$ entspricht ein und nur ein Punkt P der Ebene; man findet ihn entweder dadurch, daß man die gegebenen Strecken x resp. y als OQ resp. OR auf OX resp. OY ihrem Vorzeichen gemäß aufträgt und durch Q resp. R die Parallelen zu OY resp. OX zieht, bis sie sich in P schneiden, oder dadurch, daß man auf der Parallelen durch Q zu OY die Strecke y als QP ihrem Vorzeichen gemäß aufträgt. Dieser letzten Konstruktion entsprechend hat man gewöhnlich die Strecke QP im Auge, wenn man von der Ordinate des Punktes P spricht. Sind x und y als unbenannte Zahlen gegeben, so bedeuten sie ja, wie schon in der Einleitung hervorgehoben wurde, rationale oder irrationale Vielfache der Einheitsstrecke e, können also von uns immer als Strecken betrachtet werden; ist dann e für eine Aufgabe der Naturwissenschaften oder der Technik etwa $= 1$ geogr. Meile oder $= 1$ m, so wird man in den zur Veranschaulichung dienenden Figuren etwa $e = 1$ mm oder $= 1$ cm setzen.

Offenbar haben alle Punkte der Abszissenachse die Ordinate Null und ebenso die Punkte der Ordinatenachse die Abszisse Null; weiß man umgekehrt von einem Punkte, daß er eine verschwindende Abszisse resp. Ordinate hat, so liegt er auf der Ordinaten- resp. Abszissenachse. Die beiden Achsen teilen die ganze Ebene in vier Winkelräume, welche den vier möglichen Vorzeichenkombinationen der Abszisse und Ordinate jedes Punktes entsprechen, wie das aus der Figur zu ersehen ist.

Abszisse und Ordinate werden zusammen auch die Koordinaten eines Punktes genannt, die beiden Achsen die Koordinatenachsen und die Art der Bestimmung jedes Punktes in Beziehung auf dieselben das Koordinatensystem. Je nachdem der Winkel der beiden Koordinatenachsen ein rechter ist oder nicht, wird das Koordinatensystem in unserem Falle ein System von rechtwinkligen oder schiefwinkligen Parallelkoordinaten genannt. Wenn nichts anderes festgesetzt ist, versteht man besonders in den Anwendungen unter Abszisse und Ordinate gewöhnlich rechtwinklige Parallelkoordinaten.

Für sehr viele Aufgaben ist es nützlich, die Veränderung der Koordinaten kennen zu lernen, wenn die Achsen parallel mit sich selbst nach einem neuen Anfangspunkte verschoben werden. Um diese Untersuchung so einzurichten, daß das Resultat nicht von der besonderen gerade gewählten Figur abhängig zu sein scheine, schicken wir die folgenden Bemerkungen voraus. Betrachten wir Strecken einer und derselben oder paralleler Geraden als mit demselben oder mit entgegengesetztem Vorzeichen versehen, je nachdem die Richtungen von ihrem Anfangspunkte nach ihrem Endpunkte übereinstimmen oder nicht, so gilt offenbar für je drei Punkte A, B, C einer Geraden die Beziehung:

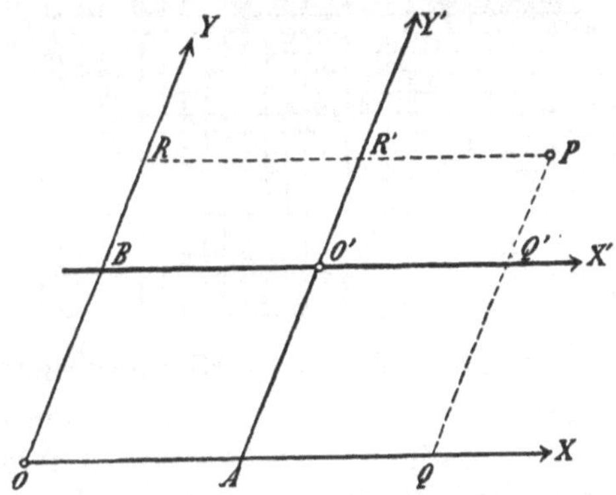

Fig. 14.

$$(1) \quad AB = AC + CB,$$

wie aus den drei möglichen Lagen des Punktes C gegen die beiden Punkte A und B leicht zu sehen ist (s. Fig. 12 auf S. 13). Wird ferner eine Strecke auf eine ihr parallele Gerade in irgend einer Richtung projiziert, so ist die Projektion der Strecke selbst auch dem Vorzeichen nach gleich.

Besitzt nunmehr der Anfangspunkt O' eines Koordinatensystems, dessen Achsen $O'X'$ und $O'Y'$ mit den Achsen OX und OY resp. gleichgerichtet sind, in dem alten Systeme die Koordinaten $a = OA$ und $b = OB$ (s. Fig. 14), so ist offenbar:

$$x = OQ = OA + AQ = a + O'Q' = a + x',$$

$$y = OR = OB + BR = b + O'R' = b + y'.$$

Wir erhalten daher den Satz:

1. *Ein Punkt P, dessen Koordinaten in Beziehung auf die Achsen OX und OY x und y sind, besitzt in Beziehung auf die Achsen $O'X'$ und $O'Y'$, die mit OX resp. OY gleich gerichtet sind, und deren An-*

fangspunkt O' in dem alten Systeme die Koordinaten a und b hat, die Koordinaten $x' = x - a$ *und* $y' = y - b$.

Aufgabe. Man konstruiere die Punkte mit den Koordinaten: $x = 2{,}5$ cm, $y = 3{,}1$ cm; (2 cm, $-1{,}6$ cm); ($-\sqrt{2}$ cm, 2,75 cm); (-3 cm, -2 cm).

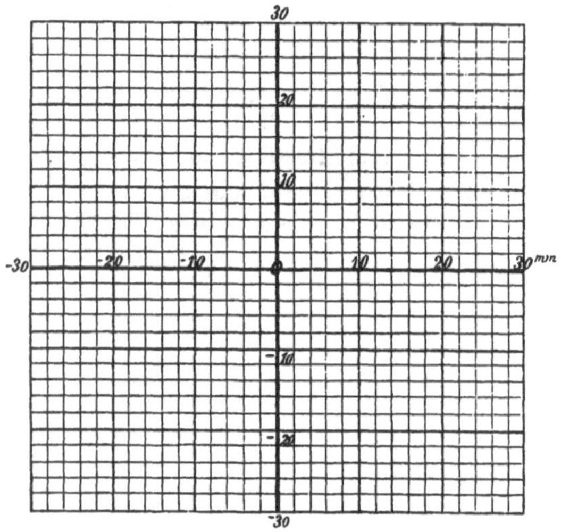

Benutzung von Koordinaten- od. Millimeterpapier.

§ 2.
Polarkoordinaten und Drehung der Koordinatenachsen.

Für viele Untersuchungen ist ein anderes Koordinatensystem von großem Nutzen in Beziehung auf einen Punkt O, welcher der Pol genannt wird, und eine ihn enthaltende Halbgerade OX, welcher die Polarachse heißt. In diesem Systeme (Fig. 15) ist jeder Punkt P bestimmt durch seine Entfernung $r = OP$ vom Pole, den sogenannten Radiusvektor, und den Winkel $\varphi = \sphericalangle XOP$, die Amplitude, welche der Radiusvektor mit der Polarachse bildet. *Unter der Amplitude ist, je nachdem sie positiv oder negativ ist, derjenige Winkel zu verstehen, welchen die Polarachse OX in einem als positiv festgesetzten Drehungssinne oder dem entgegengesetzten beschreiben muß, damit sie mit dem Radiusvektor zusammenfalle.*

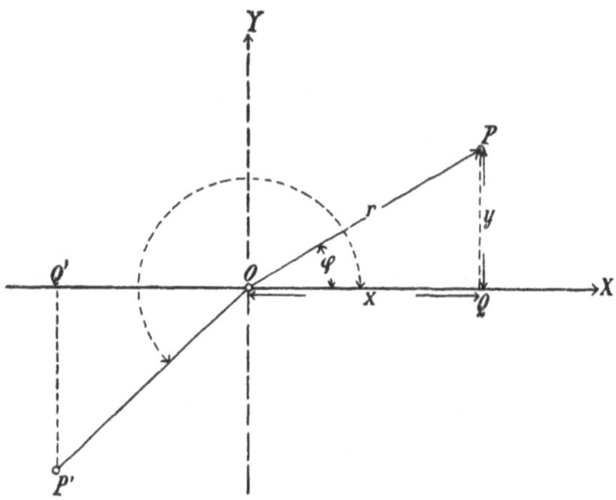

Fig. 15.

Dieser positive Drehungssinn ist gewöhnlich demjenigen des Zeigers einer auf der Ebene liegenden Uhr entgegengesetzt. Die Amplitude kann also alle Werte von 0° bis 360° annehmen und kann, wenn sie negativ ist, als $360^\circ + \varphi$ in Rechnung gestellt werden. Der Radiusvektor r wird immer als positiv angesehen; sollte er sich indessen aus einer Gleichung als negativ ergeben, so werden wir dies im Einklange mit unseren Festsetzungen über das Vorzeichen von Strecken offenbar so zu deuten haben, daß der zugehörige Punkt der entgegengesetzten Halbgeraden angehört oder eine Amplitude besitzt, die um 180° größer ist als diejenige, zu welcher der durch die Gleichung zu bestimmende Radiusvektor gehören sollte. (Vgl. Satz 2, S. 22.) Nach diesen Festsetzungen ist klar, daß einerseits jedem Punkte der Ebene (abgesehen vom Pole) eindeutig ein Radiusvektor und eine Amplitude zukommt, da wir diejenigen Amplituden, welche sich nur durch Vielfache von 360° unterscheiden, als nicht voneinander verschieden ansehen können; andererseits wird auch jeder Radiusvektor mit einer zugehörigen Amplitude einen und nur einen Punkt der Ebene bestimmen. Radiusvektor und Amplitude zusammen werden Polarkoordinaten genannt.

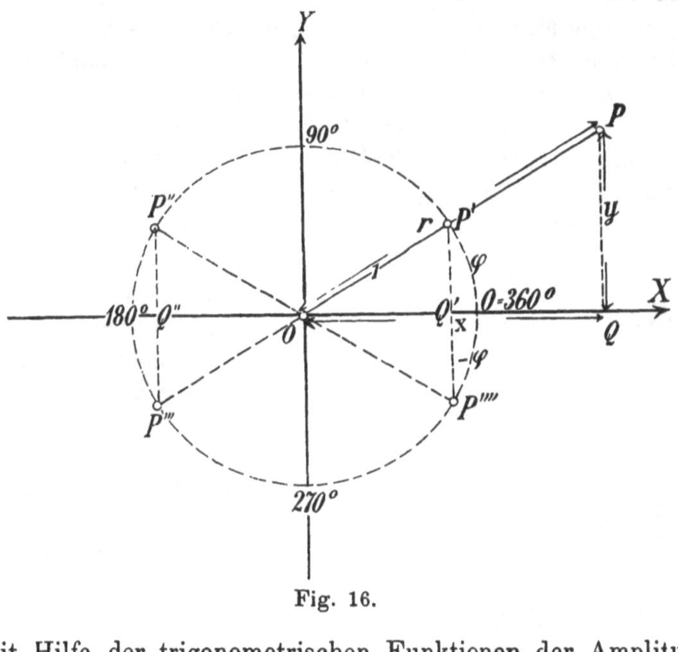

Fig. 16.

Mit Hilfe der trigonometrischen Funktionen der Amplitude ist es leicht die Beziehung zu finden zwischen den Polarkoordinaten r, φ jedes Punktes P und den rechtwinkeligen Parallelkoordinaten x, y desselben Punktes in bezug auf die Polarachse als positive

Abszissenachse und diejenige Halbgerade OY als positive Ordinatenachse, deren Amplitude $= 90^0$ ist. Liegt dann P im ersten Quadranten, wo x und y positiv sind, so folgt aus der ursprünglichen Definition von Sinus und Cosinus am rechtwinkeligen Dreiecke OQP unmittelbar, daß:

$$x = r \cos\varphi, \quad y = r \sin\varphi. \tag{1}$$

Man hat deshalb folgende allgemeinere Definition der trigonometrischen Funktionen aufgestellt (Fig. 16):

Der cos resp. sin eines Winkels φ ist die Abszisse resp. Ordinate eines Punktes mit dem Radiusvektor 1 und der Amplitude φ in Beziehung auf die Polarachse als Abszissenachse und die Halbgerade mit der Amplitude 90^0 als Ordinatenachse.

Dieser Definition zufolge gelten die Formeln (1) für jeden Punkt des Kreises mit der Einheitsstrecke als Radius und folglich auch für jeden Punkt der Ebene (Def. des Produktes auf S. 11). Aus der Definition ergeben sich aber auch leicht die folgenden Eigenschaften von $\cos\varphi$ und $\sin\varphi$ bei jedem Wert von φ:

(2) $\cos 0 = \cos 360^0 = 1, \ \cos 90^0 = 0, \ \cos 180^0 = -1, \ \cos 270^0 = 0;$

(3) $\sin 0 = \sin 360^0 = 0, \ \sin 90^0 = 1, \ \sin 180^0 = 0, \ \sin 270^0 = -1;$

(4) $\cos(-\varphi) = \cos\varphi, \ \sin(-\varphi) = -\sin\varphi;$

(5) $\cos(360^0 + \varphi) = \cos\varphi, \ \cos(180^0 + \varphi) = -\cos\varphi;$

(6) $\sin(360^0 + \varphi) = \sin\varphi, \ \sin(180^0 + \varphi) = -\sin\varphi.$

Weitere Eigenschaften erhalten wir durch Untersuchung des Zusammenhanges zwischen den rechtwinkeligen Parallelkoordinaten x, y eines Punktes P und den schief- oder rechtwinkeligen Parallelkoordinaten x', y' desselben Punktes in Beziehung auf die Achsen OX' und OY' mit den Amplituden α und β. Hierzu beweisen wir zuerst zwei Hilfssätze:

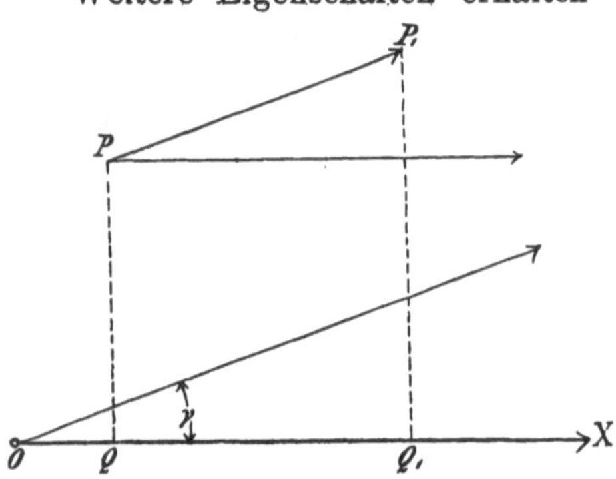

Fig. 17.

1. Hilfssatz (Fig. 17): *Ist auf einer Geraden g eine Richtung als positiv festgesetzt, und besitzt der Radiusvektor gleicher Richtung durch den Pol O die Amplitude γ, so ist die rechtwinkelige Projektion $\overline{QQ_1}$ irgend einer Strecke $\overline{PP_1}$ von g auf die Abszissenachse auch dem Vorzeichen nach durch $\overline{PP_1} \cos\gamma$ dargestellt.*

Der Satz ergibt sich unmittelbar aus der ersten der Formeln (1), wenn wir, je nachdem PP_1 oder P_1P positiv ist, P oder P_1 zum Pole eines Polarkoordinatensystems machen, dessen Polarachse mit OX gleichgerichtet ist, weil die rechtwinkeligen Projektionen einer Strecke auf gleichgerichtete Geraden auch dem Vorzeichen nach gleich sind.

2. Hilfssatz: *Werden die Seiten eines geschlossenen Polygons einer bestimmten Umlaufungsrichtung desselben entsprechend auf irgend eine Achse projiziert, so ist die algebraische Summe dieser Projektionen gleich Null.*

Sind nämlich $A, B, C, \ldots M, N$ die Projektionen der Ecken entsprechend ihrer Reihenfolge, so ist nach Formel (1) des vorigen Paragraphen:

$$AB + BC + CD + \ldots + MN + NA = AC + CD + \ldots + MN + NA$$
$$= AD + \ldots + MN + NA = \ldots = AN + NA = 0.$$

Nach diesen Vorbereitungen betrachten wir das Dreieck OPQ'

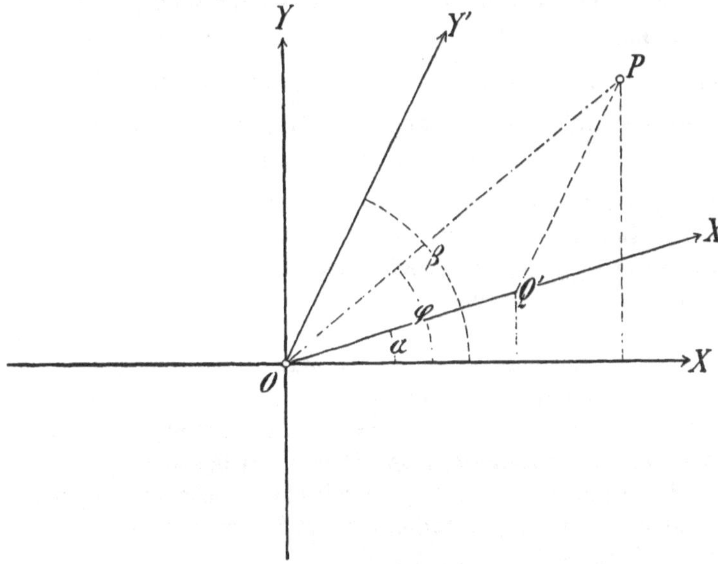

Fig. 18.

(Fig. 18), dessen Seiten in Anbetracht der auf ihnen festgesetzten positiven Richtungen der Reihe nach r, $-y'$ und $-x'$ sind. Es ist daher nach den beiden Hilfssätzen:

(7) $$r \cos \varphi = y' \cos \beta + x' \cos \alpha .$$

Nun gilt doch entsprechend der Formel (1) des vorigen Paragraphen für jede Lage der drei Schenkel die Gleichung:

(8) $$\sphericalangle XOX' + \sphericalangle X'OP = \sphericalangle XOP$$

immer in Rücksicht auf die als positiv festgesetzte Drehungsrichtung, so daß P in Beziehung auf OX' als Polarachse die Amplitude $\varphi' = \varphi - \alpha$ hat.

Setzen wir daher $\beta = \alpha + 90^0$, so daß auch x', y' rechtwinkelige Koordinaten sind, also $x' = r\cos\varphi'$ und $y' = r\sin\varphi'$ ist, so folgt nach Fortlassung des gemeinsamen Faktors r:

$$\cos(\varphi' + \alpha) = \sin\varphi' \cos(\alpha + 90^0) + \cos\varphi' \cos\alpha . \tag{9}$$

Setzt man hinzu $\alpha = 90^0$, so ergibt sich die bekannte Relation:

$$\cos(\varphi + 90^0) = -\sin\varphi , \tag{10}$$

woraus durch nochmalige Anwendung folgt:

$$\sin(\varphi + 90^0) = \cos\varphi . \tag{11}$$

Hiernach liefert uns Gleichung (9) das bekannte Additionstheorem:

$$\cos(\alpha + \varphi) = \cos\alpha\cos\varphi - \sin\alpha\sin\varphi ; \tag{12}$$

setzt man hierin $\alpha + 90^0$ für α, so folgt ebenso:

$$\sin(\alpha + \varphi) = \sin\alpha\cos\varphi + \cos\alpha\sin\varphi . \tag{13}$$

Für $\alpha = -\varphi$ ergibt sich endlich aus (12) die Relation:

$$\cos^2\varphi + \sin^2\varphi = 1 , \tag{14}$$

so daß wir wegen der Gleichungen (1) einen neuen Beweis des pythagoräischen Lehrsatzes (vergl. S. 12 der Einleitung) erhalten haben und die Beziehung zwischen rechtwinkeligen und Polarkoordinaten in folgendem Satze aussprechen können:

2. *Hat ein Punkt P in bezug auf O als Pol und OX als Polarachse die Polarkoordinaten r, φ und in bezug auf die Abszissenachse OX und die Ordinatenachse OY mit der Amplitude 90^0 die Parallelkoordinaten x, y, so ist $x = r\cos\varphi$, $y = r\sin\varphi$ und $r^2 = x^2 + y^2$.*

Wenden wir nunmehr unsere beiden Hilfssätze wieder auf das Dreieck OPQ', aber auf OY als Projektionsachse an, in bezug auf welche sich ja die Amplituden um 90^0 vermindern, so folgt der Formel (7) entsprechend die Gleichung:

$$r\sin\varphi = y' \sin\beta + x'\sin\alpha . \tag{15}$$

Hiernach erhalten wir den folgenden Satz:

3. *Hat ein Punkt P in bezug auf die Abszissenachse OX und die Ordinatenachse OY mit der Amplitude 90^0 für OX als Polarachse die Koordinaten x, y und in bezug auf die Achsen OX' und OY' mit den Amplituden α und β die Koordinaten x', y', so ist:*

$$x = x'\cos\alpha + y'\cos\beta,\quad y = x'\sin\alpha + y'\sin\beta .$$

Setzen wir $\beta = 90^0 + \alpha$, so erhalten wir als Korollar:

3[a]. *Hat ein Punkt P in bezug auf die Abszissenachse OX und die Ordinatenachse OY mit der Amplitude 90° für OX als Polarachse die Koordinaten x, y und in bezug auf die um die Amplitude α gedrehten Achsen die Koordinaten x', y', so ist:*

$$x = x' \cos\alpha - y' \sin\alpha, \quad y = x' \sin\alpha + y' \cos\alpha.$$

Wir werden diese Formeln die Formeln der Drehung eines rechtwinkeligen Koordinatensystems nennen. Hierbei ist also in beiden Koordinatensystemen die Abszissenachse in demselben Sinne um 90° zu drehen, damit sie mit der Ordinatenachse zusammenfalle, so daß, falls $OX' = OX$ und $OY' = OY$, das Dreieck XOY mit dem Dreieck $X'OY'$ durch Drehung um O innerhalb der Ebene zur Deckung gebracht werden kann.

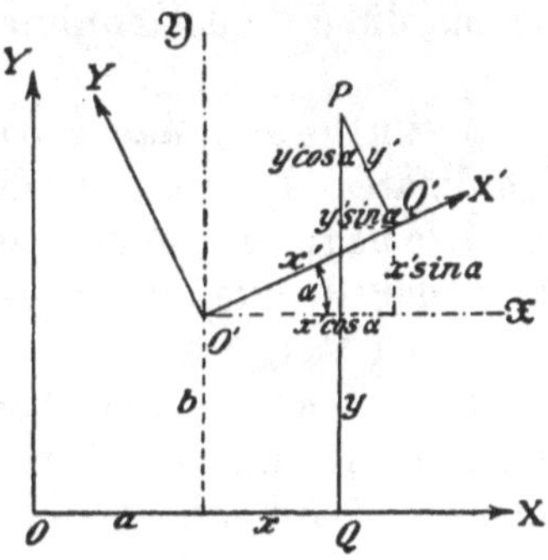

Fig. 19.

Durch Verbindung der Sätze 1 und 3[a] erhalten wir endlich den folgenden (Fig. 19):

4. *Hat ein Punkt P in bezug auf die Abszissenachse OX und die Ordinatenachse OY mit der Amplitude 90° für OX als Polarachse die Koordinaten x, y und in bezug auf die um die Amplitude α gedrehten Achsen O'X', O'Y', deren Anfangspunkt im ersten Systeme die Koordinaten a, b hat, die Koordinaten x', y', so ist:*

$$x = a + x' \cos\alpha - y' \sin\alpha, \quad y = b + x' \sin\alpha + y' \cos\alpha.$$

Hat nämlich der Punkt P in Beziehung auf zwei den Achsen OX, OY gleichgerichtete Achsen $O'\mathfrak{X}$, $O'\mathfrak{Y}$ die Koordinaten $\mathfrak{x}$ und $\mathfrak{y}$, so ist nach Satz 1: $x = a + \mathfrak{x}$ und $y = b + \mathfrak{y}$ und nach 3[a]:

$$\mathfrak{x} = x' \cos\alpha - y' \sin\alpha, \quad \mathfrak{y} = x' \sin\alpha + y' \cos\alpha.$$

Zum Schlusse mag hier noch eine Bemerkung Platz greifen über die Berechnung der Amplitude eines Punktes aus seinen rechtwinkeligen Koordinaten, denn die Konstruktion derselben ergibt sich ja aus der Definition. Wir finden aus den Formeln (1):

$$(16) \qquad y : x = \sin\varphi : \cos\varphi = \operatorname{tg}\varphi = 1 : \cot\varphi,$$

wo die Funktionen $\operatorname{tg}\varphi$ und $\cot\varphi$ ihrer Definition gemäß durch folgende Relationen verbunden sind:

$$(17) \qquad \operatorname{tg}(-\varphi) = -\operatorname{tg}\varphi, \quad \cot(-\varphi) = -\cot\varphi;$$

$$(18) \qquad \operatorname{tg}(180^\circ + \varphi) = \operatorname{tg}\varphi, \quad \cot(180^\circ + \varphi) = \cot\varphi;$$

(19) $$\operatorname{tg}(90^0 + \varphi) = -\cot\varphi, \quad \cot(90^0 + \varphi) = -\operatorname{tg}\varphi;$$

(20) $$\operatorname{tg}(\alpha + \varphi) = \frac{\operatorname{tg}\alpha + \operatorname{tg}\varphi}{1 - \operatorname{tg}\alpha \operatorname{tg}\varphi}.$$

Soll nun φ aus der Gleichung (16) gefunden werden, so finden wir zuerst durch den bekannten Wert $y:x$ von $\operatorname{tg}\varphi$ aus den Tabellen den positiven spitzen Winkel φ_0, welcher der Gleichung: $y_0 : x_0 = \operatorname{tg}\varphi_0$ genügt, wenn y_0 und x_0 die absoluten Werte von y und x sind. Je nachdem nun für x und y selbst eine der vier Vorzeichenkombinationen $(+, +)$, $(-, +)$, $(-, -)$, $(+, -)$ gilt, erhalten wir $\varphi = \varphi_0$, $180^0 - \varphi_0$, $180^0 + \varphi_0$, $360^0 - \varphi_0$. Ist der Radiusvektor als unbenannte Zahl gegeben, so gilt für ihn dasselbe wie für die Parallelkoordinaten auf S. 16.

1. Aufgabe. Man konstruiere und berechne die rechtwinkeligen Koordinaten der Punkte, deren Polarkoordinaten $(3, 210^0)$, $(2, 315^0)$.

2. Aufgabe. Man konstruiere und berechne die Polarkoordinaten der Punkte, deren rechtwinklige Koordinaten $(0,5)$, $(3, -3)$, $(-1, -\sqrt{3})$.

3. Aufgabe. Man berechne die rechtwinkligen Koordinaten derselben Punkte in einem Systeme, dessen Anfangspunkt O' im alten die Koordinaten $(-3, 4)$ hat, und das um die Amplitude von O' gegen das alte System gedreht ist.

§ 3.

Die Gleichung der geraden Linie.

Kann ein Punkt eine ganz beliebige Lage in der Ebene einnehmen, so können offenbar sowohl seine Abszisse (Amplitude) als seine Ordinate (Radiusvektor) ganz willkürlich gewählt werden. Ist hingegen der Punkt gezwungen, auf einer gewissen Linie zu liegen, so werden zu jeder Abszisse (Amplitude) entweder gar keine oder i. A. nur eine bestimmte Anzahl von Ordinaten (Radienvektoren) gehören, die mit der Abszisse (Amplitude) Punkte der Linie bestimmen. *Die Formel nun oder die Formeln, die zu jeder Abszisse (Amplitude) die etwa zugehörigen Ordinaten (Radienvektoren) von Punkten einer Linie zu finden erlauben, werden die Gleichung oder die Gleichungen der Linie genannt.* Obgleich im allgemeinen eine solche Gleichung zur Beschreibung einer Linie ausreichen wird, so kann es doch unter Umständen bequemer sein, mehrere Gleichungen hierzu zu benutzen; diese werden dann außer den Koordinaten noch unbestimmte Hilfsgrößen oder Parameter enthalten, durch deren Elimination die Gleichung der Linie entsteht. Es wird hiernach unsere Aufgabe sein, die Gleichungen der einfachsten Linien aufzustellen, umgekehrt aber auch die Linien zu konstruieren, die durch Gleichungen besonders einfacher Art dargestellt sind, damit einerseits jede auf Bestimmung einer Linie durch andere Linien bezügliche geometrische Aufgabe in analytische Form gesetzt, andererseits aber auch das Resultat der

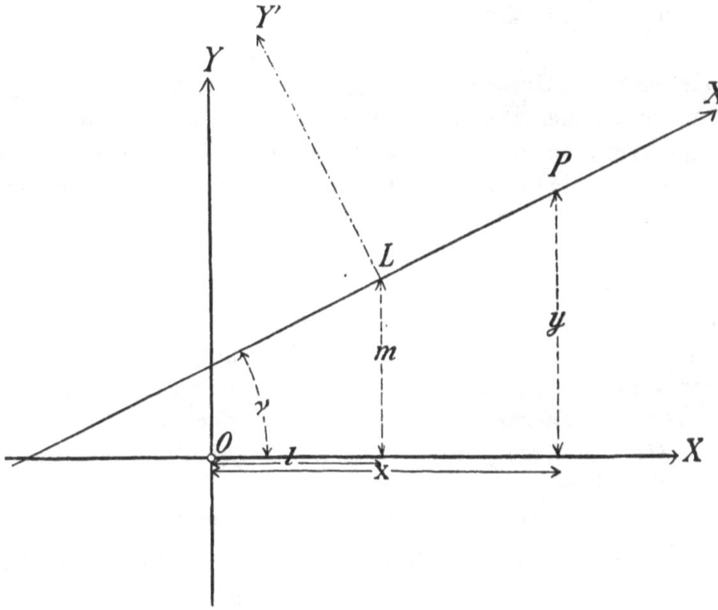

Fig. 20.

analytischen Umformungen nach bestimmten Vorschriften geometrisch interpretiert werden könne.

Wir fangen an mit der Betrachtung der **geraden** Linie und werden dabei zunächst immer ein rechtwinkeliges Koordinatensystem zugrunde legen. Fällt die Gerade mit der Abszissenachse zusammen, so ist offenbar für jeden Punkt derselben die Ordinate:

$$(1) \qquad y = 0,$$

während die Abszisse alle möglichen Werte annehmen kann; wir werden daher Formel (1) als die Gleichung der Abszissenachse betrachten können, weil umgekehrt jeder Punkt mit verschwindender Ordinate in der Abszissenachse liegt. Geht daher eine Gerade (Fig. 20) durch den Punkt L mit den Koordinaten l, m, und besitzt die eine (positive) Seite LX' der Geraden die Amplitude γ, so ist ihre Gleichung in Bezug auf die Achsen LX' und LY', die gegen OX resp.

OY um die Amplitude γ gedreht sind, $y' = 0$, also sind nach Satz 4 die Koordinaten x, y jedes Punktes P der Geraden in dem ursprünglichen Systeme enthalten in der Form:

(2) $$x = l + x' \cos\gamma,\ y = m + x' \sin\gamma,$$

wo $x' = LP$ positiv oder negativ zu rechnen ist, je nachdem P auf der positiven oder negativen Seite der Geraden liegt. Durch Elimination von x' ergibt sich hieraus:

(3) $$(x - l)\sin\gamma = (y - m)\cos\gamma$$

als Gleichung der Geraden. Es ist nämlich auch umgekehrt leicht zu sehen, daß jeder Punkt P, dessen Koordinaten x, y dieser Gleichung genügen, in der oben beschriebenen Geraden liegt. Denn drücken wir in Gleichung (3) x und y nach Satz 4 durch x' und y' aus, so folgt:

(4) $$x'\cos\gamma\sin\gamma - y'\sin^2\gamma = x'\sin\gamma\cos\gamma + y'\cos^2\gamma$$

oder $y' = 0$. Es ist deshalb auch jeder Punkt P, dessen Koordinaten x, y durch die Formeln (2) geliefert werden, ein Punkt der Geraden LX', da dann x und y der Gleichung (3) genügen.

Wir können hiernach den folgenden Satz aussprechen:

5. *Die Koordinaten x, y aller Punkte P einer Geraden durch den Punkt L (l, m), deren positive Seite die Amplitude γ hat, sind enthalten in der Form:*

(2) $$x = l + u\cos\gamma,\ y = m + u\sin\gamma,$$

wo $u = LP$ positiv oder negativ zu rechnen ist, je nachdem P auf der positiven oder negativen Seite der Geraden liegt, und es liefern umgekehrt alle Koordinaten x, y dieser Form Punkte der beschriebenen Geraden. Die Gleichung dieser Geraden ist:

(3) $$(x - l)\sin\gamma = (y - m)\cos\gamma,$$

und es liegen umgekehrt alle Punkte, deren Koordinaten x, y dieser Gleichung genügen, auf der beschriebenen Geraden, oder die Gleichung stellt die Gerade dar.

Eine andere bemerkenswerte Form der Gleichung der Geraden erhalten wir, wenn wir die Verlängerung des Lotes $OL = d$ (Fig. 21) vom Anfangspunkte auf die Gerade, das die Amplitude δ haben mag zur neuen Ordinatenachse LY' und demgemäß diejenige Seite der Geraden, welche die Amplitude $\gamma = \delta - 90^0$ hat zur Abszissenachse LX' machen (in der Figur ist $\gamma + 90^0 = 360^0 + \delta$). Da nunmehr $l = d\cos\delta$ und $m = d\sin\delta$ ist, so erhalten wir als Gleichung der Geraden:

(4) $$(x - d\cos\delta)\sin(\delta - 90^0) = (y - d\sin\delta)\cos(\delta - 90^0)$$

oder:

(5) $$x\cos\delta + y\sin\delta = d,$$

welche die Hessesche Normalform der Gleichung der Geraden genannt wird. Wir wollen diese Form wegen ihrer Wichtigkeit in einem besonderen Satze hervorheben:

6. *Die Gleichung der Geraden, für welche das Lot OL vom Anfangspunkte auf sie die (positive) Länge d und die Amplitude δ hat, ist:*

(5) $$x \cos \delta + y \sin \delta = d,$$

und es stellt umgekehrt jede Gleichung dieser Form die Gerade dar, welche im Punkte L mit dem Radiusvektor d und der Amplitude δ auf OL senkrecht steht.

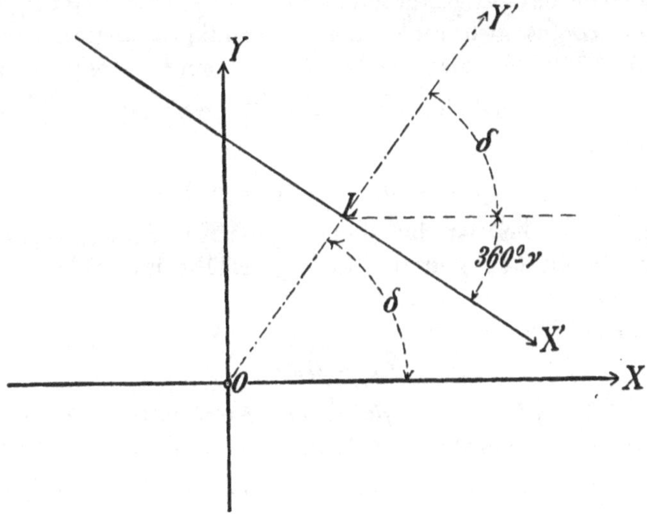

Fig. 21.

Die Hessesche Normalform der Gleichung einer Geraden ist erstens deshalb von Wichtigkeit, weil man jede lineare Gleichung:

(6) $$Ax + By = C$$

durch Multiplikation mit einem Faktor $\frac{1}{D}$ auf diese Form bringen und dadurch unmittelbar beweisen kann, daß Gleichung (6) eine gerade Linie darstellt. Setzen wir nämlich:

(7) $$\frac{A}{D} = \cos \delta, \quad \frac{B}{D} = \sin \delta, \quad \frac{C}{D} = d,$$

so wird stets eine und nur eine die ersten beiden Gleichungen befriedigende Amplitude δ gefunden werden können, wenn:

$$\frac{A^2}{D^2} + \frac{B^2}{D^2} = \cos^2 \delta + \sin^2 \delta = 1$$

ist; denn dann ist δ die Amplitude des Punktes mit den Koordinaten $\frac{A}{D}$, $\frac{B}{D}$ (vergl. Satz 2). Das hiernach noch unbestimmte Vorzeichen von $D = \pm\sqrt{A^2 + B^2}$ wird dann dadurch bestimmt, daß $d = \frac{C}{D}$ positiv sein muß; denn wenn C und infolgedessen auch $d = 0$ ist, kommt dessen Vorzeichen nicht in Betracht. In der Tat würde

$$(8) \qquad x \cos\delta + y \sin\delta = 0$$

nach unserem Satze eine Gerade durch den Anfangspunkt dargestellt sein, welche auf dem Radiusvektor mit der Amplitude δ, also auch auf dem mit der Amplitude $180^\circ + \delta$ senkrecht steht; die Richtung von OL ist also nicht mehr eindeutig bestimmt. Setzt man wieder $\delta = 90^\circ + \gamma$, also $\cos\delta = -\sin\gamma$, $\sin\delta = \cos\gamma$, so daß γ bis auf Vielfache von 180° durch $\operatorname{tg}\gamma = -\frac{A}{B}$ bestimmt ist, so geht Gleichung (8) in:

$$(9) \qquad -x\sin\gamma + y\cos\gamma = 0$$

über, von der evident ist, daß sie durch die Koordinaten jedes Punktes mit den Amplituden γ und $180^\circ + \gamma$ erfüllt ist. Wir wollen hier zunächst den Satz anmerken:

7. *Durch die Gleichung:*

$$(6) \qquad Ax + By = C$$

ist, sobald A und B nicht gleichzeitig verschwinden, stets eine gerade Linie dargestellt; dieselbe steht in dem Punkte L mit dem Radiusvektor $d = \frac{C}{D}$ und der durch $\cos\delta = \frac{A}{D}$ und $\sin\delta = \frac{B}{D}$ bestimmten Amplitude δ auf dem Halbstrahle mit der Amplitude δ senkrecht, wo $D = \pm\sqrt{A^2 + B^2}$, je nachdem C positiv oder negativ ist. Die beiden Seiten der Geraden haben die durch $\operatorname{tg}\gamma = -\frac{A}{B}$ bestimmten Amplituden γ und $180^\circ + \gamma$.

Ist C von Null verschieden, so hat offenbar der vom Anfangspunkte verschiedene Punkt L die Koordinaten $\frac{AC}{A^2 + B^2}$, $\frac{BC}{A^2 + B^2}$, wonach er leicht direkt konstruiert werden kann. In diesem Falle (Fig. 22) kann man die Gerade allerdings noch einfacher konstruieren mit Hilfe der Abschnitte a und b, welche sie auf der Abszissen- resp. Ordinatenachse macht. Für die Endpunkte dieser Abschnitte ist offenbar y resp. $x = 0$; da diese Endpunkte demnach die Koordinaten a, 0 resp. 0, b haben und auf der Geraden liegen müssen, so folgt aus deren Gleichung (6):

(10) $$a = \frac{C}{A}, \quad b = \frac{C}{B}.$$

Drücken wir hiernach in Gleichung (6), die jede beliebige Gerade darstellen kann, A und B durch a und b aus und dividieren durch C, so nimmt diese die einfache Form an:

(11) $$\frac{x}{a} + \frac{y}{b} = 1,$$

welche für viele Untersuchungen nützlich ist. Wir wollen daher den Satz hervorheben:

8. *Durch die Gleichung:*

(6) $Ax + By = C$

ist eine Gerade dargestellt welche auf den Koordinatenachsen die Abschnitte $a = \frac{C}{A}$ *und* $b = \frac{C}{B}$ *macht, und jede solche Gerade hat die Gleichung:*

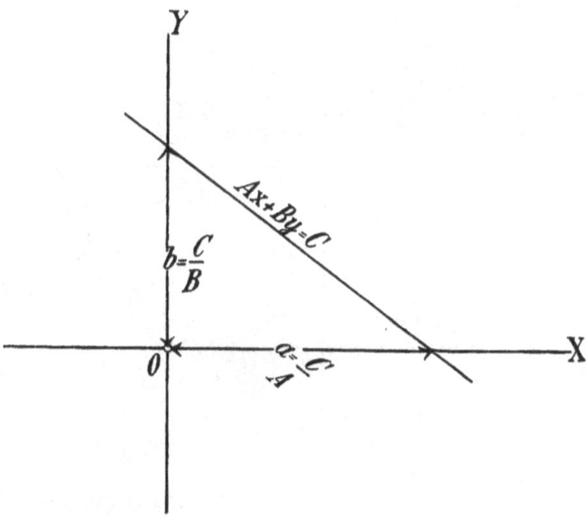

Fig. 22.

(11) $$\frac{x}{a} + \frac{y}{b} = 1.$$

Unter Benutzung der in den Sätzen 7 und 8 erklärten Bezeichnungen kann man der Gleichung (6), nachdem man beiderseits durch B dividiert hat, auch die Form:

(12) $$y = x \operatorname{tg} \gamma + b$$

geben, die besonders in der Differentialgeometrie Anwendung findet; hierbei wird $\operatorname{tg} \gamma$ als Richtungskoeffizient der Geraden bezeichnet. Diese Form fließt offenbar auch aus Gleichung (3), wenn wir $l = 0$ und $m = b$ setzen.

Die Hessesche Normalform der Gleichung der Geraden ist zweitens (Fig. 23) auch deshalb von Wichtigkeit, weil sie unmittelbar den senkrechten Abstand irgend eines Punktes (x, y) von der Geraden kennen lehrt. Transformieren wir nämlich wieder auf die oben betrachteten Achsen LX' und LY', setzen also:

$$(13) \quad \begin{cases} x = l + x' \cos\gamma - y' \sin\gamma = d\cos\delta + x'\sin\delta + y'\cos\delta, \\ y = m + x'\sin\gamma + y'\cos\gamma = d\sin\delta - x'\cos\delta + y'\sin\delta, \end{cases}$$

so bedeutet doch y' den Abstand des Punktes (x, y) von der Achse LX' oder unserer Geraden, und zwar wird $y' = Q'P$ positiv oder negativ sein, je nachdem $Q'P$ mit OL gleichgerichtet ist oder nicht, je nachdem also P und O auf verschiedenen Seiten der Geraden

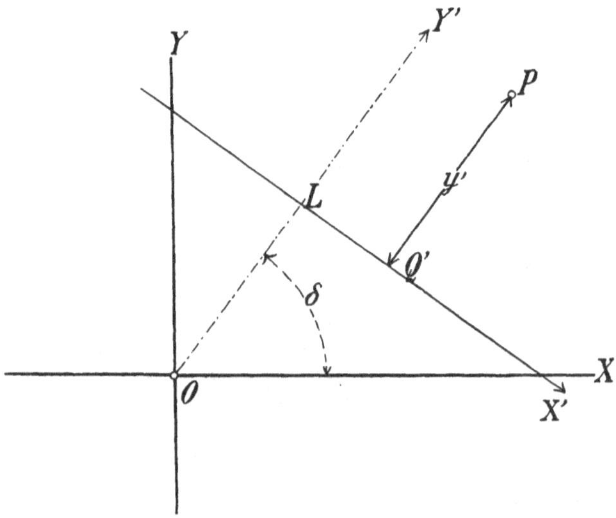

Fig. 23.

liegen oder nicht. Multiplizieren wir nun die erste der beiden Gleichungen[1] (13) mit $\cos\delta$, die zweite mit $\sin\delta$ und addieren sie, so folgt:

$$(14) \qquad y' = x\cos\delta + y\sin\delta - d.$$

Wir erhalten daher das Resultat:

9. *Ist die Gleichung einer Geraden auf die Hessesche Normalform:*

$$(15) \qquad x\cos\delta + y\sin\delta - d = 0$$

gebracht, so bedeutet ihre linke Seite für beliebige Werte von x und y den positiven oder negativen senkrechten Abstand des Punktes (x, y) von der Geraden, je nachdem dieser mit dem Anfangspunkte O auf verschiedenen Seiten der Geraden liegt oder nicht.

Ist $d = 0$, geht also die Gerade durch den Anfangspunkt, so folgt jedenfalls, daß:

[1] Obwohl es sich eigentlich um die Multiplikation resp. Addition beider Seiten einer Gleichung handelt, werden wir uns doch häufig der Kürze wegen der obigen nicht ganz genauen Ausdrucksweise bedienen.

(16) $$y' = x\cos\delta + y\sin\delta$$

auf verschiedenen Seiten der Geraden verschiedenes Vorzeichen hat, wonach für besondere Werte von x und y leicht die betreffende Regel gefunden werden kann; nimmt man z. B. δ so an, daß $\cos\delta$ positiv ist, so ist y' positiv oder negativ, je nachdem der Punkt mit OX auf derselben Seite der Geraden liegt oder nicht.

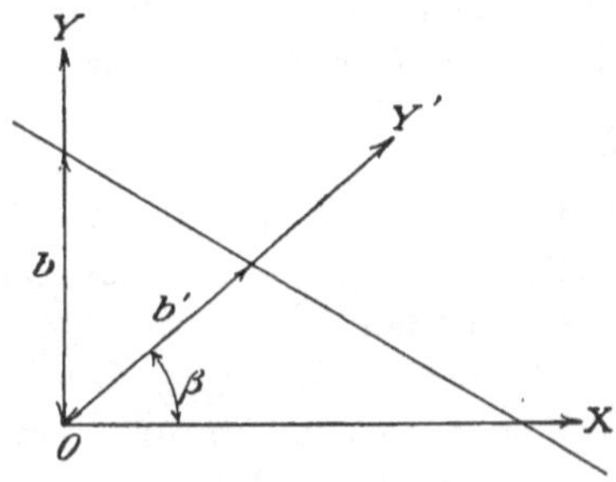

Fig. 24.

Wir schließen hieran noch einige kurze Bemerkungen über die Gleichung der Geraden in schiefwinkeligen Parallelkoordinaten und in Polarkoordinaten. Wollen wir die Gleichung:

(12) $$y = x\,\mathrm{tg}\,\gamma + b$$

der Geraden in Beziehung auf die rechtwinkeligen Achsen OX und OY in eine solche in Beziehung auf die Achsen $OX' = OX$ und OY' (Fig. 24) verwandeln, wo OY' die Amplitude β für OX als Polarachse hat, so haben wir nach Satz 3 auf S. 22 ($\alpha = 0$) zu setzen:

(17) $$x = x' + y'\cos\beta\,, \quad y = y'\sin\beta\,,$$

wodurch Gleichung (12) nach Multiplikation mit $\cos\gamma$ übergeht in:

(18) $$y'\sin(\beta - \gamma) = x'\sin\gamma + b\cos\gamma$$

oder

(19) $$y' = x'\frac{\sin\gamma}{\sin(\beta - \gamma)} + b',$$

wo offenbar:

(20) $$b' = b\frac{\cos\gamma}{\sin(\beta - \gamma)},$$

den Abschnitt bedeutet, den die Gerade auf der Achse OY' macht. Ist irgend eine lineare Gleichung:

(21) $$A'x' + B'y' = C'$$

gegeben, so geht sie durch die umgekehrte Transformation:

(22) $$x'\sin\beta = x\sin\beta - y\cos\beta\,, \quad y'\sin\beta = y\,,$$

in:

(23) $$A'x\sin\beta + (B' - A'\cos\beta)y = C'\sin\beta$$

über, stellt also eine Gerade dar, für die:

(24) $$\mathrm{tg}\,\gamma = \frac{A'\sin\beta}{A'\cos\beta - B'}\,; \quad b = -\frac{C'\sin\beta}{A'\cos\beta - B'},$$

wonach sie leicht zu konstruieren ist. Ist C' von Null verschieden, so geschieht dies natürlich am einfachsten mit Hilfe der Abschnitte $a' = \frac{C'}{A'}$ und $b' = \frac{C'}{A'}$, welche die Gerade auf den Achsen OX und OY' macht, wo dann die Gleichung der Geraden auch in schiefwinkeligen Koordinaten die einfache Form:

$$\frac{x'}{a'} + \frac{y'}{b'} = 1 \tag{25}$$

annimmt. Wenn überhaupt schiefwinkelige Koordinaten angewendet werden, wird es sich meist um diese Form der Gleichung der Geraden handeln.

Soll die Gleichung der Geraden in Polarkoordinaten gefunden werden, so gehen wir am besten aus von ihrer Gleichung (5) in der Hesseschen Normalform; durch die Substitution $x = r \cos \varphi$, $y = r \sin \varphi$ geht diese Gleichung offenbar über in:

$$r = \frac{d}{\cos(\delta - \varphi)}. \tag{26}$$

Liegt eine Gleichung in Polarkoordinaten nicht in dieser einfachen Form vor, so wird die Entscheidung darüber, ob überhaupt und welche Gerade durch die Gleichung dargestellt ist, am besten dadurch geschehen, daß man statt der Polarkoordinaten rechtwinkelige Koordinaten einführt.

---

1. **Aufgabe.** Man bestimme die Gleichung der Geraden, welche unter 45^0 gegen die Abszissenachse geneigt ist und den Punkt $(-3, 4)$ enthält.

2. **Aufgabe.** Man bestimme die Gleichung der Geraden, welche im Punkte $(4, -3)$ auf dem Radiusvektor dieses Punktes senkrecht steht. ($x d \cos \delta + y d \sin \delta = d^2$, $d \cos \delta = 4$, $d \sin \delta = -3$.)

3. **Aufgabe.** Man bestimme die verschiedenen Gleichungsformen der geraden Linien: $3x + 4y = 6$; $12x - 5y = -26$ und die Entfernungen derselben vom Punkte $(-7, 1)$.

4. **Aufgabe.** Man bestimme den Ort[1] der Punkte, für welche die Lote auf zwei feste Geraden von deren Schnittpunkte aus Abschnitte von konstanter Summe machen.

[1] Soll in der analytischen Geometrie der geometrische Ort eines Punktes gefunden werden, so denke man sich seine Koordinaten zunächst als bekannt; drückt man dann die geometrische Bedingung, welcher der Punkt genügen soll, analytisch aus, so ergibt sich entweder direkt oder nach Elimination von Hilfsgrößen, die je nach der Natur der Bedingung einzuführen sind, eine Gleichung zwischen den Koordinaten des Ortspunktes oder die Gleichung des gesuchten Ortes.

Man mache die eine Gerade zur Abszissenachse, nehme die andere als eine Halbgerade mit der Amplitude α an und bestimme den auf ihr gemachten Abschnitt durch Drehung der Achsen um die Amplitude α; ist dann a die konstante Summe, so findet man als eine Gleichung des Ortes: $x \cos \frac{\alpha}{2} + y \sin \frac{\alpha}{2} = \frac{a}{2 \cos \alpha/2}$; $\left[1 + \cos \alpha = 2 \cos^2 \frac{\alpha}{2}\right]$, geometrische Interpretation dieser Gleichung; man erhält 4 Lösungen je nach den als positiv festgesetzten Seiten der festen Geraden.

5. Aufgabe. Man bestimme den Ort der Punkte, für welche die Summe der Lote auf zwei feste Geraden konstant ist.

6. Aufgabe. Man bestimme die Entfernung des Punktes (1, 13) von der Geraden: $39x' + 16y' = 39$ in einem schiefwinkeligen Systeme, dessen Achsen den durch $\operatorname{tg} \beta = \frac{5}{12}$ bestimmten spitzen Winkel miteinander bilden. (Benutzung der Formeln (17) bis (24).)

7. Aufgabe. Von einem Dreiecke, dessen Winkel gegeben sind, ist die eine Ecke fixiert, während eine andere Ecke sich längs einer festen Geraden bewegt; man soll den Ort der dritten Ecke finden.

Man mache die feste Ecke zum Pole des Koordinatensystems und denke sich die Gleichung der festen Geraden in der Form (25) gegeben; dann ergibt sich durch Benutzung des Sinussatzes [Gleichung (15) in § 2 auf S. 22 für $\varphi = 0$] auch die Gleichung des Ortes in dieser Form.

§ 4.

Die Entfernung zweier Punkte, drei Punkte in einer Geraden, der Flächeninhalt des Dreiecks.

Haben wir uns bisher einerseits mit der analytischen Bestimmung der Lage eines Punktes, andererseits mit derjenigen einer geraden Linie beschäftigt, so wenden wir uns jetzt zur Behandlung der Fundamentalaufgaben, die sich an zwei Punkte knüpfen. Haben wir die beiden Punkte P_1 und P_2 (Fig. 25) mit den rechtwinkeligen Koordinaten x_1, y_1 und x_2, y_2, und hat die positive Strecke $u = \overrightarrow{P_1P_2}$ die Amplitude γ, so ist nach Satz 5, Formel (2) des vorigen Paragraphen:

$$x_2 = x_1 + u \cos \gamma, \quad y_2 = y_1 + u \sin \gamma. \tag{1}$$

Hieraus ergibt sich einerseits die Entfernung u der beiden Punkte

$$u = \sqrt{(x_2 - x_1)^2 + (y_2 - y_1)^2}, \tag{2}$$

andererseits der Richtungskoefficient $\operatorname{tg}\gamma$ der Geraden P_1P_2:

(3) $$\operatorname{tg}\gamma = \frac{y_2 - y_1}{x_2 - x_1} = \frac{y_1 - y_2}{x_1 - x_2},$$

weil ja γ durch diese Formel nur bis auf Vielfache von 180^0 bestimmt ist. Wir erhalten daher zuerst den Satz:

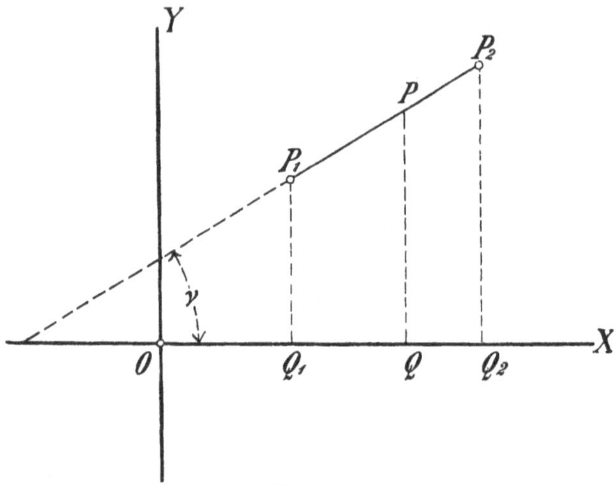

Fig. 25.

10. *Haben die Punkte* P_1 *und* P_2 *die Koordinaten* x_1, y_1 *und* x_2, y_2, *so ist:*

(I) $$\overline{P_1P_2} = \sqrt{(x_2 - x_1)^2 + (y_2 - y_1)^2},$$

und die Amplitude γ *der Richtung* $\overrightarrow{P_1P_2}$ *ist bestimmt durch:*

(II) $$x_2 - x_1 = \overline{P_1P_2}\cos\gamma, \quad y_2 - y_1 = \overline{P_1P_2}\sin\gamma.$$

Ist nun der Punkt P mit den Koordinaten x, y irgend ein dritter Punkt der Geraden P_1P_2, so haben wir offenbar die analogen Formeln:

(4) $$x - x_1 = \overline{P_1P}\cos\gamma, \quad y - y_1 = \overline{P_1P}\sin\gamma;$$

(5) $$x_2 - x = \overline{PP_2}\cos\gamma, \quad y_2 - y = \overline{PP_2}\sin\gamma,$$

wo die Strecken $\overline{P_1P}$ und $\overline{PP_2}$ als positiv oder negativ anzusehen sind, je nachdem ihre Richtung mit derjenigen von $\overline{P_1P_2}$ übereinstimmt oder nicht. Setzen wir daher:

(6) $$\frac{\overline{P_1P}}{\overline{PP_2}} = \lambda,$$

so folgt:

(7). $$x - x_1 = \lambda(x_2 - x), \quad y - y_1 = \lambda(y_2 - y),$$

wo es nun bei der Definition von λ gleichgültig ist, welche Richtung der Geraden als positiv festgesetzt ist, da bei Vertauschung dieser Richtung mit der entgegengesetzten Zähler und Nenner von λ ihr Vorzeichen ändern. Aus (7) folgt offenbar:

$$x = \frac{x_1 + \lambda x_2}{1 + \lambda}, \quad y = \frac{y_1 + \lambda y_2}{1 + \lambda}. \tag{8}$$

Wir wollen dies Resultat in dem folgenden Satze hervorheben:

11. *Teilt ein Punkt P der Geraden durch die Punkte $P_1(x_1, y_1)$ und $P_2(x_2, y_2)$ die Strecke $\overline{P_1P_2}$ in dem Verhältnisse $\lambda = \overline{P_1P} : \overline{PP_2}$, so hat P die Koordinaten:*

$$x = \frac{x_1 + \lambda x_2}{1 + \lambda}, \quad y = \frac{y_1 + \lambda y_2}{1 + \lambda}. \tag{III}$$

Hier kann λ alle möglichen Zahlenwerte von $-\infty$ bis $+\infty$ annehmen. Fängt λ von $-\infty$ an zu wachsen, so durchläuft P zunächst von P_2 aus alle Punkte der Verlängerung von $\overline{P_1P_2}$, bis er für $\lambda = -1$ ins Unendliche verschwindet. Wächst dann λ weiter, so kommt P wieder in der über P_1 hinaus liegenden Verlängerung von P_1P_2 zum Vorschein, bis er für $\lambda = 0$ mit P_1 zusammenfällt. Wächst endlich λ von 0 bis $+\infty$, so durchläuft P alle Punkte der Strecke $\overline{P_1P_2}$ selbst und fällt im besonderen für $\lambda = 1$ mit dem Mittelpunkt der Strecke $\overline{P_1P_2}$ zusammen. Wir erhalten daher als Korollar des Satzes 11:

11[a]. *Der Mittelpunkt der Strecke $\overline{P_1P_2}$, deren Endpunkte die Koordinaten x_1, y_1 und x_2, y_2 haben, hat die Koordinaten $x = \frac{1}{2}(x_1 + x_2)$, $y = \frac{1}{2}(y_1 + y_2)$.*

Jedem absoluten Werte des Teilungsverhältnisses λ entsprechen demnach je zwei Punkte, der eine innerhalb, der andere außerhalb

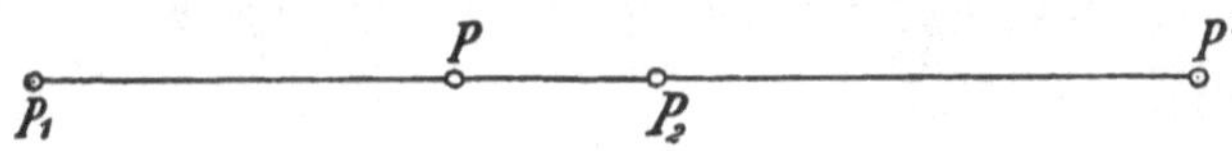

Fig. 26.

der Strecke P_1P_2. Zwei derartig zugeordnete Punkte der Geraden haben deshalb einen besonderen Namen erhalten gemäß der folgenden Definition: *Je zwei Punkte P und P' einer Geraden P_1P_2* (Fig. 26), *für welche die Verhältnisse λ und λ', in die sie die Strecke $\overline{P_1P_2}$ teilen, sich nur durch das Vorzeichen unterscheiden, heißen durch P_1 und P_2 harmonisch getrennt.* Es gilt also für die Punkte die Beziehung:

$$\overline{P_1P} : \overline{PP_2} = \overline{P_1P'} : \overline{P_2P'}. \tag{9}$$

Da man diese Gleichung auch in der Form:

(10) $$\overline{PP_2} : \overline{P_2P'} = \overline{PP_1} : \overline{P'P_1}$$

schreiben kann, *so sind auch umgekehrt P_1 und P_2 durch P und P' harmonisch getrennt.*

Satz 11 erlaubt nun unmittelbar die Koordinaten von zwei Paaren harmonisch getrennter Punkte aufzustellen, wovon wir später Gebrauch machen werden.

Eliminiert man λ aus den beiden Gleichungen (7), so erhält man die Bedingung dafür, daß der Punkt P (x, y) in der Geraden durch die Punkte P_1 (x_1, y_1) und P_2 (x_2, y_2) liegt, zunächst in der folgenden Form:

(11) $$(x - x_1)(y_2 - y) - (y - y_1)(x_2 - x) = 0,$$

welche man auch folgendermaßen schreiben kann:

(12) $$x(y_2 - y_1) - y(x_2 - x_1) = x_1 y_2 - x_2 y_1.$$

Wir erhalten daher den Satz:

12. *Die Gleichung der Geraden durch die Punkte P_1 (x_1, y_1) und P_2 (x_2, y_2) ist:*

(IV) $$x(y_2 - y_1) - y(x_2 - x_1) = x_1 y_2 - x_2 y_1.$$

Hiernach ist durch die Größe: $\frac{x_1 y_2 - x_2 y_1}{\sqrt{(y_2 - y_1)^2 + (x_2 - x_1)^2}}$ vom Vorzeichen abgesehen das Lot vom Anfangspunkte auf die Gerade P_1P_2 dargestellt (vergl. Satz 7 auf S. 28). Es stellt daher die rechte Seite $x_1 y_2 - x_2 y_1$ der Gleichung (IV) vom Vorzeichen abgesehen den doppelten Flächeninhalt des Dreiecks OP_1P_2 dar. Um das Vorzeichen von $x_1 y_2 - x_2 y_1$ näher festzustellen, führen wir Polarkoordinaten ein, setzen also:

(13) $$x_1 = r_1 \cos\varphi_1, \; y_1 = r_1 \sin\varphi_1; \; x_2 = r_2 \cos\varphi_2, \; y_2 = r_2 \sin\varphi_2.$$

Dann wird:

(14) $$x_1 y_2 - x_2 y_1 = r_1 r_2 \sin(\varphi_2 - \varphi_1).$$

Hiernach können wir den folgenden Satz aussprechen.

13. *Haben die Punkte P_1 und P_2* (Fig. 27) *die Koordinaten x_1, y_1 und x_2, y_2, so stellt der Ausdruck $\frac{1}{2}$ $(x_1 y_2 - x_2 y_1)$ den positiven oder negativen Flächeninhalt des Dreiecks OP_1P_2 dar, je nachdem der das Innere des Dreiecks überstreichende Radiusvektor eine positive oder negative Amplitude beschreiben muß, um von OP_1 nach OP_2 zu gelangen.*

Hieraus ergibt sich unmittelbar der Ausdruck für den Flächeninhalt irgend eines Dreiecks $P_1P_2P_3 = P_3P_1P_2$ durch die Koordinaten seiner Eckpunkte, wenn der Anfangspunkt O' in den Punkt $P_3(x_3, y_3)$ verlegt wird. In Beziehung auf die den ursprünglichen Achsen

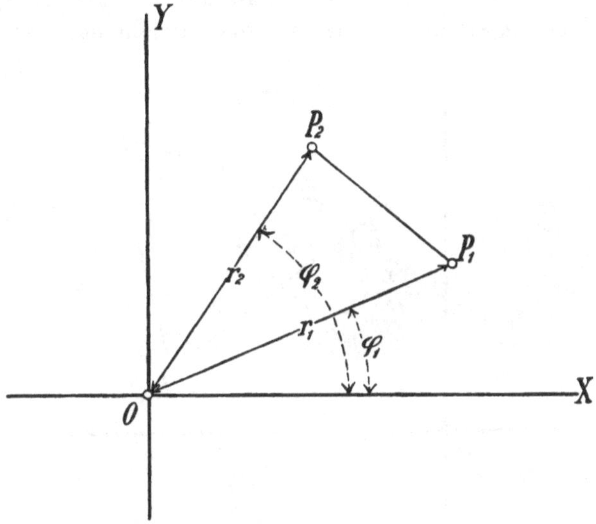

Fig. 27.

gleichgerichteten Achsen durch diesen Punkt haben ja P_1 und P_2 nach Satz 1 auf S. 17 die Koordinaten:

(15) $x_1' = x_1 - x_3, \; y_1' = y_1 - y_3; \; x_2' = x_2 - x_3, \; y_2' = y_2 - y_3.$

Es wird daher:

(16)
$$\begin{aligned} x_1' y_2' - x_2' y_1' &= (x_1 - x_3)(y_2 - y_3) - (x_2 - x_3)(y_1 - y_3) \\ &= x_1 y_2 - x_2 y_1 + x_2 y_3 - x_3 y_2 + x_3 y_1 - x_1 y_3. \end{aligned}$$

Dieser Ausdruck wird nach dem Obigen positiv oder negativ sein, je nachdem der Radiusvektor P_3P_1 eine positive oder negative Amplitude beschreiben muß, um das Dreieck überstreichend nach P_3P_2 zu gelangen. Nun ändert sich aber der Ausdruck nicht, wenn man (Fig. 28) die Indices 1, 2, 3 mit resp. 2, 3, 1 oder die Indices 1, 2, 3 zyklisch vertauscht, wir würden also denselben Ausdruck erhalten, wenn wir nach Satz 13 das Dreieck $P_3P_1P_2$ durch $P_1P_2P_3$ und $P_2P_3P_1$ ersetzen. Wir können daher den Satz aussprechen:

14. *Der Ausdruck:*

$$\frac{1}{2}(x_1 y_2 - x_2 y_1 + x_2 y_3 - x_3 y_2 + x_3 y_1 - x_1 y_3)$$

stellt den positiven oder negativen Flächeninhalt des Dreiecks $P_1P_2P_3$ dar, je nachdem die Umlaufungsrichtung des Dreiecksumfangs von P_1 über P_2 nach P_3 positiv oder negativ ist, d. h. je nachdem dabei die

Seiten von den gegenüberliegenden Ecken aus gesehen im Sinne wachsender oder abnehmender Amplituden durchlaufen werden.

Dem Umstande entsprechend, daß die Amplituden gewöhnlich in dem Drehungssinne des Uhrzeigers abnehmend angenommen

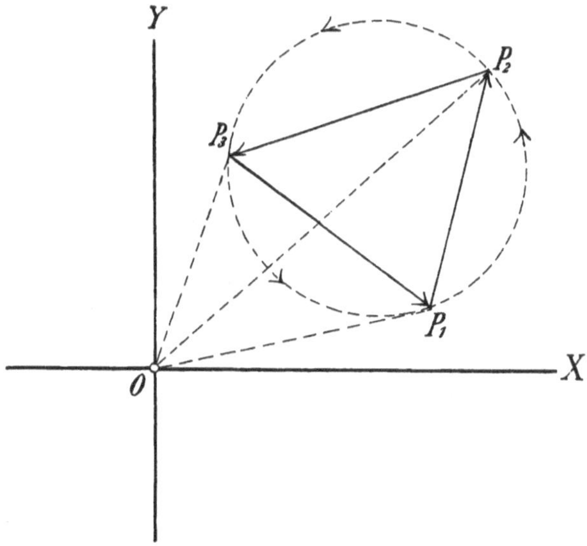

Fig. 28.

werden, wird hiernach gewöhnlich diejenige Umlaufungsrichtung des Dreiecksumfanges als positiv bezeichnet, bei welcher das Dreieck zur Linken des Umlaufenden bleibt. Betrachten wir daher den Flächeninhalt eines Dreiecks $P_1P_2P_3$ je nach seiner der Bezeichnung entsprechenden Umlaufungsrichtung als positiv oder negativ, so drücken die Sätze 13 und 14 offenbar aus, daß der Flächeninhalt des Dreiecks $P_1P_2P_3$ gleich der algebraischen Summe der Flächeninhalte der Dreiecke OP_1P_2, OP_2P_3 und OP_3P_1 ist. Es läßt sich hiernach vermuten, daß der Flächeninhalt irgend eines Polygons $P_1P_2P_3 \ldots P_{n-1}P_n$ dargestellt sei durch die Formel:

$$\frac{1}{2}(x_1 y_2 - x_2 y_1 + x_2 y_3 - x_3 y_2 + x_3 y_4 - x_4 y_3 + \cdots\cdots$$
$$+ x_{n-1} y_n - x_n y_{n-1} + x_n y_1 - x_1 y_n),$$

wo die einzelnen Differenzen aus der ersten durch die zyklische Vertauschung der Indices entstehen. Daß diese algebraische Summe der Flächeninhalte der Dreiecke OP_1P_2, OP_2P_3, ..., $OP_{n-1}P_n$, OP_nP_1 den positiven oder negativen Flächeninhalt des Polygons darstellt, läßt sich natürlich nur für die sogenannten gewöhnlichen

Polygone beweisen, deren Umfänge niemals sich selbst schneiden, während man für die übrigen Polygone diesen Ausdruck als Definition des Flächeninhaltes zu betrachten hat.

Was nun die gewöhnlichen Polygone betrifft, so ist die Richtigkeit der Formel für ihren Flächeninhalt sehr leicht einzusehen für die sogenannten konvexen Polygone, für welche sämtliche Winkel $< 180^0$ sind. Dann teilt nämlich jede Diagonale $P_{n-1}P_1$ das Polygon in das $(n-1)$-Eck $P_1P_2P_3 \ldots P_{n-1}$ und in das Dreieck $P_{n-1}P_nP_1$. Nehmen wir daher an, daß die Formel für jedes konvexe $(n-1)$-Eck auch in Beziehung auf das der Umlaufungsrichtung entsprechende Vorzeichen bewiesen sei, so erhalten wir für den doppelten Flächeninhalt des n-Ecks, das durch Hinzufügung des Dreiecks $P_{n-1}P_nP_1$ zu dem $(n-1)$-Eck $P_1P_2P_3 \ldots P_{n-1}$ entsteht, in Rücksicht darauf, daß diese beiden Polygone denselben Umlaufungssinn haben, den Ausdruck:

$$x_1y_2 - x_2y_1 + x_2y_3 - x_3y_2 + \cdots\cdots + x_{n-2}y_{n-1} - x_{n-1}y_{n-2}$$
$$+ x_{n-1}y_1 - x_1y_{n-1} + x_{n-1}y_n - x_ny_{n-1} + x_ny_1 - x_1y_n + x_1y_{n-1} - x_{n-1}y_1,$$

also gerade die obige Formel.

Was aber die gewöhnlichen Polygone mit einspringenden Winkeln (Fig. 29) oder Winkeln betrifft, die $> 180^0$ sind, so läßt sich zeigen, daß jedes solche Polygon durch Aneinanderfügung gewöhnlicher konvexer Polygone hergestellt werden kann. Ziehen wir nämlich von irgend einer Ecke P_i mit einspringendem Winkel $P_{i-1}P_iP_{i+1}$ eine Gerade, welche diesen Winkel in zwei Winkel teilt, die $< 180^0$ sind, bis sie den Umfang des Polygons zum zweiten Male in dem Punkte Q_i der Seite P_lP_{l+1} trifft,

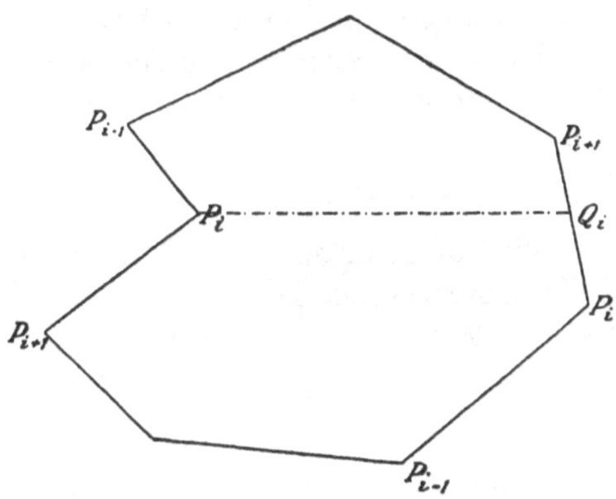

Fig. 29.

so teilt diese Gerade das ursprüngliche Polygon in die beiden Polygone $Q_iP_{l+1}P_{l+2} \ldots\ldots P_nP_1 \ldots\ldots P_{i-1}P_i$ und $P_iP_{i+1} \ldots\ldots P_{l-1}P_lQ_i$, die nun in P_i sicher keine einspringenden Ecken haben, während Q_i höchstens dann für eins der beiden Polygone einen einspringenden Winkel hat, wenn Q_i schon ein solcher Eckpunkt für das ursprüngliche Polygon war. Man kann daher durch Fortsetzung dieses Verfahrens das gegebene Polygon in lauter gewöhnliche konvexe Polygone einteilen. Da unsere Formel für diese bewiesen ist, so folgt sie hiernach ebenso wie oben auch für die gewöhnlichen Polygone mit einspringenden Winkeln.

In Beziehung auf die Definition des Flächeninhalts eines Polygons, dessen Umfang sich selbst schneidet, durch die algebraische Summe der Flächeninhalte der Dreiecke OP_1P_2, OP_2P_3, ..., OP_nP_1 mag schließlich noch die Bemerkung Platz greifen, daß der so definierte Flächeninhalt jedenfalls von der Lage des Punktes O unabhängig ist. Denn bei Verlegung des Anfangspunktes vermöge der Formeln (Satz 1):

$$x = x' + a, \; y = y' + b, \tag{17}$$

geht unser Ausdruck über in:

$$\begin{aligned} &x_1'y_2' - x_2'y_1' + x_2'y_3' - x_3'y_2' + \ldots\ldots + x_n'y_1' - x_1'y_n' \\ &+ a(y_2' - y_1' + y_3' - y_2' + \ldots\ldots + y_1' - y_n') + b(x_1' - x_2' + x_2' - x_3' + \ldots\ldots \\ &\qquad + x_n' - x_1'), \end{aligned}$$

also in einen Ausdruck derselben Form, da die Koeffizienten von a und b verschwinden.

In Übereinstimmung mit Satz 12 ergibt sich offenbar aus der Bemerkung, daß drei Punkte in gerader Linie ein Dreieck bestimmen, dessen Flächeninhalt verschwindet, der folgende Satz:

15. *Die notwendige und hinreichende Bedingung dafür, daß drei Punkte mit den Koordinaten $x_1, y_1; x_2, y_2; x_3, y_3$ in gerader Linie liegen, ist:*

$$x_1y_2 - x_2y_1 + x_2y_3 - x_3y_2 + x_3y_1 - x_1y_3 = 0. \tag{V}$$

Wir beschließen diesen Paragraphen mit der kurzen Angabe der in ihm entwickelten Formeln für ein schiefwinkeliges Koordinatensystem. Wir werden dabei wieder die Formeln (17) des vorigen Paragraphen auf S. 31 benutzen können, nämlich:

$$x = x' + y'\cos\beta, \; y = y'\sin\beta. \tag{18}$$

Dann geht zunächst die Formel (I) für die Entfernung zweier Punkte P_1 (x_1', y_1') und P_2 (x_2', y_2') über in:

$$\overline{P_1P_2} = \sqrt{(x_2' - x_1')^2 + (y_2' - y_1')^2 + 2(x_2' - x_1')(y_2' - y_1')\cos\beta}. \tag{I^a}$$

Hiernach behalten die Formeln (7) auch in schiefwinkligen Koordinaten ihre Form; denn aus ihnen und (18) folgt:

$$\left\{ \begin{aligned} x' - x_1' + (y' - y_1')\cos\beta &= \lambda(x_2' - x' + (y_2' - y')\cos\beta), \\ (y' - y_1')\sin\beta &= \lambda(y_2' - y')\sin\beta. \end{aligned} \right. \tag{19}$$

Es bleiben daher auch die Formeln (8) oder (III) bestehen, was sich auch leicht direkt beweisen läßt. Im besonderen hat also der Mittelpunkt der Strecke P_1P_2 auch die schiefwinkeligen Koordinaten $\frac{x_1' + x_2'}{2}$, $\frac{y_1' + y_2'}{2}$. Da auch Gleichung (IV) aus den Formeln (7) abgeleitet ist, so behält auch die Gleichung der Geraden durch P_1 und P_2 dieselbe Form wie in rechtwinkeligen Koordinaten. Was endlich den Ausdruck für den Flächeninhalt des Dreiecks $P_1P_2P_3$ betrifft, so geht derselbe offenbar über in:

$$(20)\quad \triangle P_1P_2P_3 = \tfrac{1}{2}\{x_1'y_2' - x_2'y_1' + x_2'y_3' - x_3'y_2' + x_3'y_1' - x_1'y_3'\}\sin\beta,$$

wo bezüglich des Vorzeichens natürlich dieselben Regeln gelten mit der Maßgabe, daß die positive Umlaufsrichtung sich nach dem Sinne richtet, in dem der Radiusvektor von OX' nach OY' den positiven Winkel β zu durchlaufen hat.

Die Entfernung der beiden Punkte P_1 (r_1, φ_1) und P_2 (r_2, φ_2) in Polarkoordinaten ist offenbar gegeben durch:

$$(\mathrm{I^b})\qquad \overline{P_1P_2} = \sqrt{r_1^2 + r_2^2 - 2r_1r_2\cos(\varphi_2 - \varphi_1)};$$

diese Formel liefert einen neuen Beweis eines bekannten trigonometrischen Satzes, des sogenannten Kosinussatzes für das Dreieck OP_1P_2.

---

1. Aufgabe. Man bestimme die Koordinaten des Schwerpunktes eines Dreiecks, von dem die Koordinaten der Ecken gegeben sind, als denjenigen Punkt, welcher die Strecke von jeder Ecke bis zur Mitte der gegenüberliegenden Seite im Verhältnis von 2 : 1 teilt.

2. Aufgabe. Von einem Dreiecke, dessen Eckpunkte die Koordinaten (— 56, — 36); (— 28, 60); (28, 27) haben, bestimme man die Längen und Gleichungen der Seiten und Mitteltransversalen, den Schwerpunkt und den Flächeninhalt.

3. Aufgabe. Den Ort der Punkte zu bestimmen, für welche die Differenz der Quadrate der Entfernungen von zwei festen Punkten konstant ist.

4. Aufgabe. Es ist zu suchen der Ort der Punkte, die von einem festen Punkte durch Punktepaare von zwei festen Geraden harmonisch getrennt sind.

Man lege die beiden festen Geraden durch den Anfangspunkt ($y = x \operatorname{tg} \gamma_1$ und $y = x \operatorname{tg} \gamma_2$) und bringe zum Ausdruck (Formel (III)), daß die beiden Verhältnisse, in welchen die festen Geraden die Strecke zwischen dem festen und dem Ortspunkte teilen, sich nur durch das Vorzeichen unterscheiden. (Man kann auch schiefwinkelige Koordinaten benutzen in Beziehung auf die beiden festen Geraden als Achsen.)

5. Aufgabe. Man bestimme den Ort der Mittelpunkte eines Rechtecks, von dem eine Seite in die eine Seite eines festen Dreiecks fällt, während die dieser Seite gegenüberliegenden Ecken in den beiden anderen Seiten des Dreiecks liegen.

Man mache die erste Dreiecksseite zur Abszissenachse und die Höhe durch die gegenüberliegende Ecke zur Ordinatenachse, und stelle die Gleichungen der Seiten des Dreiecks durch die Koordinaten der Ecken dar; dann findet man die Koordinaten aller Ecken des Rechtecks aus einer Ordinate, deren Elimination die Gleichung des Ortes liefert.

6. Aufgabe. Werden auf den Seiten eines Dreiecks $P_1P_2P_3$ resp. deren Verlängerungen drei Punkte S_1, S_2, S_3 in gerader Linie angenommen, so besteht zwischen den Teilungsverhältnissen $\lambda_1 = P_2S_1 : S_1P_3$, $\lambda_2 = P_3S_2 : S_2P_1$, $\lambda_3 = P_1S_3 : S_3P_2$ die Relation: $\lambda_1\lambda_2\lambda_3 = -1$ (Satz 15). (Satz des Menelaus.)

7. Aufgabe. Versteht man unter dem Mittelpunkte der in den Punkten P_1, P_2, P_3 wirkenden Massen m_1, m_2, m_3 den Punkt mit den Koordinaten: $x = \frac{m_1x_1 + m_2x_2 + m_3x_3}{m_1 + m_2 + m_3}$, $y = \frac{m_1y_1 + m_2y_2 + m_3y_3}{m_1 + m_2 + m_3}$, so ist zu beweisen, daß der Anfangspunkt O der Mittelpunkt der in den Punkten P_1, P_2, P_3 wirkenden Dreiecksflächen OP_2P_3, OP_3P_1, OP_1P_2 ist.

§ 5.

Schnittpunkt und Winkel zweier Geraden; Bedingung ihres Parallelismus oder ihrer Rechtwinkeligkeit. Drei Geraden durch einen Punkt; Halbierungslinie der Winkel zweier Geraden.

Die Koordinaten des Schnittpunktes der beiden Geraden, deren Gleichungen:

$$A_1x + B_1y = C_1 \quad \text{und} \tag{1}$$

$$A_2x + B_2y = C_2 \tag{2}$$

sind, ergeben sich offenbar durch Auflösung dieser beiden Gleichungen nach x und y. Es ergibt sich also:

$$x = \frac{C_1B_2 - C_2B_1}{A_1B_2 - A_2B_1}, \quad y = \frac{C_2A_1 - C_1A_2}{A_1B_2 - A_2B_1}. \tag{I}$$

Setzt man in dem Falle, daß der gemeinsame Nenner dieser beiden Ausdrücke verschwindet, $A_2 = \lambda A_1$, so ist auch $B_2 = \lambda B_1$; es können daher x und y nur dann endlich bleiben, wenn auch $C_2 = \lambda C_1$ ist. Dann ist offenbar die zweite Gleichung aus der ersten durch Multiplikation mit dem konstanten Faktor λ entstanden, jedes Wertsystem (x, y), das die erste Gleichung befriedigt, genügt also auch der zweiten, oder die durch die beiden Gleichungen dargestellten Geraden stimmen Punkt für Punkt überein. Im anderen Falle hingegen haben die beiden Geraden einen unendlich weiten oder keinen Schnittpunkt gemein, d. h. sie sind parallel. Sind umgekehrt die beiden Geraden parallel, so muß der gemeinsame Nenner der Ausdrücke (I) verschwinden. Multipliziert man in diesem Falle die beiden Seiten der Gleichung (1) mit λ, so unterscheidet sie sich von (2) nur in dem konstanten Gliede. Wir erhalten daher den Satz:

16. *Die notwendige und hinreichende Bedingung für den Parallelismus der beiden Geraden:*

$$A_1 x + B_1 y = C_1 \text{ und } A_2 x + B_2 y = C_2$$

ist:

$$A_1 B_2 - A_2 B_1 = 0. \tag{II}$$

Ist diese Bedingung erfüllt, so kann man $A_2 = \lambda A_1$ *und* $B_2 = \lambda B_1$ *setzen, so daß sich die erste Gleichung nach Multiplikation mit* λ *von*

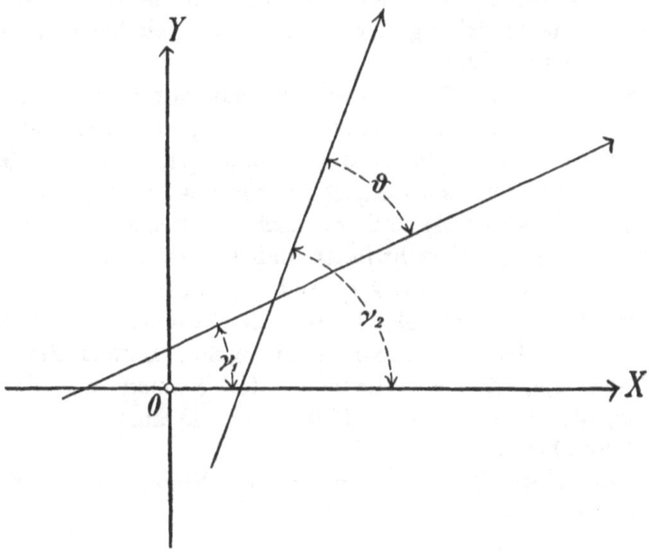

Fig. 30.

der zweiten nur in dem konstanten Gliede unterscheidet; ist dann auch $C_2 = \lambda C_1$, *so sind die beiden Geraden identisch.*

Haben die als positiv festgesetzen Seiten der beiden Geraden (1) und (2) die Amplituden γ_1 und γ_2 (Fig. 30), so ist der Winkel ϑ, den die erste Gerade in positivem Sinne beschreiben muß, um mit der zweiten gleich gerichtet zu sein, offenbar $\gamma_2 - \gamma_1$. Wir erhalten daher nach Satz 7 (S. 28) zur Bestimmung des Winkels ϑ der beiden Geraden die Gleichung:

$$(3) \qquad \operatorname{tg}\vartheta = \operatorname{tg}(\gamma_2 - \gamma_1) = \frac{\operatorname{tg}\gamma_2 - \operatorname{tg}\gamma_1}{1 + \operatorname{tg}\gamma_2 \cdot \operatorname{tg}\gamma_1} = \frac{-\frac{A_2}{B_2} + \frac{A_1}{B_1}}{1 + \frac{A_2 A_1}{B_2 B_1}}$$

oder:

$$(\mathrm{III}) \qquad \operatorname{tg}\vartheta = \frac{A_1 B_2 - A_2 B_1}{A_1 A_2 + B_1 B_2}.$$

Also gilt der Satz:

17. *Der Winkel ϑ, den eine Seite der Geraden $A_1 x + B_1 y = C_1$ im positiven Sinne beschreiben muß, um einer Seite der Geraden $A_2 x + B_2 y = C_2$ gleich gerichtet zu werden, ist bestimmt durch:*

$$(\mathrm{III}) \qquad \operatorname{tg}\vartheta = \frac{A_1 B_2 - A_2 B_1}{A_1 A_2 + B_1 B_2}.$$

Dieser Winkel ϑ ist sowohl seiner Definition gemäß als nach dieser Formel nur bis auf Vielfache von 180^0 bestimmt; in der Tat ist ja durch die Gleichung der Geraden an sich keine ihrer beiden Richtungen ausgezeichnet.

Hieran anknüpfend bemerken wir nun zuvörderst, daß in dem Ausdruck (III) Zähler und Nenner niemals gleichzeitig verschwinden dürfen. Sollen anders durch die Gleichungen (1) und (2) wirkliche oder bestimmte Geraden dargestellt sein, so müssen wir nämlich annehmen, daß weder A_1 und B_1 noch A_2 und B_2 gleichzeitig verschwinden können. Verschwindet daher der Zähler von (III), so können wir ja setzen $A_2 = \lambda A_1$ und $B_2 = \lambda B_1$, folglich kann der Nenner $\lambda(A_1^2 + B_1^2)$ nicht gleichzeitig verschwinden. Die Betrachtung des Zählers liefert uns daher einen neuen Beweis für Satz 16. Ferner aber hat das Verschwinden des Nenners zur Folge, daß $\operatorname{tg}\vartheta = \infty$, also $\vartheta = 90^0$ oder 270^0 wird; da auch das Umgekehrte gilt, so folgt der Satz:

18. *Die notwendige und hinreichende Bedingung für die Rechtwinkeligkeit der beiden Geraden:*

$$A_1 x + B_1 y = C_1 \quad \text{und} \quad A_2 x + B_2 y = C_2$$

ist:

$$(\mathrm{IV}) \qquad A_1 A_2 + B_1 B_2 = 0.$$

Es schließt sich hieran die Aufgabe:

Durch einen Punkt P_1 (x_1, y_1) die zu der Geraden:

$$(4) \qquad Ax + By = C$$

senkrechte Gerade zu legen (Fig. 31).

Besitzt die eine Seite der gesuchten Geraden die Amplitude γ, so ist ihre Gleichung nach Satz 5 auf S. 26:

(5) $$(x - x_1)\sin\gamma - (y - y_1)\cos\gamma = 0,$$

wo nach Satz 18 γ bestimmt ist durch:

(6) $$A\sin\gamma - B\cos\gamma = 0,$$

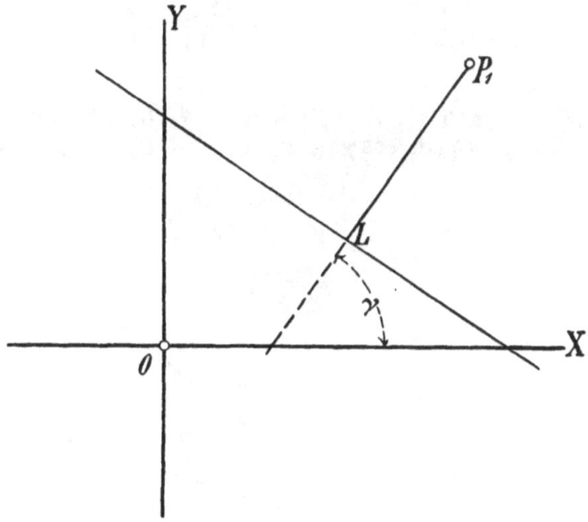

Fig. 31.

die Gleichung der gesuchten Geraden ist folglich:

(V) $$(x - x_1)B - (y - y_1)A = 0;$$

oder:

(7) $$Bx - Ay = Bx_1 - Ay_1.$$

Man erhält daher für die Koordinaten des Schnittpunktes L der gegebenen und der gesuchten Geraden oder des Fußpunktes L des Lotes von P_1 auf die Gerade (4) die Ausdrücke:

(8) $$x = \frac{1}{A^2 + B^2}(AC + B^2x_1 - ABy_1),\; y = \frac{1}{A^2 + B^2}(BC - ABx_1 + A^2y_1).$$

Die Länge des Lotes ergibt sich folglich aus der Gleichung:

(9) $$\overline{P_1L}^2 = (x - x_1)^2 + (y - y_1)^2 = \frac{1}{(A^2 + B^2)^2}(C - Ax_1 - By_1)^2(A^2 + B^2),$$

oder in Übereinstimmung mit Satz 9:

(VI) $$\overline{P_1L} = \pm\frac{1}{\sqrt{A^2 + B^2}}(Ax_1 + By_1 - C),$$

wo sich über das Vorzeichen in dem allgemeinen Falle nur das aussagen läßt, daß auf verschiedenen Seiten der Geraden (4) verschiedenes Vorzeichen gelten wird.

Soll nunmehr eine Gerade gefunden werden, welche durch den Schnittpunkt der beiden Geraden (1) und (2) geht, und deren eine Seite die Amplitude γ besitzt, so ist die Gleichung dieser Geraden nach Satz 5 auf S. 26 und Formel (I):

$$\left(x - \frac{C_1 B_2 - C_2 B_1}{A_1 B_2 - A_2 B_1}\right) \sin\gamma - \left(y - \frac{C_2 A_1 - C_1 A_2}{A_1 B_2 - A_2 B_1}\right) \cos\gamma = 0; \tag{10}$$

oder:

$$x(A_1 B_2 - A_2 B_1) \sin\gamma - y(A_1 B_2 - A_2 B_1) \cos\gamma = C_1 (A_2 \cos\gamma + B_2 \sin\gamma) - C_2 (A_1 \cos\gamma + B_1 \sin\gamma). \tag{11}$$

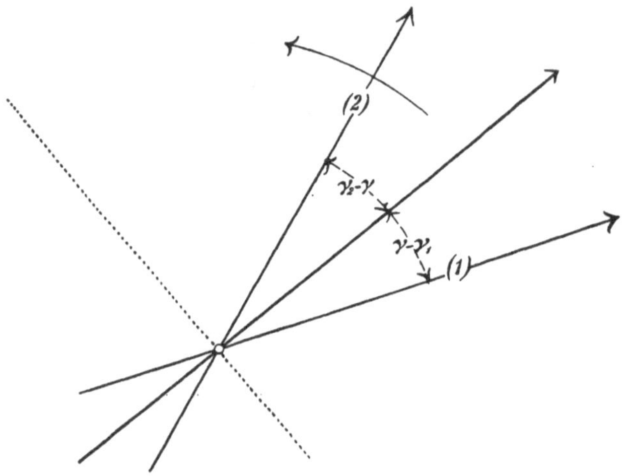

Fig. 32.

Da auch die Koeffizienten von x und y die Form:

$$A_1 (A_2 \cos\gamma + B_2 \sin\gamma) - A_2 (A_1 \cos\gamma + B_1 \sin\gamma) \tag{12}$$

und:

$$B_1 (A_2 \cos\gamma + B_2 \sin\gamma) - B_2 (A_1 \cos\gamma + B_1 \sin\gamma) \tag{13}$$

haben, so läßt sich die Gleichung der gesuchten Geraden auf die Form bringen:

$$\lambda_1 (A_1 x + B_1 y - C_1) + \lambda_2 (A_2 x + B_2 y - C_2) = 0, \tag{14}$$

wo:

$$\lambda_1 = A_2 \cos\gamma + B_2 \sin\gamma_1, \quad \lambda_2 = - A_1 \cos\gamma - B_1 \sin\gamma. \tag{15}$$

Wir erhalten daher den Satz:

19. *Die Gleichung der Geraden, welche den Schnittpunkt der beiden Geraden:* $A_1x + B_1y - C_1 = 0$ *und* $A_2x + B_2y - C_2 = 0$ *enthält, und deren eine Seite die Amplitude* γ *besitzt, ist:*

(VII) $$A_1x + B_1y - C_1 - \lambda(A_2x + B_2y - C_2) = 0,$$

wo $\lambda = A_1 \cos\gamma + B_1 \sin\gamma : A_2 \cos\gamma + B_2 \sin\gamma$ *ist.*

Hieraus kann man zunächst die Halbierungslinien der Winkel der beiden Geraden bestimmen. Nennen wir nämlich γ_1 und γ_2 die Amplituden derjenigen Seiten der beiden Geraden, für welche:

(16) $$A_1 = \sqrt{A_1^2 + B_1}\sin\gamma_1, \quad B_1 = -\sqrt{A_1^2 + B_1^2}\cos\gamma_1;$$

(17) $$A_2 = \sqrt{A_2^2 + B_2^2}\sin\gamma_2, \quad B_2 = -\sqrt{A_2^2 + B_2^2}\cos\gamma_2,$$

so wird:

(18) $$\lambda_1 = \sqrt{A_2^2 + B_2^2}\sin(\gamma_2 - \gamma), \quad \lambda_2 = \sqrt{A_1^2 + B_1^2}\sin(\gamma - \gamma_1).$$

Je nachdem also eine Halbierungslinie den oben definierten Winkel der beiden Geraden oder dessen Nebenwinkel halbiert, wird $\gamma - \gamma_1 = \gamma_2 - \gamma$ oder $180^0 + \gamma_2 - \gamma$, d. h. $\lambda = \mp \sqrt{\frac{A_1^2 + B_1^2}{A_2^2 + B_2^2}}$. Wir erhalten daher den Satz:

19[a]. *Die Gleichungen der Halbierungslinien der Winkel der beiden Geraden* $A_1x + B_1y - C_1 = 0$ *und* $A_2x + B_2y - C_2 = 0$ *sind:*

(VIII) $$\frac{A_1x + B_1y - C_1}{\sqrt{A_1^2 + B_1^2}} \pm \frac{A_2x + B_2y - C_2}{\sqrt{A_2^2 + B_2^2}} = 0.$$

Diese Gleichungen drücken nach Formel (VI) zugleich aus, daß jede der Halbierungslinien der Ort der Punkte ist, welche von den beiden Geraden gleich weit entfernt sind. In entsprechender Weise bringt Gleichung (VII) zum Ausdrucke, daß die durch sie dargestellte Gerade der Ort der Punkte ist, für welche das Verhältnis der Entfernungen von den beiden gegebenen Geraden $\lambda \frac{\sqrt{A_2^2 + B_2^2}}{\sqrt{A_1^2 + B_1^2}}$ ist, wie das auch geometrisch evident ist. Diese Bemerkung ist wichtig für den Fall, daß $A_1B_2 - A_2B_1 = 0$ ist, die beiden Geraden also parallel sind; denn auch in diesem Falle stellt ja Gleichung (VII) für alle möglichen Werte von λ alle den beiden Geraden parallelen Geraden dar. Unter diesen ist auch die Gerade, die von den beiden Geraden gleichweit entfernt ist, für sie ist also $\lambda \sqrt{\frac{A_2^2 + B_2^2}{A_1^2 + B_1^2}} = \pm 1$. Da hierbei Gleichung (VII) eine der beiden Formen (VIII) annimmt, so sieht man, daß das obere oder untere Vorzeichen gelten wird, je nachdem A_1 und A_2 und folglich auch B_1 und B_2 dasselbe Zeichen haben oder nicht. Hieraus geht hervor, daß λ für die zwischen den beiden parallelen Geraden liegenden Geraden positiv oder negativ sein wird, je nachdem A_1 und A_2 dasselbe Zeichen haben oder nicht.

Durchschneiden wir alle in der Form (VII) dargestellten Geraden durch irgend eine Gerade:

$$Ax + By = C, \tag{19}$$

so erhalten wir für die Koordinaten ihres Schnittpunktes mit irgend einer der Geraden (VII) die Ausdrücke:

$$x = \frac{C(B_1 - \lambda B_2) - B(C_1 - \lambda C_2)}{A(B_1 - \lambda B_2) - B(A_1 - \lambda A_2)} \tag{20}$$

$$= \frac{\frac{CB_1 - BC_1}{AB_1 - BA_1} - \lambda \frac{CB_2 - BC_2}{AB_2 - BA_2} \cdot \frac{AB_2 - BA_2}{AB_1 - BA_2}}{1 - \lambda \frac{AB_2 - BA_2}{AB_1 - BA_1}} = \frac{x_1 + \mu x_2}{1 + \mu},$$

und entsprechend:

$$y = \frac{y_1 + \mu y_2}{1 + \mu}, \text{ wo: } \mu = -\lambda \frac{AB_2 - BA_2}{AB_1 - BA_1},$$

und x_1, y_1 resp. x_2, y_2 die Schnittpunkte der Geraden (19) mit den Geraden (1) resp. (2) sind. Denkt man sich daher die Koeffizienten A_2, B_2, C_2 durch νA_2, νB_2, νC_2 ersetzt, wo:

$$\nu = \frac{BA_1 - AB_1}{AB_2 - BA_2}, \tag{21}$$

so bedeutet $\lambda = \mu$ das Verhältnis, in welchem die Gerade (VII) die Strecke $P_1 P_2$ teilt. In jedem Falle schneiden zwei in der Form (VII) enthaltene Geraden,

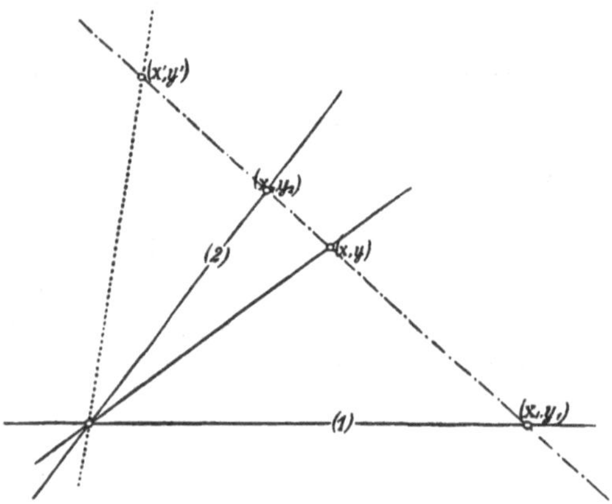

Fig. 33.

für welche die zugehörigen Werte von λ sich nur durch das Vorzeichen unterscheiden, die Gerade (19) in zwei Punkten, welche durch P_1 und P_2 harmonisch getrennt sind. Man nennt daher zwei solche Geraden durch (1) und (2) harmonisch getrennt; sind γ und γ' ihre Amplituden, so ist nach Satz 19:

$$\sin(\gamma - \gamma_1) : \sin(\gamma_2 - \gamma) = \sin(\gamma' - \gamma_1) : \sin(\gamma' - \gamma_2). \tag{22}$$

Zwei Paare harmonischer Strahlen werden also von jeder Geraden in zwei Paaren harmonischer Punkte geschnitten.

Wir können nunmehr leicht die Bedingung dafür aufstellen, daß eine Gerade:

(23) $$A_3 x + B_3 y = C_3$$

durch den Schnittpunkt der beiden Geraden (1) und (2) geht. Wir brauchen nur die Ausdrücke (I) für x und y in diese Gleichung einzusetzen. Andererseits muß es nach Satz 19 möglich sein, die Größen λ_1 und λ_2 so zu bestimmen, daß:

(24) $$A_3 = \lambda_1 A_1 + \lambda_2 A_2, \quad B_3 = \lambda_1 B_1 + \lambda_2 B_2, \quad C_3 = \lambda_1 C_1 + \lambda_2 C_2$$

werden. Wir können daher den Satz aussprechen:

20. *Die notwendige und hinreichende Bedingung dafür, daß die drei Geraden:*

$$A_1 x + B_1 y = C_1, \quad A_2 x + B_2 y = C_2, \quad A_3 x + B_3 y = C_3$$

durch einen Punkt laufen, ist:

(IX) $$A_3 (C_1 B_2 - C_2 B_1) + B_3 (A_1 C_2 - A_2 C_1) + C_3 (B_1 A_2 - B_2 A_1) = 0;$$

dann lassen sich die Größen λ_1 und λ_2 so bestimmen, daß:

(X) $$A_3 = \lambda_1 A_1 + \lambda_2 A_2, \quad B_3 = \lambda_1 B_1 + \lambda_2 B_2, \quad C_3 = \lambda_1 C_1 + \lambda_2 C_2,$$

und umgekehrt, wenn dies der Fall ist, gehen die drei Geraden durch einen Punkt.

In der Tat zeigt eine leichte Ausrechnung, daß die Bedingung (IX) bei Einsetzung der Ausdrücke (X) für A_3, B_3, C_3 bei allen Werten von λ_1 und λ_2 erfüllt ist, ebenso wie die Elimination von λ_1 und λ_2 aus den drei Gleichungen (X) die Bedingung (IX) liefert. Aus der Möglichkeit, die Gleichungen (X) durch passende Werte von λ_1 und λ_2 zu erfüllen, läßt sich in vielen Fällen besonders bequem erkennen, daß drei Geraden durch einen Punkt laufen.

Die linke Seite von Gleichung (IX), die man auch in den fünf anderen Formen:

(25) $$\begin{aligned} \ldots \Delta &= A_1 (B_2 C_3 - B_3 C_2) + B_1 (C_2 A_3 - C_3 A_2) + C_1 (A_2 B_3 - A_3 B_2) \\ &= A_2 (B_3 C_1 - B_1 C_3) + B_2 (C_3 A_1 - C_1 A_3) + C_2 (A_3 B_1 - A_1 B_3) \\ &= A_1 (B_2 C_3 - C_2 B_3) + A_2 (B_3 C_1 - C_3 B_1) + A_3 (B_1 C_2 - C_1 B_2) \\ &= B_1 (C_2 A_3 - A_2 C_3) + B_2 (C_3 A_1 - A_3 C_1) + B_3 (C_1 A_2 - A_1 C_2) \\ &= C_1 (A_2 B_3 - B_3 A_2) + C_2 (A_3 B_1 - B_3 A_1) + C_3 (A_1 B_2 - B_1 A_2) \end{aligned}$$

schreiben kann, wird Determinante genannt und in der Gestalt:

$$\Delta = \begin{vmatrix} A_1 & A_2 & A_3 \\ B_1 & B_2 & B_3 \\ C_1 & C_2 & C_3 \end{vmatrix} = \begin{vmatrix} A_1 & B_1 & C_1 \\ A_2 & B_2 & C_2 \\ A_3 & B_3 & C_3 \end{vmatrix}$$

geschrieben. Sie zerfällt also in Horizontal- resp. Vertikalreihen, deren Vertauschung diejenige der Buchstaben resp. Indices entspricht.

Hierfür gelten nach den Formeln (IX) und (25) die folgenden Regeln:

1. Die Determinante ändert sich nicht, wenn entweder die Horizontal- mit den entsprechenden Vertikalreihen oder diese resp. jene zyklisch vertauscht werden.

2. Die Determinante ändert ihr Zeichen, wenn man entweder zwei Horizontal- oder zwei Vertikalreihen miteinander vertauscht.

3. Eine Determinante verschwindet, wenn zwei Horizontal- oder zwei Vertikalreihen übereinstimmen.

4. Besteht jedes Glied einer Vertikal- oder Horizontalreihe einer Determinante aus zwei Summanden, so kann man die Determinante in die Summe zweier Determinanten zerlegen, in denen die betreffenden Reihen aus den ersten resp. zweiten Summanden bestehen oder in Formeln:

$$\begin{vmatrix} A_1' + A_1'', & B_1, & C_1 \\ A_2' + A_2'', & B_2, & C_2 \\ A_3' + A_3'', & B_3, & C_3 \end{vmatrix} = \begin{vmatrix} A_1' B_1 C_1 \\ A_2' B_2 C_2 \\ A_3' B_3 C_3 \end{vmatrix} + \begin{vmatrix} A''_1 B_1 C_1 \\ A''_2 B_2 C_2 \\ A''_3 B_3 C_3 \end{vmatrix}.$$

5. Eine Determinante wird dadurch mit einem Faktor multipliziert, daß man jedes Glied irgend einer Horizontal- oder Vertikalreihe mit diesem Faktor multipliziert.

6. Sind umgekehrt alle Glieder einer Horizontal- resp. Vertikalreihe mit demselben Faktor multipliziert, so kann man diesen Faktor vor die Determinante setzen.

7. Eine Determinante ändert sich nicht, wenn man zu allen Gliedern einer Horizontal- oder Vertikalreihe die mit einem beliebigen Faktor multiplizierten Glieder einer andern Horizontal- resp. Vertikalreihe hinzufügt.

Nach 4., 6. und 3. ist in der Tat:

$$\begin{vmatrix} A_1 + \lambda B_1, & B_1, & C_1 \\ A_2 + \lambda B_2, & B_2, & C_2 \\ A_3 + \lambda B_3, & B_3, & C_3 \end{vmatrix} = \begin{vmatrix} A_1 B_1 C_1 \\ A_2 B_2 C_2 \\ A_3 B_3 C_3 \end{vmatrix} + \begin{vmatrix} \lambda B_1 \, B_1 C_1 \\ \lambda B_2 \, B_2 C_2 \\ \lambda B_3 \, B_3 C_3 \end{vmatrix} =$$

$$\Delta + \lambda \begin{vmatrix} B_1 B_1 C_1 \\ B_2 B_2 C_2 \\ B_3 B_3 C_3 \end{vmatrix} = \Delta.$$

Hieraus fließt sofort eine Methode zur Auflösung von drei linearen Gleichungen mit drei Unbekannten:

$$A_1 x + B_1 y + C_1 z = D_1,$$
$$A_2 x + B_2 y + C_2 z = D_2,$$
$$A_3 x + B_3 y + C_3 z = D_3.$$

Aus der Identität:

$$\begin{vmatrix} A_1x + B_1y + C_1z, & B_1, & C_1 \\ A_2x + B_2y + C_2z, & B_2, & C_2 \\ A_3x + B_3y + C_3z, & B_3, & C_3 \end{vmatrix} = \begin{vmatrix} D_1B_1C_1 \\ D_2B_2C_2 \\ D_3B_3C_3 \end{vmatrix}$$

folgt nämlich nach 7. und 5.:

$$\text{(26)} \qquad \begin{vmatrix} D_1B_1C_1 \\ D_2B_2C_2 \\ D_3B_3C_3 \end{vmatrix} = \begin{vmatrix} A_1x, & B_1, & C_1 \\ A_2x, & B_2, & C_2 \\ A_3x, & B_3, & C_3 \end{vmatrix} = \Delta . x,$$

und entsprechend für y und z:

$$\begin{vmatrix} A_1D_1C_1 \\ A_2D_2C_2 \\ A_3D_3C_3 \end{vmatrix} = \Delta . y, \qquad \begin{vmatrix} A_1B_1D_1 \\ A_2B_2D_2 \\ A_3B_3D_3 \end{vmatrix} = \Delta . z.$$

Falls D_1, D_2 und D_3 verschwinden, so müssen hiernach entweder auch x, y und z oder Δ verschwinden. Wir erhalten daher das Resultat:

Wird ein System von drei homogenen linearen Gleichungen $A_ix + B_iy + C_iz = 0$ $(i = 1, 2, 3)$ *durch ein System von Werten befriedigt, die nicht sämtlich verschwinden, so muß die Determinante* $\Delta = 0$ *sein.*

Gleichung (IX) ist offenbar eine Anwendung dieses Satzes, da hier jedenfalls $z = -1$ ist. Wir bemerken noch, daß die Formel für den Flächeninhalt des Dreiecks $P_1P_2P_3$ auf S. 37 in Determinantenform geschrieben lautet:

$$2\Delta P_1P_1P_3 = \begin{vmatrix} x_1 y_1 1 \\ x_2 y_2 1 \\ x_3 y_3 1 \end{vmatrix}.$$

Hiernach kann auch die Gleichung einer Geraden durch drei Punkte leicht in Determinantenform geschrieben werden.

Was die Umsetzung unserer Entwickelungen in ein schiefwinkeliges Koordinatensystem betrifft, so ist zunächst leicht zu sehen, daß die Formeln (I), (II), (VII), (IX), (X), (20) und (22) in derselben Bedeutung bestehen bleiben, wenn x und y schiefwinkelige Parallelkoordinaten bedeuten. Soll der Winkel ϑ der beiden Geraden gefunden werden, deren Gleichungen in schiefwinkeligen Parallelkoordinaten:

$$\text{(27)} \qquad A_1'x' + B_1'y' = C_1', \quad A_2'x' + B_2'y' = C_2',$$

sind, so wird man diese Gleichungen wieder nach den Formeln (17) in § 3 auf S. 31, nämlich:

$$x' = x - y\cot\beta,\ y' = \frac{y}{\sin\beta}, \tag{28}$$

in solche für die rechtwinkeligen Koordinaten x, y umsetzen, nämlich in:

$$A_1'x + \left(\frac{B_1'}{\sin\beta} - A_1'\cot\beta\right)y = C_1',\ A_2'x + \left(\frac{B_2'}{\sin\beta} - A_2'\cot\beta\right)y = C_2'. \tag{29}$$

Es wird daher nach Formel (III):

$$\operatorname{tg}\vartheta = \frac{(A_1'B_2' - A_2'B_1')\sin\beta}{(A_1'A_2' + B_1'B_2') - (A_1'B_2' + A_2'B_1')\cos\beta}. \tag{30}$$

Vergleichen wir diese Formel mit der Formel (III) selbst, so leuchtet ein, daß man sich bei allen Untersuchungen, bei denen die Winkel von nicht den Koordinatenachsen parallelen Geraden in Betracht kommen, besser eines rechtwinkeligen Koordinatensystems bedienen wird. Jedenfalls sehen wir, daß die Bedingung des Parallelismus zweier Geraden in schiefwinkeligen Koordinaten dieselbe ist wie in rechtwinkeligen.

---

1. Aufgabe. Man bestimme die Eckpunkte des Dreiecks, dessen Seiten die Gleichungen haben:

$$3x + y = 5,\quad x - 5y = 23,\quad 7x - 3y = 1,$$

und bestimme den Mittelpunkt des umschriebenen Kreises als Durchschnittspunkt der Lote in den Mitten der Seiten.

2. Aufgabe. Man bestimme den Höhenschnittpunkt des Dreiecks, dessen Eckpunkte die Koordinaten $(-3, -11)$, $(6, 1)$, $(-10, 13)$ haben.

3. Aufgabe. Wenn die Koordinaten der Eckpunkte eines Dreiecks gegeben sind, so bestimme man die Gleichungen der Mitteltransversalen und beweise, daß sich dieselben in einem Punkte schneiden.

Benutzt man Determinanten, so kann man die Gleichungen der drei Mitteltransversalen in der Form (5) und (7):

$$\begin{vmatrix} x, & x_1 + x_2 + x_3, & x_i \\ y, & y_1 + y_2 + y_3, & y_i \\ 1, & 3 & , 1 \end{vmatrix} = 0$$

schreiben, so daß sich nach Addition der drei Gleichungen nach 3. eine Identität ergibt.

4. Aufgabe. Wenn die Gleichungen der Seiten eines Dreiecks in der Hesseschen Normalform gegeben sind, so bestimme man die

Gleichungen der Winkelhalbierenden und beweise, daß dieselben zu je dreien durch vier Punkte gehen.

Auch hier erweist sich Bedingung (IX) in Determinantenform als sehr bequem.

5. Aufgabe. Die Gleichungen der beiden Geraden zu finden, welche durch den Punkt (3, −5) gehen und die Gerade: $7x + 2y = 4$ unter einem Winkel von 45^0 schneiden.

6. Aufgabe. Es sind die Koordinaten desjenigen Punktes P zu bestimmen, dessen Verbindungslinien mit zwei gegebenen Punkten P_1 und P_2 mit der Verbindungslinie dieser zwei gegebene Winkel: $\alpha_1 = \sphericalangle(P_1P_2, P_1P)$, $\alpha_2 = \sphericalangle(P_2P, P_2P_1)$ bilden (Satz 5 auf S. 26).

7. Aufgabe. Werden auf den Seiten eines Dreiecks $P_1P_2P_3$ resp. deren Verlängerungen drei Punkte S_1, S_2, S_3 in gerader Linie angenommen, so gehen die Verbindungslinien von P_1, P_2, P_3 mit den vierten harmonischen Punkten von S_1, S_2, S_3 in bezug auf die Endpunkte ihrer Seiten durch einen Punkt (vergl. Aufg. 6 in § 4 auf S. 42).

8. Aufgabe. Kennt man von einem Dreiecke zwei Seiten und den von ihnen eingeschlossenen Winkel, so berechne man in dem von diesen beiden Seiten gebildeten schiefwinkeligen Systeme die Koordinaten der merkwürdigen Punkte des Dreiecks (Schwerpunkt, Höhenschnittpunkt, Mittelpunkt des umschriebenen Kreises und des Kreises durch die Mitten der Seiten, s. 1. Aufg.); man beweise, daß diese vier Punkte in einer Geraden liegen, und daß die beiden Kreismittelpunkte durch die beiden anderen Punkte harmonisch getrennt sind (vergl. die Bemerkung zu Fig. 26 auf S. 35).

§ 6.

Die Gleichung des Kreises, Schnittpunkte einer Geraden mit einem Kreise, Gleichung der Tangente eines Kreises und der Polare. Schnittpunkte zweier Kreise.

Wenn wir nunmehr auch den Kreis einer analytischen Behandlung unterziehen wollen, so ist es offenbar nur eine andere Art den Satz 10 in § 4 S. 34 auszusprechen, wenn wir den Satz aufstellen (Fig. 34):

21. *Die Gleichung des Kreises mit dem Radius a, dessen Mittelpunkt M die Koordinaten l, m hat, ist:*

$$\text{(I)} \qquad (x - l)^2 + (y - m)^2 - a^2 = 0,$$

d. h. die Koordinaten x, y aller Punkte P des Kreises genügen dieser Gleichung, und es liegen umgekehrt alle Punkte P, deren Koordinaten dieser Gleichung genügen, auf dem beschriebenen Kreise.

Lösen wir die Klammern in Gleichung (I) auf, so geht dieselbe über in:

(1) $$x^2 + y^2 - 2lx - 2my + l^2 + m^2 - a^2 = 0,$$

welcher wir durch Multiplikation mit einer Konstanten A die Form geben können:

(2) $$A(x^2 + y^2) + 2Dx + 2Ey + F = 0,$$

wenn wir $D = -Al$, $E = -Am$ und $F = A(l^2 + m^2 - a^2)$ setzen.

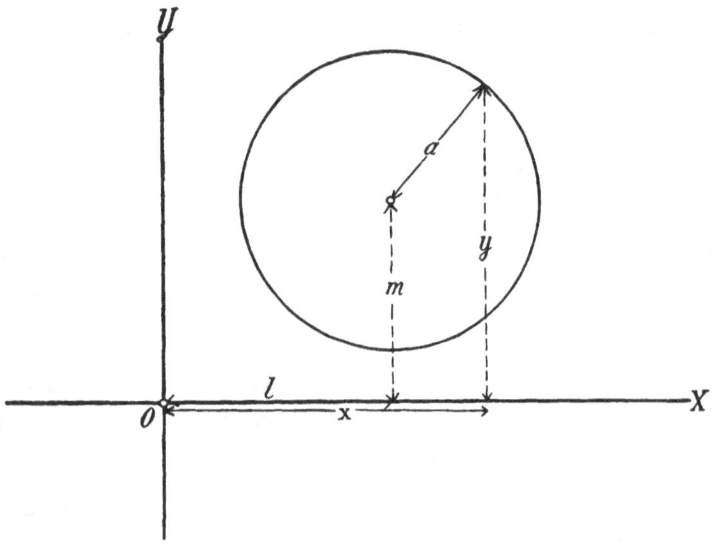

Fig. 34.

Wir bemerken zuerst, daß diese Gleichung bei Verschiebung und Drehung der Koordinatenachsen ihre Form nicht ändert, wenn man also setzt (Satz 4, S. 23):

(3) $$x = p + x' \cos\gamma - y' \sin\gamma, \qquad y = q + x' \sin\gamma + y' \cos\gamma.$$

Bei dieser Substitution geht nämlich Gleichung (2) über in:

(4) $$\begin{cases} A(x'^2 + y'^2) + 2x'\left((Ap + D)\cos\gamma + (Aq + E)\sin\gamma\right) \\ \qquad + 2y'\left(-(Ap + D)\sin\gamma + (Aq + E)\cos\gamma\right) + A(p^2 + q^2) \\ \qquad + 2Dp + 2Eq + F = 0. \end{cases}$$

Für $y' = 0$ geht diese Gleichung zugleich in die quadratische Gleichung für die beiden Abstände x' des Punktes (p, q) von den gemeinsamen Punkten der unter der Amplitude γ durch (p, q) gezogenen Geraden mit dem durch (2) dargestellten Orte über, nämlich in:

(5) $$\begin{cases} Ax'^2 + 2x'\left((Ap + D)\cos\gamma + Aq + E)\sin\gamma\right) + A(p^2 + q^2) \\ \qquad + 2Dp + 2Eq + F = 0. \end{cases}$$

Soll daher dieser Ort ein Kreis mit dem Mittelpunkte (p, q) sein, so dürfen sich die beiden Wurzeln dieser Gleichung für jeden Wert von γ nur durch das Vorzeichen unterscheiden, oder der Koeffizient von $2x'$ muß für jeden Wert von γ verschwinden; hieraus folgt für $\gamma = 0$ resp. 90°:

$$(6) \qquad p = -\frac{D}{A}, \quad q = -\frac{E}{A}.$$

Setzen wir diese Werte in (3) und (4) ein und zugleich $\gamma = 0$, so geht Gleichung (4) nach Division durch A in:

$$(7) \qquad \left(x + \frac{D}{A}\right)^2 + \left(y + \frac{E}{A}\right)^2 = \frac{D^2 + E^2 - AF}{A^2}$$

über, welche nach Auflösung der Klammern und Multiplikation mit A offenbar mit (2) identisch wird. Durch Gleichung (2) ist folglich nach Satz 21 ein Kreis mit dem Mittelpunkte $\left(-\frac{D}{A}, -\frac{E}{A}\right)$ und dem Radius $\frac{1}{A}\sqrt{D^2 + E^2 - AF}$ dargestellt, sobald $D^2 + E^2 > AF$ ist. Ist $D^2 + E^2 < AF$, so kann offenbar Gleichung (7), also auch Gleichung (2) durch kein reelles Wertsystem von x und y befriedigt werden, weil die Summe von Quadraten reeller Größen niemals negativ werden kann. Da eine solche Summe aber auch nur dann verschwinden kann, wenn die einzelnen Summanden verschwinden, so kann Gleichung (7) oder (2) in dem Falle, daß $D^2 + E^2 = AF$ ist, nur dann befriedigt sein, wenn $x = -\frac{D}{A}$, $y = -\frac{E}{A}$; der Kreis zieht sich also dann auf seinen Mittelpunkt zusammen. Wir bemerken noch, daß Gleichung (2) für den Fall $A = 0$, der ja hier ausgeschlossen ist, aber in den Anwendungen doch eintreten kann, eine Gerade darstellt. Wir erhalten so das Resultat:

22. *Die Gleichung:*

$$(\mathrm{II}) \qquad A(x^2 + y^2) + 2Dx + 2Ey + F = 0$$

stellt einen Kreis mit dem Mittelpunkte $\left(-\frac{D}{A}, -\frac{E}{A}\right)$ *und dem Radius* $\frac{1}{A}\sqrt{D^2 + E^2 - AF}$ *dar, der nur dann reell und von einem Punkte verschieden ist, wenn* $D^2 + E^2 > AF$ *ist.*

Gleichung (5) führt uns, wie schon erwähnt wurde, zur Lösung der Aufgabe, die Schnittpunkte des Kreises (I) mit der Geraden (Fig. 35):

$$(8) \qquad x \cos\delta + y \sin\delta = d$$

zu bestimmen. Wir haben dann nämlich zu setzen (vergl. auch S. 26):

$p = d\cos\delta$, $q = d\sin\delta$, $\cos\gamma = \sin\delta$, $\sin\gamma = -\cos\delta$, $A = 1$, $D = -l$, $E = -m$, $F = l^2 + m^2 - a^2$ und erhalten die Koordinaten der gesuchten Schnittpunkte in der Form:

(9) $$x = d\cos\delta + u\sin\delta, \qquad y = d\sin\delta - u\cos\delta,$$

wenn $u = x'$ eine Wurzel der quadratischen Gleichung:

(10) $$u^2 - 2u(l\sin\delta - m\cos\delta) = a^2 - l^2 - m^2 - d^2 + 2d(l\cos\delta + m\sin\delta).$$

Hieraus folgt:

$$u = l\sin\delta - m\cos\delta \pm \sqrt{a^2 - (d - l\cos\delta - m\sin\delta)^2}.$$

Hiernach erhält man schließlich, wenn man $l\sin^2\delta$ resp. $m\cos^2\delta$ durch $l - l\cos^2\delta$ resp. $m - m\sin^2\delta$ ersetzt, die folgenden Formeln

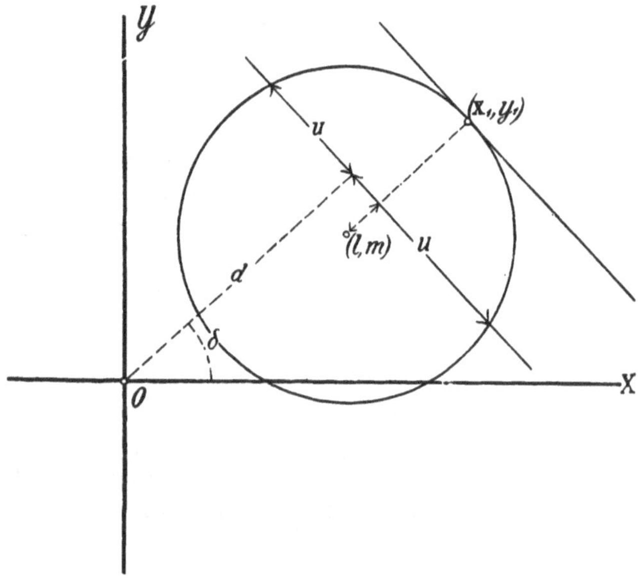

Fig. 35.

für die Koordinaten der beiden Schnittpunkte der Geraden (8) mit dem Kreise (I):

(III) $$\begin{cases} x = l + (d - l\cos\delta - m\sin\delta)\cos\delta \pm \sqrt{a^2 - (d - l\cos\delta - m\sin\delta)^2}\sin\delta \\ y = m + (d - l\cos\delta - m\sin\delta)\sin\delta \mp \sqrt{a^2 - (d - l\cos\delta - m\sin\delta)^2}\cos\delta, \end{cases}$$

wo für den einen Schnittpunkt die oberen, für den anderen die unteren Vorzeichen gelten. Diese Schnittpunkte werden also reell sein, sobald $a^2 > (d - l\cos\delta - m\sin\delta)^2$, d. h. sobald der Radius des Kreises größer ist als der Abstand seines Mittelpunktes von der schneidenden

Geraden (Satz 9, S. 30). Ist der Radius gleich diesem Abstande, ist also:

(11) $$a^2 = (d - l\cos\delta - m\sin\delta)^2,$$

so fallen die beiden Schnittpunkte zusammen, d. h. die Gerade (8) wird Tangente des Kreises sein, und umgekehrt; hierin liegt ein bekannter planimetrischer Satz. Da dann der Berührungspunkt die Koordinaten:

(12) $$x_1 = l + (d - l\cos\delta - m\sin\delta)\cos\delta,\quad y_1 = m + (d - l\cos\delta - m\sin\delta)\sin\delta$$

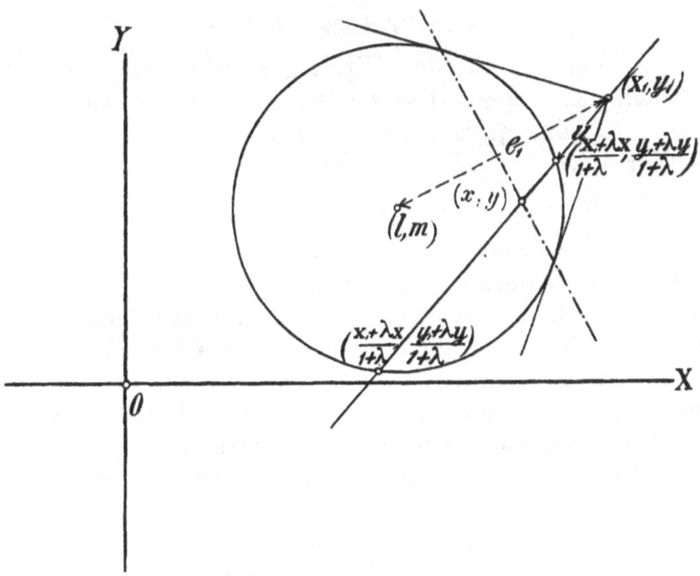

Fig. 36.

hat, und die Gleichung der Geraden (8) auch in der Form:

(13) $$(x - l)\cos\delta + (y - m)\sin\delta = d - l\cos\delta - m\sin\delta$$

geschrieben werden kann, so können wir der Gleichung der Tangente nach Multiplikation mit $(d - l\cos\delta - m\sin\delta)$ die Form geben:

(14) $$(x - l)(x_1 - l) + (y - m)(y_1 - m) = a^2,$$

welche neben den Konstanten des Kreises nur noch die Koordinaten des Berührungspunktes enthält.

Wir erhalten dieselbe Form auf kürzerem Wege und zugleich die geometrische Bedeutung dieser Gleichung in dem Falle, daß der Punkt P_1 (x_1, y_1) nicht auf dem Kreise liegt, wenn wir die schneidende Gerade als Verbindungslinie von P_1 mit irgend einem ihrer Punkte P (x, y) auffassen. Dann hat nach Satz 11, S. 35 jeder andere

Punkt der Geraden die Koordinaten: $\frac{x_1 + \lambda x}{1 + \lambda}$, $\frac{y_1 + \lambda y}{1 + \lambda}$ (Fig. 36); soll ein solcher Punkt dem Kreise angehören, so erhalten wir für λ die Gleichung:

$$(15) \qquad \left(\frac{x_1 + \lambda x}{1 + \lambda} - l\right)^2 + \left(\frac{y_1 + \lambda y}{1 + \lambda} - m\right)^2 - a^2 = 0,$$

oder wenn wir nach Potenzen von λ ordnen:

$$(16) \left\{ \begin{array}{l} \lambda^2\{(x - l)^2 + (y - m)^2 - a^2\} + 2\lambda\{(x - l)(x_1 - l) + (y - m)(y_1 - m) - a^2\} \\ \qquad + (x_1 - l)^2 + (y_1 - m)^2 - a^2 = 0. \end{array} \right.$$

Liegt daher P_1 auf dem Kreise, verschwindet also das konstante Glied dieser quadratischen Gleichung für λ, so ist eine Wurzel derselben, wie das geometrisch evident ist, $\lambda = 0$. Soll auch die zweite Wurzel verschwinden, so muß auch:

$$(17) \qquad (x - l)(x_1 - l) + (y - m)(y_1 - m) - a^2 = 0$$

sein, d. i. aber die schon oben erhaltene Gleichung der Tangente in P_1, da ja x, y die Koordinaten irgend eines Punktes der schneidenden Geraden sein sollen. Verschwindet nun aber nur dieser Koeffizient von 2λ, ohne daß auch zugleich das konstante Glied verschwindet, ohne daß also P_1 auf dem Kreise liegt, so hat die quadratische Gleichung für λ offenbar zwei Wurzeln, die sich nur durch das Vorzeichen unterscheiden, die beiden zugehörigen Schnittpunkte von P_1P mit dem Kreise sind also durch P_1 und P harmonisch getrennt (vergl. S. 35).

Suchen wir also auf jeder durch P_1 gehenden Sehne des Kreises den Punkt P, welcher von P_1 durch die Endpunkte der Sehne harmonisch getrennt ist, so erfüllen alle diese Punkte die Gerade (17), welche die Polare des Poles P_1 für den Kreis (I) genannt wird. Wir erhalten daher den Satz:

23. *Die Gleichung der Tangente des Kreises* $(x - l)^2 + (y - m)^2 = a^2$ *in seinem Punkte* P_1 *ist:*

$$(\text{IV}) \qquad (x - l)(x_1 - l) + (y - m)(y_1 - m) = a^2;$$

liegt P_1 *nicht auf dem Kreise, so stellt diese Gleichung den Ort der Punkte dar, welche von* P_1 *durch die Endpunkte der* P_1 *enthaltenden Sehnen des Kreises harmonisch getrennt sind, d. i. die sogenannten Polare des Poles* P_1 *für den Kreis.*

Diese Polare von P_1 enthält offenbar die Berührungspunkte etwaiger Tangenten, die von P_1 an den Kreis gelegt werden können, weil derjenige Punkt, welcher von P_1 durch zwei in dem Berührungspunkte vereinigte Punkte harmonisch getrennt ist, dieser Berührungspunkt selbst ist. Soll in der Tat die Gerade $P_1 P$ Tangente sein, so muß die quadratische Gleichung (16) für λ eine Doppelwurzel haben, ihre Diskriminante muß also verschwinden, d. h. es muß sein:

$$(18)\quad \begin{cases} \left((x-l)^2+(y-m)^2-a^2\right)\left((x_1-l)^2+(y_1-m)^2-a^2\right) \\ \quad -\left((x-l)(x_1-l)+(y-m)(y_1-m)-a^2\right)^2=0. \end{cases}$$

Dies liefert also eine Bedingung, welcher die Koordinaten x, y des Punktes P für einen gegebenen Punkt P_1 genügen müssen, falls $P_1 P$ eine Tangente des Kreises sein soll. Ist daher P im besonderen ein Berührungspunkt, verschwindet also der erste Faktor des Minuenden in Gleichung (18), so geht diese Bedingung gerade in Gleichung (IV) über. Setzen wir:

$$(19)\quad (x_1-l)^2+(y_1-m)^2=e_1^{\,2},$$

so ist offenbar, falls die Polare von P_1 mit der Geraden (8) zusammenfällt:

$$(20)\quad \begin{cases} x_1-l=\pm e_1\cos\delta,\; y_1-m=\pm e_1\sin\delta, \\ \quad d-l\cos\delta-m\sin\delta=\pm\dfrac{a^2}{e_1}, \end{cases}$$

wo die oberen resp. unteren Vorzeichen gleichzeitig gelten. Wir erhalten daher nach (III) für die Berührungspunkte der beiden von P_1 ausgehenden Tangenten die folgenden Koordinaten:

$$(21)\quad \begin{cases} x=l+\dfrac{a^2}{e_1^{\,2}}(x_1-l)\pm\dfrac{a\sqrt{e_1^{\,2}-a^2}}{e_1^{\,2}}(y_1-m), \\ y=m\mp\dfrac{a\sqrt{e_1^{\,2}-a^2}}{e_1^{\,2}}(x_1-l)+\dfrac{a^2}{e_1^{\,2}}(y_1-m). \end{cases}$$

Setzt man diese Werte für x_1 und y_1 in (IV) ein, so erhält man nach Multiplikation mit $\frac{e_1^{\,2}}{a^2}$ die Gleichungen der beiden Tangenten in der Form:

$$(22)\quad \begin{cases} (x-l)(x_1-l)+(y-m)(y_1-m) \\ -e_1^{\,2}\pm\dfrac{\sqrt{e_1^{\,2}-a^2}}{a}\left((x-l)(y_1-m)-(y-m)(x_1-l)\right)=0. \end{cases}$$

Multipliziert man die linken Seiten dieser beiden Gleichungen, so folgt nach Fortschaffung des Nenners:

$$(23)\quad \begin{cases} a^2\left((x-l)(x_1-l)+(y-m)(y_1-m)\right)^2 \\ -2a^2e_1^{\,2}\left((x-l)(x_1-l)+(y-m)(y_1-m)\right) \\ +a^2e_1^{\,4}-(e_1^{\,2}-a^2)\left((x-l)(y_1-m)-(y-m)(x_1-l)\right)^2=0, \end{cases}$$

oder, indem man $e_1^{\,2}\left(((x-l)(x_1-l)+(y-m))^2+a^4\right)$ addiert und subtrahiert:

$$e_1^2\left((x-l)(x_1-l)+(y-m)(y_1-m)-a^2\right)^2+a^2e_1^2(e_1^2-a^2)$$
$$-(e_1^2-a^2)\left((x-l)^2(x_1-l)^2+(y-m)^2(y_1-m)^2+(x-l)^2(y_1-m)^2\right.$$
$$\left.+(y-m)^2(x_1-l)^2\right)=0,$$

woraus, da das letzte Glied $= -(e_1^2-a^2)e_1^2\left((x-l)^2+(y-m)^2\right)$ ist, nach Division durch $-e_1^2$ gerade Gleichung (18) entsteht. Wir sehen also, daß diese Gleichung ihrer geometrischen Bedeutung entsprechend das Produkt der linken Seiten der Gleichungen der von P_1 an den Kreis zu legenden Tangenten darstellt; dieselben sind natürlich nur dann reell, wenn $e_1 > a$, P_1 also außerhalb des Kreises liegt. Soll die Länge der Tangenten von P_1 an den Kreis bestimmt werden, so findet man nach (21):

$$(24)\quad \begin{cases} x-x_1=\dfrac{\sqrt{e_1^2-a^2}}{e_1^2}\left(-\sqrt{e_1^2-a^2}(x_1-l)\pm a(y_1-m)\right), \\ y-y_1=\dfrac{\sqrt{e_1^2-a^2}}{e_1^2}\left(\mp a(x_1-l)-\sqrt{e_1^2-a^2}(y_1-m)\right), \end{cases}$$

also:

$$(25)\quad (x-x_1)^2+(y-y_1)^2=e_1^2-a^2=(x_1-l)^2+(y_1-m)^2-a^2.$$

Hierin liegt ein bekannter geometrischer Satz, und wir finden zugleich, daß die linke Seite der Kreisgleichung (I) das Quadrat der Länge der von dem Punkte (x, y) an den Kreis zu legenden Tangenten bedeutet. Wir können diese Interpretation verallgemeinern auf Grund der Gleichung:

$$(26)\quad u^2-2u\left((x_1-l)\cos\gamma+(y_1-m)\sin\gamma\right)+(x_1-l)^2+(y_1-m)^2-a^2=0,$$

in welcher u die Entfernung des Punktes P_1 von einem der Schnittpunkte der unter der Amplitude γ durch P_1 gezogenen Geraden mit dem Kreise ist. Das Produkt dieser beiden Entfernungen ist demnach für jeden Wert von γ: $(x_1-l)^2+(y_1-m)^2-a^2$.[1] *Es bedeutet daher die linke Seite der Kreisgleichung (I) das für den Punkt P (x, y) konstante Produkt seiner Abstände von den beiden Schnittpunkten des Kreises mit jeder Geraden durch P, d. h. die sogenannte Potenz des Punktes P für den Kreis.*

Diese Bemerkung ist wichtig, wenn wir die Aufgabe lösen wollen, die Schnittpunkte der beiden Kreise (Fig. 37):

$$(27)\quad (x-l_1)^2+(y-m_1)^2=a_1^2,\quad (x-l_2)^2+(y-m_2)^2=a_2^2$$

zu finden. Dieselben liegen sicher auch auf jedem der Kreise:

$$(28)\quad (x-l_1)^2+(y-m_1)^2-a_1^2+\lambda\left((x-l_2)^2+(y-m_2)^2-a_2^2\right)=0,$$

[1] Sind nämlich u' und u'' die Wurzeln der Gleichung $u^2-2\mathfrak{a}u+\mathfrak{b}=0$, so ist: $u^2-2\mathfrak{a}u+\mathfrak{b}\equiv(u-u')(u-u'')$, also: $u'\cdot u''=\mathfrak{b}$.

welchen man definieren kann als Ort der Punkte, für die das Verhältnis der Potenzen in Beziehung auf die beiden Kreise den kon-

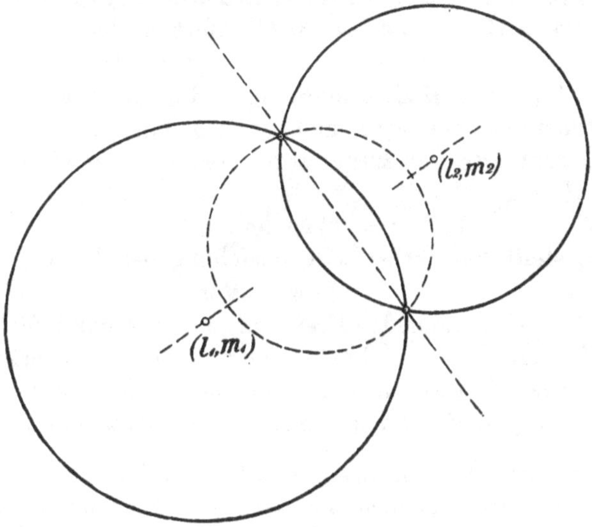

Fig. 37.

stanten Wert $-\lambda$ hat. Denn dieser Ort ist hiernach (Satz 22) ein Kreis mit dem Mittelpunkte $\left(\frac{l_1 + \lambda l_2}{1+\lambda}, \frac{m_1 + \lambda m_2}{1+\lambda}\right)$ und dem Radius:

$$\frac{1}{1+\lambda} \sqrt{(a_1^2 + \lambda a_2^2)(1+\lambda) - \lambda\left((l_1 - l_2)^2 + (m_1 - m_2)^2\right)}.$$

Für $\lambda = -1$ geht dieser Kreis in die Gerade:

$$(29) \quad x(l_1 - l_2) + y(m_1 - m_2) = \tfrac{1}{2}(l_1^2 + m_1^2 - a_1^2 - l_2^2 - m_2^2 + a_2^2)$$

über, welche **Potenzlinie** der Kreisschar heißt, weil jeder Punkt derselben für jeden dieser Kreise dieselbe Potenz hat. Unsere Aufgabe ist daher auf die schon erledigte zurückgeführt, diese Potenzlinie mit einem der Kreise (28) zu schneiden, als welchen man der Symmetrie wegen denjenigen für $\lambda = 1$ wählen wird. Suchen wir daher die Bedingung dafür, daß die Gerade (29) den Kreis (28) für $\lambda = 1$ berührt, indem wir die Wurzelgröße in den Formeln (III) der Null gleich setzen, so folgt:

$$(a_1^2 - a_2^2)^2 =$$
$$\left((l_1 - l_2)^2 + (m_1 - m_2)^2\right) \cdot \left(2(a_1^2 + a_2^2) - (l_1 - l_2)^2 - (m_1 - m_2)^2\right).$$

Hieraus erhalten wir die folgende bekannte **Bedingung der Berührung der Kreise** (27):

$$(30) \qquad (l_1 - l_2)^2 + (m_1 - m_2)^2 = (a_1 \pm a_2)^2,$$

wo, wie man leicht sieht, das obere oder untere Vorzeichen gilt, je nachdem sich die Kreise von außen oder von innen berühren.

Die Gleichung des Kreises in Polarkoordinaten erhalten wir aus Formel (I^b) in § 4 auf S. 41 sofort in der Form:

$$(I^a) \qquad r^2 + b^2 - 2br\cos(\varphi - \beta) = a^2,$$

wenn b und β den Radiusvektor und die Amplitude des Mittelpunktes bedeuten; sie wird nicht selten mit Vorteil angewendet. Ist $b = a$, geht also der Kreis durch den Pol, so nimmt die Gleichung die Form:

$$(31) \qquad r = 2b\cos(\varphi - \beta)$$

an, und es stellt umgekehrt jede Gleichung der Form:

$$(32) \qquad r = A\cos\varphi + B\sin\varphi$$

einen durch den Pol gehenden Kreis dar, wie man durch Multiplikation mit r und Einführung rechtwinkeliger Koordinaten erkennt. Die Gleichung des Kreises in schiefwinkeligen Koordinaten, die aus Formel (I^a) in § 4, S. 40 folgt, findet kaum Anwendung.

---

1. Aufgabe. Man bestimme den Ort der Punkte, für welche das Verhältnis der Entfernungen von zwei festen Punkten konstant ist.

2. Aufgabe. Man suche den Ort der Punkte, für welche die Summe der Quadrate der Entfernungen von zwei festen Punkten konstant ist.

3. Aufgabe. Man suche den Ort der Spitze eines Dreiecks, von dem gegeben ist die Grundlinie und der Winkel an der Spitze.

Man mache die Grundlinie zur Abszissenachse und ihren Mittelpunkt zum Anfangspunkt, stelle die Gleichungen der beiden anderen Seiten durch die Koordinaten des Ortspunktes dar und drücke deren Winkel aus.

4. Aufgabe. Man bestimme die Durchschnittspunkte des Kreises:

$$64x^2 + 64y^2 - 272x + 128y - 272 = 0$$

mit der Geraden: $3x - 4y = 1$.

5. Aufgabe. Man bestimme die Gleichung der Tangente an den Kreis:

$$x^2 + y^2 - 4x - 6y + 3 = 0$$

im Punkte (5, 4).

6. Aufgabe. Man suche die Berührungspunkte und die Gleichungen der Tangenten vom Punkte (6, 3) an denselben Kreis.

7. Aufgabe. Man suche den Ort der Mittelpunkte der durch einen festen Punkt laufenden Sehnen eines Kreises (Polarkoordinaten mit dem festen Punkte als Pol).

Sind r' und r'' die beiden zu φ gehörigen Radienvektoren des Kreises, so ist für den Ortspunkt $2r = r' + r''$, wonach sich die

Gleichung des Ortes auf Grund der Anmerkung auf S. 60 leicht ergibt. Man findet hiernach, daß der Ort unabhängig ist vom Radius des gegebenen Kreises.

8. Aufgabe. Man ordne jedem Punkte $P(r, \varphi)$ denjenigen Punkt (r', φ) zu, für welchen $r \cdot r' = p^2$, wo p konstant ist (Transformation nach dem Prinzipe der reziproken Radien), und beweise, daß hierbei jede Gerade (Gl. (26) auf S. 32) in einen Kreis und jeder Kreis wieder in einen Kreis übergeht, daß ferner die zwei Geraden entsprechenden Kreise sich unter demselben Winkel schneiden wie diese, wobei der Winkel der Kreise durch den ihrer Tangenten gemessen wird.

Mechanisch kann man diese Transformation dadurch herstellen, daß man P und P' an zwei Gelenke R und S durch Stäbe so anschließt, daß $PR = PS = P'R = P'S$, während R und S selbst um O so an Stäben drehbar sind, daß $OR = OS$ (Peaucelliersche Geradführung durch Drehung von P um die festgehaltene Mitte von OP).

9. Aufgabe. Aus den Gleichungen, welche ausdrücken, daß ein Kreis durch irgend drei Punkte laufen soll, zu beweisen, daß der Mittelpunkt auf den Mittelsenkrechten der Verbindungsstrecken der drei Punkte liegt.

10. Aufgabe Es ist zu beweisen, daß die drei Potenzlinien dreier Kreise durch einen Punkt laufen.

§ 7.
Die Gleichungen der Kegelschnitte bezogen auf ihre Hauptachsen.

Wir haben in der Einleitung die Gleichung der ebenen Schnitte eines geraden Kegels in folgender Form erhalten (S. 2 u. 3):

(1) $$y^2 = 2px \mp \frac{p}{a} x^2,$$

wodurch für das obere Vorzeichen eine sogenannte Ellipse, für das untere ein Hyperbel, für $a = \infty$ endlich eine Parabel dargestellt ist. Obgleich die stereometrische Bedeutung der Koordinatenachsen in der Einleitung schon erläutert wurde, so behalten wir uns doch ein weiteres Eingehen hierauf für die Raumgeometrie vor (Satz 69 in § 22). Hier wird es unsere Aufgabe sein, die verschiedenen Gleichungsformen der Kegelschnitte und ihren Zusammenhang zu studieren und hieraus die geometrischen Eigenschaften der Kegelschnitte herzuleiten. Wie man von den durch die Gleichungen (1) dargestellten Linien beliebig viel Punkte mit Zirkel und Lineal konstruieren kann, haben wir ja in der Einleitung gesehen, es werden sich aber noch einfachere derartige Konstruktionen ergeben.

Um die allgemeinste Gleichungsform zu erhalten, aus der die Gleichungen (1) hervorgehen können, werden wir diese offenbar nach Multiplikation mit einer Konstanten irgend einer Koordinatentransformation zu unterwerfen haben. Damit sich aber diese Aufgabe nicht von vornherein zu kompliziert gestalte, wollen wir uns hierbei zuerst auf eine Parallelverschiebung beschränken. Bei Ausführung einer solchen nehmen die Gleichungen (1) offenbar die folgende allgemeinere Form an:

$$Ax^2 + By^2 + 2Dx + 2Ey + F = 0, \tag{I}$$

wo

$$A = \pm \frac{Bp}{a}, \quad B = B, \quad D = \pm \frac{Bpl}{a} - Bp,$$

$$E = Bm, \quad F = \pm \frac{Bpl^2}{a} + Bm^2 - 2Bpl,$$

und es ist klar, daß die Gleichungen (1) nur besondere Fälle dieser Gleichung sind.

Ehe wir an die Entscheidung der Frage gehen, ob Gleichung (I) durch Division mit einer Konstanten und durch Parallelverschiebung des Koordinatensystems stets in eine der Formen (1) übergeführt werden könne, wollen wir Gleichung (I) direkt einer analogen Untersuchung unterziehen, wie im vorigen Paragraphen die Gleichung des Kreises. Wir wollen also die durch Gleichung (I) etwa dargestellte Linie zuerst mit einer Geraden zum Durchschnitt bringen. Enthält die Gerade den Punkt (l, m) (Fig. 38) und schließt mit der Abszissenachse die Amplitude γ ein, so erhalten wir für den Abstand u eines ihrer Schnittpunkte ($x = l + u\cos\gamma$, $y = m + u\sin\gamma$) vom Punkte (l, m) offenbar die quadratische Gleichung:

$$\begin{aligned}(A\cos^2\gamma + B\sin^2\gamma)u^2 + 2\{(Al + D)\cos\gamma + (Bm + E)\sin\gamma\}u \\ + Al^2 + Bm^2 + 2Dl + 2Em + F = 0.\end{aligned} \tag{2}$$

Da hiernach jede Gerade i. A. zwei Punkte mit der Linie gemeinsam hat, so wollen wir die durch Gleichung (I) dargestellte Linie vorläufig eine quadratische Linie nennen. Die beiden Schnittpunkte können natürlich auch imaginär sein, sie können aber auch zusammenfallen; in letzterem Falle heißt die Gerade Tangente der quadratischen Linie, der Punkt, in den die beiden Schnittpunkte hineinfallen, ihr Berührungspunkt. Soll der Punkt (l, m) dieser Berührungspunkt sein, so muß die quadratische Gleichung (2) die Doppelwurzel $u = 0$ haben, d. h. es muß:

$$Al^2 + Bm^2 + 2Dl + 2Em + F = 0 \tag{3}$$

und:

$$(Al + D)\cos\gamma + (Bm + E)\sin\gamma = 0 \tag{4}$$

sein. Hier drückt die erste Gleichung natürlich nur aus, daß der Punkt (l, m) überhaupt der quadratischen Linie angehört, während die zweite Gleichung denjenigen Wert der Amplitude γ kennen lehrt,

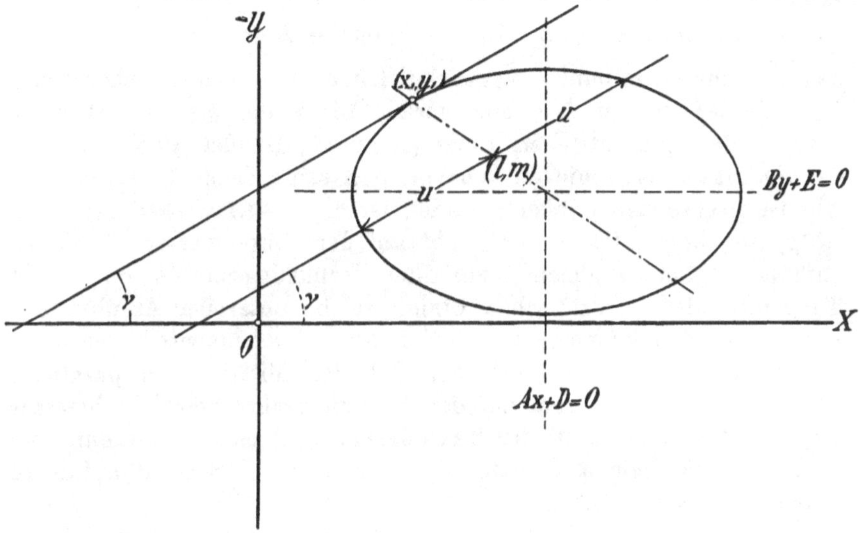

Fig. 38.

für welchen die schneidende Gerade in die Tangente übergeht. Setzen wir diesen Wert von $\cos\gamma : \sin\gamma$ in die Gleichung:

$$(5) \qquad (x - l)\sin\gamma - (y - m)\cos\gamma = 0$$

der Geraden ein, so erhalten wir als Gleichung der Tangente im Punkte (l, m):

$$(6) \qquad (x - l)(Al + D) + (y - m)(Bm + E) = 0$$

oder auf Grund von Gleichung (3):

$$(\text{II}) \qquad (Al + D)x + (Bm + E)y + Dl + Em + F = 0.$$

Wir erhalten so den Satz:

24. *Die Gleichung der Tangente an die quadratische Linie:*

$$(\text{I}) \qquad Ax^2 + By^2 + 2Dx + 2Ey + F = 0$$

im Punkte (x_1, y_1) *ist:*

$$(\text{II}) \qquad (Ax_1 + D)x + (By_1 + E)y + Dx_1 + Ey_1 + F = 0.$$

Falls der Punkt (l, m) nicht der Gleichung (3) genügt, wohl aber noch der Gleichung (4), die quadratische Gleichung (2) für den Abstand u der beiden Schnittpunkte also zwei entgegengesetzt gleiche Wurzeln besitzt, so liegt (l, m) in der Mitte zwischen den beiden

Schnittpunkten, oder er ist der Mittelpunkt der durch ihn unter der Amplitude γ gezogenen Sehne der quadratischen Linie. Deshalb stellt Gleichung (4) oder, wenn wir darin l, m durch die Koordinaten x, y eines veränderlichen Punktes ersetzen, die Gleichung:

$$(7) \qquad Ax\cos\gamma + By\sin\gamma + D\cos\gamma + E\sin\gamma = 0$$

den Ort der Mittelpunkte paralleler Sehnen der quadratischen Linie dar. Dieser Ort ist also eine gerade Linie und wird ein Durchmesser der quadratischen Linie genannt. Ist der Punkt (x_1, y_1) der quadratischen Linie ein solcher, daß seine Tangente (II) mit der Abszissenachse den Winkel γ bildet, ist also $-(Ax_1 + D):By_1 + E = \operatorname{tg}\gamma$, so liegt auch dieser Punkt auf dem Durchmesser (7); dieser enthält folglich zugleich auch die Berührungspunkte derjenigen Tangenten der quadratischen Linie, welche unter der Amplitude γ gezogen werden können. Wir finden hier eine bekannte Eigenschaft des Kreises wieder, wonach der Ort der Mittelpunkte paralleler Sehnen eines solchen ein auf den Sehnen senkrechter Durchmesser ist; für $A = B$ stellt in der Tat Gleichung (I) einen Kreis dar, und es stehen die beiden Geraden (5) und (7) nach Satz 18 auf S. 44 aufeinander senkrecht.

Geben wir der Amplitude γ in der Gleichung (7) oder der mit ihr gleichbedeutenden Gleichung:

$$(8) \qquad Ax + D + (By + E)\operatorname{tg}\gamma = 0$$

des Durchmessers alle möglichen Werte, so erhalten wir eine Schar von Durchmessern, die sämtlich den Schnittpunkt der beiden besonderen Durchmesser:

$$(9) \qquad Ax + D = 0 \quad \text{und} \quad By + E = 0$$

enthalten, welche für $\gamma = 0$ und $\gamma = 90^0$ entstehen. Es stehen hiernach diese beiden Durchmesser auf den Sehnen, deren Mittelpunkte sie enthalten, senkrecht, d. h. sie sind Symmetrie- oder Hauptachsen der quadratischen Linie. Von diesen beiden Achsen kann allerdings die eine fortfallen, wenn entweder A oder $B = 0$ ist (von dem Falle, daß A und B verschwinden, können wir offenbar absehen, weil dann durch Gleichung (I) eine gerade Linie dargestellt ist). Falls B oder $A = 0$ ist, so sind offenbar die Durchmesser (7) entweder sämtlich der Ordinaten- oder sämtlich der Abszissenachse parallel. Sind aber A und B von Null verscheiden, so schneiden sich die beiden Achsen in dem Punkte:

$$(10) \qquad l = -\frac{D}{A}, \quad m = -\frac{E}{B},$$

welcher der **Mittelpunkt** der quadratischen Linie genannt wird; Gleichung (2) lehrt in der Tat, daß er der Mittelpunkt jeder ihn enthaltenden Sehne ist. Wir können so den folgenden Satz aussprechen:

25. *Der Ort der Mittelpunkte paralleler Sehnen der quadratischen Linie (I) ist eine gerade Linie, welche Durchmesser der quadratischen Linie genannt wird und zugleich die Berührungspunkte der den Sehnen parallelen Tangenten von (I) enthält. Alle diese Durchmesser gehen entweder, wenn A und B von Null verschieden sind, durch denselben Punkt* $\left(-\frac{D}{A}, -\frac{E}{B}\right)$, *den sogenannten Mittelpunkt der Linie, oder sie sind einander parallel, wenn A oder $B = 0$ ist. Im ersten Falle liegt die Linie symmetrisch zu den beiden Hauptachsen $Ax + D = 0$ und $By + E = 0$, im zweiten Falle nur zu einer dieser Achsen, je nachdem B oder $A = 0$ ist.*

Machen wir im **ersten Falle** die beiden Symmetrieachsen zu Koordinatenachsen oder verschieben den Anfangspunkt nach dem Mittelpunkte, setzen also:

$$x = x' - \frac{D}{A}, \quad y = y' - \frac{E}{B}, \tag{11}$$

so geht Gleichung (I) über in:

$$Ax'^2 + By'^2 = \frac{\delta}{AB}, \tag{12}$$

wo:

$$\delta = AE^2 + BD^2 - ABF, \tag{13}$$

deren Form die neuen Koordinatenachsen unmittelbar als Symmetrieachsen erkennen läßt, weil jedem Werte der Abszisse resp. Ordinate zwei entgegengesetzt gleiche Werte der Ordinate resp. Abszisse entsprechen.

Wollen wir hiernach die durch Gleichungen von der Form (12) dargestellten Linien ermitteln, so gewährt zunächst der **Fall** $\delta = 0$ geringes Interesse. Sind dann nämlich zuerst A und B von demselben Zeichen, so kann Gleichung (12) nur für $x' = 0$, $y' = 0$ oder Gleichung (I) nur für $x = -\frac{D}{A}$, $y = -\frac{E}{B}$ erfüllt sein. Sind zweitens A und B von verschiedenem Zeichen, ist also $-AB$ positiv, so kann man Gleichung (12) auch in der Form:

$$(Ax' + \sqrt{-AB}y')(Ax' - \sqrt{-AB}y') = 0 \tag{14}$$

schreiben, sie ist daher durch die Koordinaten der Punkte zweier gerader Linien erfüllt. Wir können also sagen, daß **Gleichung** (I) **für** $\delta = 0$ **zwei gerade Linien darstellt**, die auch imaginär sein können. Dasselbe gilt nämlich auch in dem zweiten Falle, daß

A oder $B = 0$ ist. Denn soll z. B. für $A = 0$ auch $\delta = 0$ sein, so muß auch D verschwinden, so daß Gleichung (I) die Form:

(15) $$By^2 + 2Ey + F = 0$$

annimmt; hierdurch sind aber die beiden zur Abszissenachse parallelen Geraden.

(16) $$y = \frac{1}{B}\left\{-E \pm \sqrt{E^2 - BF}\right\}$$

dargestellt, welche auch imaginär werden können. Wir werden daher des Weiteren voraussetzen können, daß δ von Null verschieden sei

Unter dieser Voraussetzung untersuchen wir zuerst den Unterfall

1ª. A und B von demselben Vorzeichen. Auch hier können wir als von geringerem Interesse wieder den Fall ausscheiden, daß δ von anderem Vorzeichen als A und B ist. Denn dann hat auch die linke Seite der Gleichung (12) für alle reellen Werte von x' und y' ein anderes Vorzeichen als die von Null verschiedene rechte Seite derselben Gleichung, diese kann demnach für kein reelles Wertsystem vor x' und y' erfüllt sein. In diesem Falle ist folglich auch durch Gleichung (I) keine reelle Linie dargestellt; für ihn haben also auch unsere Sätze 24 und 25 keine reelle Bedeutung. Ist aber δ von demselben Vorzeichen wie A und B, also auch wie $A + B$ so können wir zeigen, daß durch Gleichung (12), also auch durch Gleichung (I) eine Ellipse dargestellt ist. Dann sind nämlich, wenn wir setzen:

(17) $$a^2 = \frac{\delta}{A^2B}, \quad b^2 = \frac{\delta}{AB^2},$$

a und b zwei reelle Größen, so daß man der Gleichung (12) die Form:

(III) $$\frac{x'^2}{a^2} + \frac{y'^2}{b^2} = 1$$

geben kann.

Die hierdurch dargestellte Linie schneidet offenbar die eine Hauptachse in den beiden Punkten ($x' = \pm a$, $y' = 0$) und die andere Hauptachse in den beiden Punkten ($x' = 0$, $y' = \pm b$), welche die vier Scheitelpunkte genannt werden. Verlegt man den Koordinatenanfangspunkt nach einem dieser Scheitelpunkte, setzt also z. B.:

(18) $$x' = \mathfrak{x} - a, \quad y' = \mathfrak{y},$$

so nimmt Gleichung (III) die Form an:

(19) $$\mathfrak{y}^2 = 2\frac{b^2}{a}\mathfrak{x} - \frac{b^2}{a^2}\mathfrak{x}^2,$$

also die Form (1) für das obere Vorzeichen, wenn man $\frac{b^2}{a} = p$ setzt.

Ist daher durch Gleichung (I) überhaupt eine reelle Linie dargestellt, so ist sie im Unterfalle 1^a eine Ellipse.

Wir kommen nunmehr zu dem Unterfall:

1^b. *A* und *B* von verschiedenem Zeichen. Nehmen wir hier an, was offenbar nur Sache der Bezeichnung ist, daß δ von demselben Zeichen sei wie B, von anderem Zeichen also als A, so bedeuten in den Formeln:

$$a^2 = \frac{\delta}{A^2 B}, \quad b^2 = -\frac{\delta}{A B^2} \tag{20}$$

a und b offenbar wieder reelle Größen, so daß man der Gleichung (12) die Form:

$$\frac{x'^2}{a^2} - \frac{y'^2}{b^2} = 1 \tag{IV}$$

geben kann. Die hierdurch dargestellte Linie schneidet die eine Symmetrieachse in den beiden Punkten: $(x' = \pm a,\ y' = 0)$, die andere Achse hingegen gar nicht, so daß die Linie nur zwei Scheitelpunkte besitzt. Verlegt man den Koordinatenanfangspunkt wiederum nach einem solchen Punkte, setzt also z. B.:

$$x' = \mathfrak{x} + a, \quad y = \mathfrak{y}, \tag{21}$$

so nimmt Gleichung (IV) die Form an:

$$\mathfrak{y}^2 = 2\frac{b^2}{a}\mathfrak{x} + \frac{b^2}{a^2}\mathfrak{x}^2, \tag{22}$$

also die Form (1) für das obere Vorzeichen, wenn man wiederum $\frac{b^2}{a} = p$ setzt. Im Unterfall 1^b ist demnach durch Gleichung (I) stets eine Hyperbel dargestellt.

Wir kommen endlich zu dem zweiten Falle und nehmen etwa an, daß $A = 0$. Machen wir dann die einzige hier noch vorhandene Symmetrieachse $By + E = 0$ zur Abszissenachse, setzen also

$$x = x', \quad y = y' - \frac{E}{B}, \tag{23}$$

so geht Gleichung (I) über in:

$$By'^2 + 2Dx' - \frac{E^2}{B} + F = 0. \tag{24}$$

Die hierdurch dargestellte Linie schneidet die Symmetrieachse in dem Punkte: $\left(x' = \frac{1}{2BD}(E^2 - BF),\ y' = 0\right)$, dem einzigen Scheitelpunkte derselben, wobei wir den Fall $D = 0$ dadurch ausgeschlossen haben, daß wir δ als von Null verschieden annahmen. Verlegen wir den Koordinatenanfangspunkt nach diesem Scheitelpunkte, setzen also:

$$x' = \mathfrak{x} + \frac{1}{2BD}(E^2 - BF), \quad y' = \mathfrak{y}, \tag{25}$$

so nimmt Gleichung (23) die Form:

(V) $$\mathfrak{y}^2 = 2p\,\mathfrak{x}$$

an, wenn man $p = -\frac{D}{B}$ setzt, also die Form (1) für $a = \infty$. Im zweiten Falle ist demnach durch Gleichung (I) eine Parabel dargestellt.

Wir erhalten daher das Resultat, daß durch Gleichung (I) entweder gar keine reelle Linie dargestellt ist oder ein Kegelschnitt, insofern wir auch die geraden Linien als Kegelschnitte betrachten können (für den Fall zweier paralleler Geraden ($A = 0$, $\delta = 0$) haben wir den Schnitt des geraden Kegels allerdings durch denjenigen eines geraden Zylinders zu ersetzen). Im besonderen können wir unsere Untersuchungen in den folgenden Satz zusammenfassen:

26. *Durch die Gleichung:*

(I) $$Ax^2 + By^2 + 2Dx + 2Ey + F = 0$$

ist, falls die Größe:

$$\delta = AE^2 + BD^2 - ABF$$

von Null verschieden ist und nicht gleichzeitig AB positiv, $(A + B)\delta$ hingegen negativ ist, stets einer der drei Kegelschnitte dargestellt. Dieser Kegelschnitt ist eine Ellipse, Hyperbel oder Parabel, je nachdem $AB > 0$, < 0 oder $= 0$ ist.

---

1. Aufgabe. Man untersuche, welche der drei Kegelschnitte durch die folgenden Gleichungen dargestellt sind:

$$4x^2 + 9y^2 - 24x + 72y + 144 = 0,$$
$$3x^2 - 4y^2 + 66x + 40y + 251 = 0,$$
$$-x^2 + 4y^2 + 6x + 8y - 5 = 0,$$
$$3y^2 - 6x - 30y + 33 = 0,$$

und bestimme die Mittelpunkte und Scheitelpunkte dieser Kegelschnitte.

2. Aufgabe. Es sind gegeben ein Punkt S auf der Abszissenachse und zwei symmetrisch zu derselben gelegene Punkte A und A', schneidet irgend ein Radiusvektor die Geraden SA und SA' in B und B', so soll der Ort der Schnittpunkte der Geraden AB' und $A'B$ bei beweglichem Radiusvektor gefunden werden.

Sind l, $\pm m$ die Koordinaten von A und A' und n die Abszisse von S, so ist:

$$m^2(2n - l)x^2 + l(l - n)^2 y^2 - 2n^2 m^2 x + lm^2 n^2 = 0$$

die Gleichung des Ortes; die Tangenten in A und A' laufen durch O. Geometrische Interpretation der Bedingung für die verschiedenen Arten von Kegelschnitten.

3. Aufgabe. Man bestimme den Ort der Punkte, für welche das Verhältnis der Entfernungen von einem festen Punkte und einer festen Geraden (parallel zur Ordinatenachse) konstant ist (vergl. § 9).

Es entsteht eine Ellipse, Parabel oder Hyperbel, je nachdem das konstante Verhältnis kleiner, gleich oder größer als 1 ist.

4. Aufgabe. Man beweise, daß sich die Tangenten in den Endpunkten paralleler Sehnen eines Kegelschnittes stets auf dem der Sehnenrichtung konjugierten Durchmesser schneiden.

Sind (x_1, y_1), (x_2, y_2) die Endpunkte und (l, m) der Mittelpunkt der Sehne, also $\operatorname{tg} \gamma = \frac{y_2 - y_1}{x_2 - x_1}$, so folgt aus den Gleichungen der Tangenten leicht, daß ihr Schnittpunkt sowohl auf dem Durchmesser als auf der Geraden:

$$(Al + D)x + (Bm + E)y + Dl + Em + F = 0$$

liegt.

5. Aufgabe. Man bestimme den Ort des Schnittpunktes der beiden Geraden, welche durch die Endpunkte der Durchmesser eines Kreises in je einer bestimmten Richtung gezogen werden.

Man mache die Koordinatenachsen den Halbierungslinien des Winkels der beiden Richtung parallel.

§ 8.

Eigenschaften der Kegelschnitte, welche aus ihren auf die Hauptachsen bezogenen Gleichungen folgen, und ihre zeichnerische Darstellung.

Obwohl wir bereits in der Einleitung gelernt haben, beliebig viel Punkte jedes Kegelschnittes zu konstruieren und damit seine Gestalt zeichnerisch zu ermitteln, so werden wir doch besonders für Ellipse und Hyperbel einfachere Methoden hierfür finden, wenn wir von den auf die Hauptachsen bezogenen Gleichungen ausgehen.

Wir fangen an mit der Ellipse. Ihre auf die beiden Hauptachsen bezogene Gleichung lautet nach Gl. (III) des vorigen Paragraphen:

$$\text{(I)} \qquad \frac{x^2}{a^2} + \frac{y^2}{b^2} = 1.$$

Es ist leicht zu sehen, daß diese Gleichung für jeden Wert des Winkels ψ befriedigt wird, wenn man setzt:

$$\text{(1)} \qquad x = a \cos \psi, \qquad y = b \sin \psi.$$

Da jedes der drei Quadrate $\left(\frac{x}{a}\right)^2$ und $\left(\frac{y}{b}\right)^2$ in Gleichung (I) höchstens $= 1$ sein darf, so wird umgekehrt zu jedem die Gleichung (I) befriedigenden Wertsysteme (x, y) den Gleichungen (1) zufolge eindeutig ein Winkel ψ gehören, diese werden also alle Punkte der Ellipse liefern, wenn ψ alle Werte von 0 bis 360^0 durchläuft.

Nehmen wir an (Fig. 39), daß $a > b$ sei, so kann man hiernach die Ellipse dadurch aus dem Kreise um den Anfangspunkt O mit dem Radius a herleiten, daß man jedem Punkte P' dieses Kreises mit der Amplitude ψ den Punkt P mit derselben Abszisse, aber einer im Verhältnisse $b:a$ verkleinerten Ordinate zuordnet. Eine solche

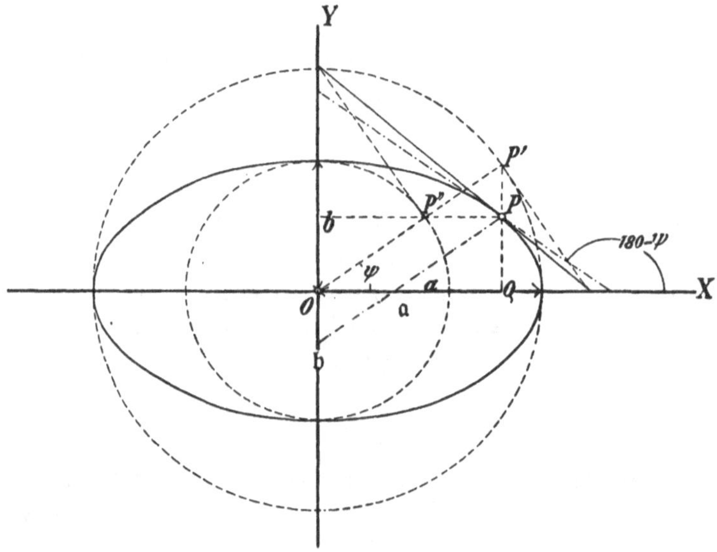

Fig. 39.

Zuordnung wird eine affine Verwandtschaft oder **Affinität** genannt mit der Abszissenachse, deren Punkte sich selbst zugeordnet sind, als Affinitätsachse. Der Punkt P wird hiernach auf der Ordinate QP' von einer Parallelen zur Abszissenachse durch den Punkt P'' mit derselben Amplitude auf dem dem vorigen konzentrischen Kreise mit dem Radius b ausgeschnitten. Auch aus diesem Kreise entsteht die Ellipse durch eine Affinität, bei welcher jedem Punkte P'' mit der Amplitude ψ der Punkt P mit derselben Ordinate, aber einer im Verhältnisse $a:b$ vergrößerten Abszisse zugeordnet ist; hierbei ist die Ordinatenachse Affinitätsachse. Die erste Entstehung zeigt, daß die Ellipse ganz innerhalb des großen, die zweite, daß sie ganz außerhalb des kleinen Kreises liegt. Alle Halbmesser OP der Ellipse sind demnach zwischen der großen Halbachse $OA = a$ und der kleinen Halbachse $OB = b$ enthalten.

Man sieht, wie man mit Hilfe dieser beiden Kreise beliebig viel Punkte der Ellipse durch bloßes Ziehen von Radien und von zwei Scharen paralleler Geraden konstruieren kann.

Es führt unsere Figur auch leicht auf eine mechanische Erzeugungsweise der Ellipse, die man zur Konstruktion eines sogenannten Ellipsenzirkels benutzt hat. Schneidet nämlich die Parallele durch P zu $OP''P'$ die beiden Achsen in resp. $\mathfrak{a}$ und $\mathfrak{b}$, so ist offenbar $\mathfrak{a}P = OP'' = b$ und $\mathfrak{b}P = OP' = a$. Da also die Punkte $\mathfrak{b}\mathfrak{a}P$ für alle Punkte der Ellipse eine unveränderliche Entfernung voneinander haben, so entsteht die Ellipse als Ort eines auf der Verlängerung einer geraden Strecke $\mathfrak{b}\mathfrak{a}$ liegenden und fest mit ihr verbundenen Punktes, deren Endpunkte auf den beiden Hauptachsen gleiten. Ziehen wir die Gerade $\mathfrak{a}P\mathfrak{b}$ jedesmal unter der Amplitude $180^0 - \psi$, so ist ebenfalls $\mathfrak{a}P = b$ und $P\mathfrak{b} = a$, so daß die Ellipse auch als Ort eines mit einer Strecke $\mathfrak{a}\mathfrak{b}$ fest verbundenen und auf ihr liegenden Punktes P entsteht, wenn deren Endpunkte auf den beiden Hauptachsen gleiten. Es dürfte klar sein, wie auf Grund dieser Entstehungsweise ein Apparat konstruiert werden kann, dessen Fahrstift (P) kontinuierlich eine Ellipse umfährt, d. i. ein Ellipsenzirkel. Da indessen einerseits solche Apparate, wenn sie genau zeichnen sollen, recht teuer sind, andererseits auch ihre Einstellung für vorgegebene Achsen nicht ohne Umstände ist, so wird man meist besser eine hinreichende Anzahl von Punkten der Ellipse mit Hilfe der beiden Kreise konstruieren und diese durch eine kontinuierliche Linie zu verbinden suchen.

Da ist es nun zur Beurteilung des Verlaufs der Kurve von großer Wichtigkeit, nicht nur einzelne Punkte, sondern auch die Tangenten derselben an die Kurve zu konstruieren. Nach Satz 24 auf S. 65 lautet die Gleichung der Tangente im Punkte (x_1, y_1) an die Ellipse (I):

$$\frac{xx_1}{a^2} + \frac{yy_1}{b^2} = 1\,; \tag{2}$$

sie macht auf der Abszissenachse den Abschnitt $a^2 : x_1$, also denselben Abschnitt, wie die Tangente im entsprechenden Punkte $(x_1, y_1\,a:b)$ des großen Kreises. Ebenso macht die Tangente (2) auf der Ordinatenachse denselben Abschnitt $b^2 : y_1$ wie die Tangente im entsprechenden Punkte $(x_1\,b:a,\ y_1)$ des kleinen Kreises. Beides folgt auch daraus, daß bei der affinen Verwandlung der beiden Kreise in die Ellipse jede Kreistangente (als Gerade, die den Kreis in zwei zusammenfallenden Punkten trifft) in die Tangente des entsprechenden Ellipsenpunktes übergehen muß, zwei affine Geraden aber den sich selbst entsprechenden Schnittpunkt mit der Affinitätsachse gemein haben. Hiernach ist es leicht, je nach Bequemlichkeit mit Hilfe der Tangenten des großen oder des kleinen Kreises in jedem Punkte P der Ellipse die Tangente an diese zu konstruieren.

Wir wenden uns zweitens zur Untersuchung der Hyperbel (Fig. 40). Als ihre auf die Symmetrieachsen bezogene Gleichung

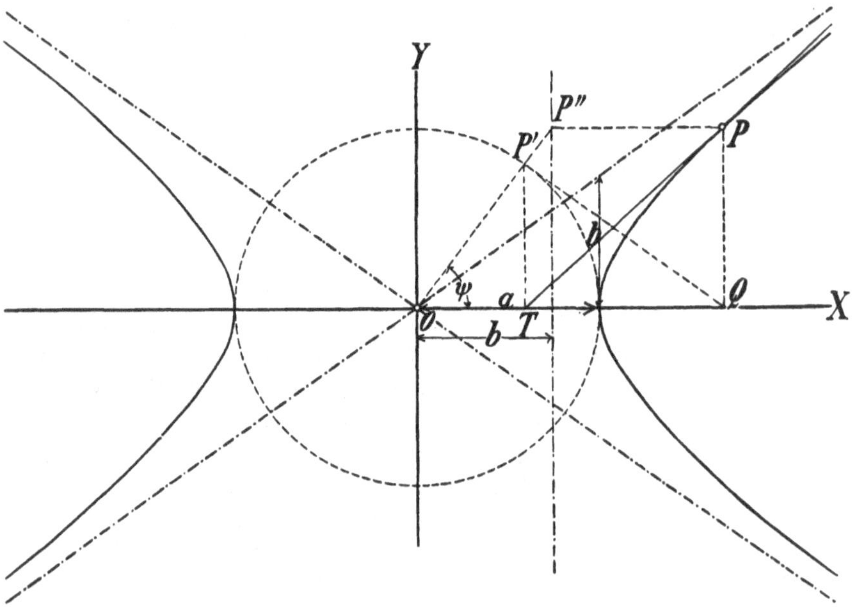

Fig. 40.

lernten wir in Gl. (IV) des vorigen Paragraphen kennen:

$$\text{(II)} \qquad \frac{x^2}{a^2} - \frac{y^2}{b^2} = 1.$$

Diese Gleichung wird offenbar für jeden Wert des Winkels ψ befriedigt, wenn man setzt:

$$\text{(3)} \qquad x = \frac{a}{\cos\psi}, \quad y = b\tan\psi.$$

Hieraus ergibt sich folgende Konstruktion dieses Punktes P der Hyperbel. Ist P' derjenige Punkt des Kreises um den Anfangspunkt O und mit dem Radius a, welcher die Amplitude ψ besitzt, so macht die Tangente, deren Gleichung $x\cos\psi + y\sin\psi = a$ ist, dieses Punktes P' an den Kreis auf der Abszissenachse offenbar den Abschnitt $OQ = \frac{a}{\cos\psi}$, so daß OQ die Abszisse des Punktes P ist.

Schneidet ferner der Radiusvektor OP' die Gerade $x = b$ im Punkte P'', so hat dieser die Ordinate $b \tan \psi$, so daß die Parallele zur Abszissenachse durch P'' auf der Ordinate durch Q den gesuchten Punkt P ausschneidet. Hiernach kann man leicht beliebig viel Punkte der Hyperbel konstruieren, man kann aber im Anschlusse hieran sofort auch die Tangente jedes Punktes finden. Nach Satz 24 lautet nämlich die Gleichung der Tangente in jedem Punkte (x_1, y_1) der Hyperbel (II):

$$(4) \qquad \frac{x x_1}{a^2} - \frac{y y_1}{b^2} = 1,$$

die Tangente im Punkte P macht also auf der Abszissenachse den Abschnitt $OT = \frac{a^2 \cos\psi}{a} = a \cos\psi$, geht folglich durch den Fußpunkt T der Ordinate des Punktes P'. Die Tangenten in den beiden Scheitelpunkten $x_1 = \pm a$, $y_1 = 0$ sind natürlich der Ordinatenachse parallel, und es ist klar, daß sich zwischen diesen beiden Scheiteltangenten kein Punkt der Hyperbel befinden kann, da $\left(\frac{x}{a}\right)^2$ in Gleichung (II) mindestens $= 1$ sein muß. Man wird folglich von dem Fußpunkte Q der Ordinate jedes Hyperbelpunktes P eine und nur eine Tangente QP' an den Kreis ziehen können, die auf derselben Seite der Abszissenachse liegt wie P, so daß jedem Hyperbelpunkte den Gleichungen (3) zufolge eindeutig ein Winkel ψ zugehört, diese also alle Punkte der Hyperbel liefern werden, wenn ψ alle Werte von 0 bis 360^0 durchläuft; aus (3) folgt zudem auch $\cos\psi = \frac{a}{x}$, $\sin\psi = \frac{a y}{b x}$, wodurch ψ eindeutig bestimmt ist, sobald P ein Punkt der Hyperbel ist.

Für $\psi = 0$ ergibt sich der Scheitelpunkt auf der positiven Abszissenachse, alsdann wachsen mit wachsendem ψ x und y, beständig positiv bleibend, bis sie für $\psi = 90^0$ beide ∞ werden. In welcher Weise dies geschieht, erkennen wir durch Betrachtung des Verhältnisses der beiden Koordinaten:

$$(5) \qquad \tan\varphi = \frac{y}{x} = \frac{b}{a} \sin\psi.$$

Mit wachsendem ψ nähert sich dies Verhältnis dem Werte $\frac{b}{a}$, den es aber erst für $\psi = 90^0$, also erst dann erreicht, wenn der Punkt P im Unendlichen verschwunden ist. Es bleibt folglich der Punkt P stets unterhalb der Geraden:

$$(6) \qquad y = \frac{b}{a} x,$$

um sie erst im Unendlichen zu erreichen. Wie dies vor sich geht, sehen wir am besten durch Vergleichung der zu derselben Abszisse gehörigen Ordinaten der Hyperbel und der Geraden, deren Punkte wir ja in der Form:

$$(7) \qquad x = \frac{a}{\cos\psi}, \quad y = \frac{b}{\cos\psi}$$

darstellen können. Die Differenz der beiden Ordinaten stellt sich dann folgendermaßen durch die dieselbe Abszisse liefernde Größe ψ dar:

$$(8) \qquad b\,\frac{1-\sin\psi}{\cos\psi} = b\,\frac{1-\cos\sigma}{\sin\sigma} = b\operatorname{tg}\tfrac{1}{2}\sigma,$$

wenn $\psi = 90^0 - \sigma$ gesetzt wird, diese Differenz wird also mit wachsendem ψ oder abnehmendem σ immer kleiner, bis sie für $\psi = 90^0$ verschwindet. Der im ersten Quadranten liegende Zweig der Hyperbel wird sich also vom Scheitelpunkte anfangend der Geraden (6) unausgesetzt nähern, ohne sie im Endlichen je zu erreichen. Diese Gerade kann auch als die Grenze einer Tangente der Hyperbel betrachtet werden; Gleichung (4) geht nämlich, wenn wir nach (3) $x_1 = \frac{a}{\cos\psi_1}$ und $y_1 = b\tan\psi_1$ setzen, über in:

$$(9) \qquad \frac{x}{a} - \frac{y\sin\psi_1}{b} = \cos\psi_1,$$

stellt also für $\psi_1 = 90^0$ dieselbe Gerade dar wie Gleichung (6). Da $\cos(90^0+\psi) = -\cos(90^0-\psi)$ und $\tan(90^0+\psi) = -\tan(90^0-\psi)$ (vgl. auch die obige geometrische Konstruktion von P), so wird der Punkt P, wenn ψ über 90^0 hinaus wächst, unterhalb der Abszissenachse und oberhalb der Geraden (6) im dritten Quadranten wieder zum Vorschein kommen und dann, sich von der Geraden (6) immer mehr entfernend, für $\psi = 180^0$ den Scheitelpunkt auf der negativen Abszissenachse erreichen, es wird also P das Spiegelbild des eben beschriebenen Zweiges in bezug auf O durchlaufen. Wenn nun ψ weiter wächst, so beschreibt P offenbar das Spiegelbild des zuletzt erhaltenen Zweiges in Beziehung auf die Abszissenachse, nähert sich also immer mehr der Geraden:

$$(10) \qquad y = -\frac{b}{a}x,$$

um für $\psi = 270^0$ in der Richtung dieser Geraden im Unendlichen zu verschwinden. Bei weiter wachsendem ψ beschreibt P das Spiegelbild des ersten Zweiges in Beziehung auf die Abszissenachse, kommt also oberhalb der Geraden (10) im vierten Quadranten wieder zum Vorschein und wird, sich von ihr immer weiter entfernend, für $\psi = 360^0$ wieder den ersten Scheitelpunkt erreichen. Die beiden

Geraden (6) und (10) werden die **Asymptoten der Hyperbel** (ἀσύμπτωτοι) genannt, weil diese sich ihnen immer mehr anschmiegt, ohne je mit ihnen zusammenzufallen.

Die Hyperbel (II) liegt ganz außerhalb des Kreises um den Mittelpunkt mit dem Radius a und innerhalb des die Abszisse enthaltenden Winkels der Geraden $y = \pm \frac{b}{a} x$, *der beiden Asymptoten, denen sie beliebig nahe kommt, ohne sie je zu erreichen; die Asymptoten sind die Grenzlagen von Tangenten der Hyperbel, wenn der Berührungspunkt im Unendlichen verschwindet. Man nennt 2 a die Hauptachse und 2 b die Nebenachse der Hyperbel: sie heißt für* $b = a$ *gleichseitig.*

Sind die Asymptoten und ein Punkt der Hyperbel gegeben, so lassen sich mit Zirkel und Lineal leicht beliebig viel Punkte derselben konstruieren auf Grund des Satzes:

27. *Die Asymptoten einer Hyperbel schneiden auf jeder Sehne derselben eine Strecke aus, die denselben Mittelpunkt besitzt, wie die Sehne.*

Betrachten wir nämlich neben der Hyperbel (II) die quadratische Linie, welche aus den beiden Asymptoten besteht, deren Gleichung also:

$$\frac{x^2}{a^2} - \frac{y^2}{b^2} = 0 \tag{11}$$

ist, so ist der Ort der Mittelpunkte der unter der Amplitude γ gezogenen Sehnen nach Gleichung (7) des vorigen Paragraphen (S. 66) für beide quadratische Linien der Durchmesser:

$$\frac{x \cos \gamma}{a^2} - \frac{y \sin \gamma}{b^2} = 0, \tag{12}$$

womit unser Satz bewiesen ist. Die Konstruktion (Fig. 41) verläuft hiernach folgendermaßen: Schneidet irgend eine Gerade durch den gegebenen Punkt P der Hyperbel die beiden Asymptoten in R und R', so ist der zweite Schnittpunkt P' der Geraden mit der Hyperbel bestimmt durch $RP = P'R'$. Auf der Tangente im Punkte P schneiden die Asymptoten eine Strecke TT' aus, welche nach dem obigen Satze durch P halbiert wird. Schneiden also die Parallelen durch P zu den beiden Asymptoten diese in τ resp. τ', so ist die Tangente $TT' \parallel \tau\tau'$, wonach sie leicht konstruiert werden kann. Schneiden dann weiter die Parallelen durch T und T' zu PP' die jedesmalige andere Asymptote in U' resp. U, so ist UU' die Tangente von P'. Es ist nämlich der Konstruktion zufolge $UR = \frac{1}{2} UT$, $U'R' = \frac{1}{2} U'T'$ und $RP = \frac{1}{2} UT'$, also auch $R'P' = \frac{1}{2} T'U$, folglich liegen U, P' und U' in einer Geraden und P' in der Mitte zwischen U und U', wie zu beweisen war. Sobald also die Tangente in dem gegebenen Punkte P

konstruiert ist, findet man noch schneller die Tangente in jedem daraus konstruierten Punkte P'. Man sieht aber auch, wie man aus einer Tangente der Hyperbel und den beiden Asymptoten durch

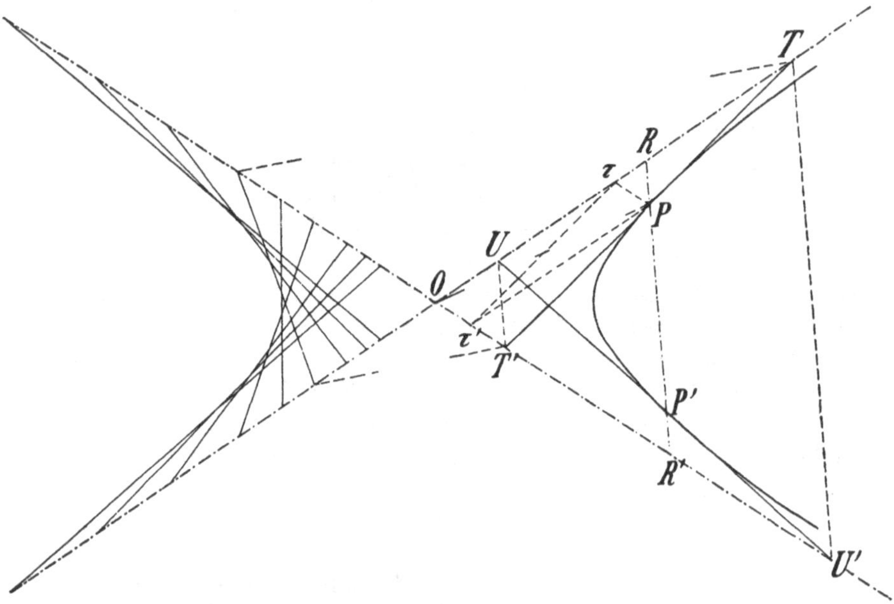

Fig. 41.

bloßes Ziehen von Parallellinien beliebig viel andere Tangenten der Hyperbel konstruieren kann; die Hyperbel erscheint dann als Einhüllende dieser Tangenten. Wir sehen außerdem aus der Figur, daß die Dreiecke OTT' und OUU' inhaltsgleich sind, und finden so den Satz (wegen der analytischen Beweise dieser Sätze wolle man die Aufgaben 5 und 2 vergleichen):

28. *Die Tangenten einer Hyperbel schließen mit deren Asymptoten Dreiecke konstanten Flächeninhalts ein.*

Da hiernach $O\tau \times O\tau'$ konstant ist, so muß die Gleichung der Hyperbel bezogen auf die Asymptoten als Koordinatenachsen eine besonders einfache Form annehmen. Setzen wir in den Formeln des Satzes 3 auf S. 22 $\beta = -\alpha$ oder $x = (x' + y')\cos\alpha, y = (x' - y')\sin\alpha$ und $\cos\alpha = \frac{a}{\sqrt{a^2+b^2}}$, $\sin\alpha = \frac{b}{\sqrt{a^2+b^2}}$, so geht durch diese Koordinatentransformation Gleichung (II) über in:

$$4x'y' = a^2 + b^2. \qquad (\mathrm{II^a})$$

Sind daher P_1 und P_2 irgend zwei Punkte der Hyperbel, so macht ihre Verbindungslinie nach der auch für schiefwinklige Koordinaten geltenden Formel (12) auf S. 36 auf den Asymptoten die Abschnitte $\frac{x_1'y_2' - x_2'y_1'}{y_2' - y_1'}$ und $\frac{x_2'y_1' - x_1'y_2'}{x_2' - x_1'}$ oder nach (II[a]) $x_1' + x_2'$ und $y_1' + y_2'$, wodurch wir einen neuen Beweis des Satzes 27 erhalten.

Wir wenden uns drittens zur **Parabel**, deren Gleichung, bezogen auf die Hauptachse als Abszissenachse und den Scheitelpunkt als Anfangspunkt, lautete (Konstruktion s. S. 4):

(III) $$y^2 = 2px.$$

Die Parabel besitzt nur einen, zu beiden Seiten der positiven x-Achse liegenden Zweig, der von jedem Durchmesser $y = m$ in nur einem Punkte geschnitten wird, während der zweite Schnittpunkt im Unendlichen liegt, weil der Koeffizient von u^2 in Gleichung (2) auf S. 64 für diese Durchmesser (und nur für diese) verschwindet.

Die Gleichung der Tangente (Fig. 42) in dem Punkte (x_1, y_1) der Parabel lautet nach dem Satze 24 des vorigen Paragraphen:

(13) $$yy_1 = p(x + x_1),$$

diese Tangente P_1T macht also auf der Abszissenachse den Abschnitt: $-x_1$, d. h. *Tangente und Ordinate jedes Punktes der Parabel schneiden auf der Hauptachse eine Strecke aus, deren Mittelpunkt der Scheitelpunkt ist.* Hiernach kann man leicht in jedem Punkte der Parabel die Tangente konstruieren. Bringt man obige Tangente mit der Tangente:

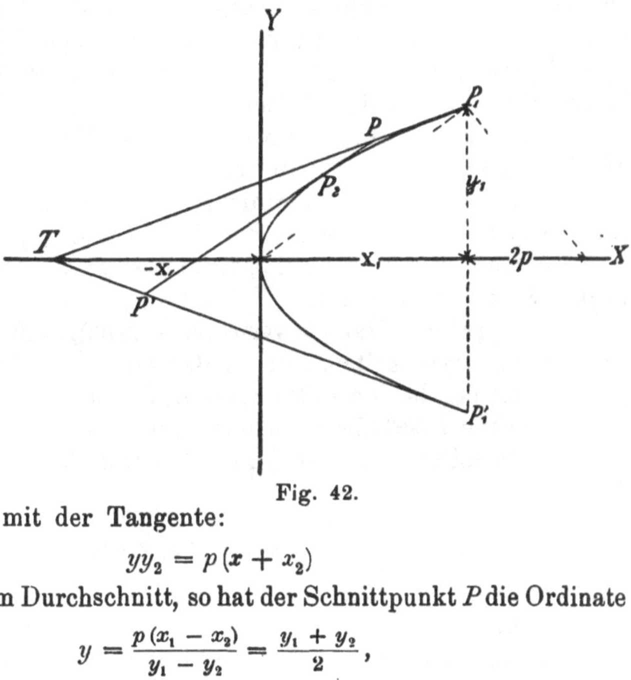

Fig. 42.

(14) $$yy_2 = p(x + x_2)$$

im Punkte P_2 zum Durchschnitt, so hat der Schnittpunkt P die Ordinate

(15) $$y = \frac{p(x_1 - x_2)}{y_1 - y_2} = \frac{y_1 + y_2}{2},$$

weil P_1 und P_2 Punkte der Parabel sind. Es ist demnach:

(16) $$TP : PP_1 = y : y_1 - y = y_1 + y_2 : y_1 - y_2 .$$

Ebenso findet man, daß P_2P die symmetrische Tangente TP'_1 ($y'_1 = -y_1$) in einem Punkte P' schneidet, für welchen:

(17) $$TP' : P'P_1 = y' : y'_1 - y' = y_1 - y_2 : y_1 + y_2 ,$$

es ist daher $TP = P'P'_1$, woraus eine sehr einfache Konstruktion von beliebig viel Tangenten der Parabel folgt; diese erscheint dann als Hüllkurve, man findet aber auch leicht den Berührungspunkt jeder Tangente $P'P$ durch die Bemerkung, daß P in der Mitte zwischen P_2 und ihrem Schnittpunkte mit dem Durchmesser durch P_1 liegt. Die einfachste Konstruktion der Parabel werden wir erst im nächsten Paragraphen kennen lernen.

---

1. Aufgabe. Man bestimme die Hauptachse (resp. den Parameter) der Kegelschnitte in Aufgabe 1 des vorigen Paragraphen.

2. Aufgabe. Man bestimme den Ort eines mit einer Strecke fest verbundenen Punktes, wenn die Strecke mit ihren Endpunkten auf den beiden Koordinatenachsen gleitet.

Die Koordinaten des Punktes werden ausgedrückt durch diejenigen der Endpunkte der Strecke und das bekannte Teilungsverhältnis derselben, es wird die Bedingung eingeführt, daß die Strecke eine gegebene Länge habe, und aus diesen drei Gleichungen die beiden Koordinaten der Endpunkte eliminiert.

3. Aufgabe. Man beweise, daß das Produkt der Entfernung des Mittelpunktes der Ellipse von einer Tangente derselben in das Stück der zugehörigen Normale (Senkrechte zur Tangente im Berührungspunkte) bis zu einer der Achsen konstant ist.

Die Koordinaten des Ellipsenpunktes wird man dabei am besten in der Form (1) annehmen.

4. Aufgabe. Man beweise (analytisch), daß der Berührungspunkt einer Hyperbeltangente in der Mitte zwischen ihren Schnittpunkten mit den beiden Asymptoten liegt, und zeige, daß das Produkt ihrer Abschnitte auf diesen beiden Asymptoten konstant ist.

Die Schnittpunkte der Tangenten mit den Asymptoten haben die Koordinaten:

$$\frac{a^2 b}{b x_1 \mp a y_1}, \quad \frac{\pm a b^2}{b x_1 \mp a y_1}.$$

5. Aufgabe. Man beweise Satz 27 dadurch, daß man die Schnittpunkte einer Sehne der Hyperbel durch die Verhältnisse λ und λ' bestimmt, in welchen sie diese Sehne teilen, und nachweist, daß $\lambda\lambda' = 1$ ist.

6. Aufgabe. Man bestimme den Ort der Spitze eines Dreiecks, wenn gegeben ist die Basis, und der eine Basiswinkel doppelt so groß sein soll wie der andere (Trisektion des Winkels mit Hilfe einer Hyperbel und eines Kreises).

Der Ort ist eine Hyperbel, von der ein Scheitelpunkt der eine Endpunkt der Basis ist, während der Mittelpunkt die Basis dritteilt; der Winkel der beiden Asymptoten beträgt 120°. Der Winkel an der Spitze des Dreiecks ergänzt sich mit dem zu drittelnden Winkel zu 180°.

7. Aufgabe. Man bestimme den Ort der Durchschnittspunkte derjenigen Tangenten einer Parabel, welche einen gegebenen Winkel miteinander bilden.

Man erhält eine Hyberbel, deren Mittelpunkt und Asymptoten zu bestimmen sind.

8. Aufgabe. Konstruktion der Wurzeln der kubischen Gleichung $y^3 - 3\alpha y = 2\beta$ als Ordinaten der Schnittpunkte einer festen Parabel mit einem Kreise, der durch den Scheitelpunkt der Parabel geht.

Durch α und β sind die Koordinaten des Mittelpunktes des Kreises bestimmt.

§ 9.

Die Brennpunktseigenschaften der Kegelschnitte.

Der Mittelpunkt eines Kreises ist dadurch charakterisiert, daß jede ihn enthaltende Sehne durch ihn halbiert wird, und daß alle diese Sehnen gleich lang sind. Wir finden daher in den Mittelpunktseigenschaften eines beliebigen Kegelschnittes keineswegs alle diejenigen des Kreises wieder, zumal ja die Parabel überhaupt keinen Mittelpunkt besitzt. Nun können wir aber den Mittelpunkt eines Kreises auch dahin charakterisieren, daß er der einzige *Pol eines Polarkoordinatensystems ist, in Beziehung auf welchen sich aus der Kreisgleichung der Radiusvektor rational durch die trigonometrischen Funktionen der Amplitude ausdrücken läßt, d. h. die bei Auflösung nach dem Radiusvektor auftretende Quadratwurzel algebraisch, nicht nur zahlenmäßig ausgezogen werden kann* (vergl. Gleichung I^a auf S. 62). Wir können demgemäß die Frage stellen, ob es nicht in der Ebene jedes Kegelschnittes Pole gibt, welche diese Eigenschaft mit dem Kreismittelpunkte teilen. Wir wollen dabei wie in § 7 ausgehen von der allgemeinen Gleichung:

$$(1) \qquad Ax^2 + By^2 + 2Dx + 2Ey + F = 0,$$

und, indem wir den gesuchten Pol mit (l, m) bezeichnen, hierin setzen: $x = l + r\cos\varphi$, $y = m + r\sin\varphi$, wonach wir folgende Polargleichung des Kegelschnitts erhalten (Gleichung (2) in § 7):

(2) $r^2(A\cos^2\varphi + B\sin^2\varphi) + 2r\{(Al+D)\cos\varphi + (Bm+E)\sin\varphi\} + \lambda = 0,$

wo:

(3) $$\lambda = Al^2 + Bm^2 + 2Dl + 2Em + F.$$

Lösen wir diese Gleichung nach r auf, so erhalten wir den folgenden Ausdruck unter dem Wurzelzeichen:

(4) $$\begin{cases} w = \left((Al+D)^2 - A\lambda\right)\cos^2\varphi + \left((Bm+E)^2 - B\lambda\right)\sin^2\varphi \\ \qquad + 2(Al+D)(Bm+E)\cos\varphi\sin\varphi. \end{cases}$$

Nun kann hieraus entweder dann für jeden Wert von φ die Quadratwurzel gezogen werden, wenn das Produkt der Koeffizienten von $\cos^2\varphi$ und $\sin^2\varphi$ gleich dem Quadrate des Koeffizienten von $2\cos\varphi\sin\varphi$ ist, oder dann, wenn w überhaupt unabhängig von φ ist, wenn also der Koeffizient von $\cos^2\varphi$ gleich demjenigen von $\sin^2\varphi$ ist, und der Koeffizient von $2\cos\varphi\sin\varphi$ verschwindet; eine dritte Möglichkeit gibt es offenbar nicht. Im ersten Falle erhalten wir die Bedingung:

(5) $$\lambda\{AB\lambda - B(Al+D)^2 - A(Bm+E)^2\} = -\lambda\cdot\delta = 0,$$

wo (vergl. Gleichung (13) auf S. 67):

(6) $$\delta = AE^2 + BD^2 - ABF.$$

Der erste Fall wird also nur dann eintreten, wenn entweder der Pol ein Punkt des Kegelschnittes ist oder der Kegelschnitt aus zwei Geraden besteht; daß in diesen beiden Fällen r eine rationale Funktion von $\cos\varphi$ und $\sin\varphi$ wird, ist ja auch geometrisch evident und von geringem Interesse. Wir werden daher von diesem Falle absehen und uns zu dem zweiten wenden können.

Für ihn erhalten wir die beiden Bedingungen:

(7) $$(A-B)\lambda - (Al+D)^2 + (Bm+E)^2 = 0,$$

und:

(8) $$(Al+D)(Bm+E) = 0.$$

Bedingung (7) geht durch Ausrechnung über in:

(9) $$-ABl^2 + ABm^2 - 2BDl + 2AEm + (A-B)F - D^2 + E^2 = 0.$$

Betrachten wir hierin l und m als die Koordinaten eines veränderlichen Punktes, so ist durch diese Gleichung (9) nach den Sätzen 26 auf S. 70 und 25 auf S. 67 eine Hyperbel dargestellt, deren Hauptachsen: $Ax + D = 0$ und $By + E = 0$ mit denen des gegebenen Kegelschnittes zusammenfallen; für die Parabel ($A = 0$) geht diese Hyperbel in eine (zur Ordinatenachse parallele) Gerade über. Da nun der gesuchte Pol (l, m) nach (8) zugleich auf einer dieser Hauptachsen liegen muß, so ist er einer der beiden Scheitelpunkte der Hyperbel (9), resp. für die Parabel der Schnittpunkt der Hauptachse mit der Geraden (9). Es gibt demnach für die Ellipse und die Hyperbel zwei und nur zwei Pole der gesuchten Art und für die Parabel einen und nur einen. Wenn wir die Bezeichnung so wählen, daß der Pol auf der Hauptachse: $Bm + E = 0$ liegt, geht die Größe w unter dem Wurzelzeichen, da nach (7) $\lambda = \frac{1}{A-B}(Al + D)^2$ ist, über in:

$$(10) \qquad w = -B\lambda = \frac{B}{B-A}(Al + D)^2;$$

ist $A = B$, der Kegelschnitt also ein Kreis, so folgt ja aus (7) und (8) unmittelbar, daß der Mittelpunkt der gesuchte Pol ist.

In dem allgemeinen Falle (vergl. übrigens die von den besonderen Gleichungsformen ausgehenden Entwicklungen unten) erhalten wir nunmehr folgende Polargleichung des Kegelschnittes als Auflösung von Gleichung (2):

$$(11) \qquad r(A\cos^2\varphi + B\sin^2\varphi) = \frac{Al + D}{\sqrt{B-A}}(\sqrt{B} - \sqrt{B-A}\cos\varphi),$$

oder wegen:

$$(12) \qquad \begin{cases} A\cos^2\varphi + B\sin^2\varphi = B - (B - A)\cos^2\varphi \\ = (\sqrt{B} + \sqrt{B-A}\cos\varphi)(\sqrt{B} - \sqrt{B-A}\cos\varphi) \end{cases}$$

schließlich:

$$(13) \qquad r = \frac{Al + D}{\sqrt{B-A}} \frac{1}{\sqrt{B} + \sqrt{B-A}\cos\varphi}.$$

Zur Bestimmung von $Al + D$ setzen wir zuerst voraus, daß auch A von Null verschieden sei. Eliminiert man nämlich λ aus Gleichung (7) und der Identität (Gleichung (5)):

$$AB\lambda = B(Al + D)^2 + A(Bm + E)^2 - \delta,$$

so folgt:

$$(14) \qquad -B^2(Al + D)^2 + A^2(Bm + E)^2 + (B - A)\delta = 0\cdot$$

Es ist folglich:

$$(15) \qquad \frac{Al + D}{\sqrt{B-A}} = \frac{\pm\sqrt{\delta}}{B}.$$

Diese Formel bleibt aber, wenn wir das obere Zeichen nehmen, auch richtig für $A = 0$, so daß wir die folgende endgültige Form der Polargleichung unseres Kegelschnittes bezogen auf einen der gesuchten Pole finden:

$$(16) \qquad r = \frac{\sqrt{\delta}}{B} \frac{1}{\sqrt{B} + \sqrt{B-A}\cos\varphi},$$

wobei wir uns die Bestimmung der Vorzeichen für die besonderen Fälle vorbehalten; es kam hier nur auf die allgemeine Form der

Gleichung an, die nun jedenfalls unserer algebraischen Forderung entspricht.

Wenn wir jetzt an die Untersuchung der besonderen geometrischen Eigenschaften gehen, welche man von diesen Polen erwarten darf, so gehen wir von den besonderen Gleichungsformen des vorigen Paragraphen aus und fangen mit der Parabel (Fig. 43):

(17) $$y^2 = 2px$$

an. Für sie ist der ausgezeichnete Pol F derjenige Punkt der Hauptachse, dessen Abszisse der Gleichung (9) zufolge $l = \frac{1}{2}p$ ist. In der Tat liefert die Substitution: $x = \frac{p}{2} + r\cos\varphi$, $y = r\sin\varphi$ die Gleichung:

(18) $$r^2 = r^2\cos^2\varphi + 2pr\cos\varphi + p^2 = (p + r\cos\varphi)^2$$

oder, indem wir, damit r positiv resultiere, auf beiden Seiten die positive Wurzel ziehen:

(I) $$r = \frac{p}{1 - \cos\varphi}.$$

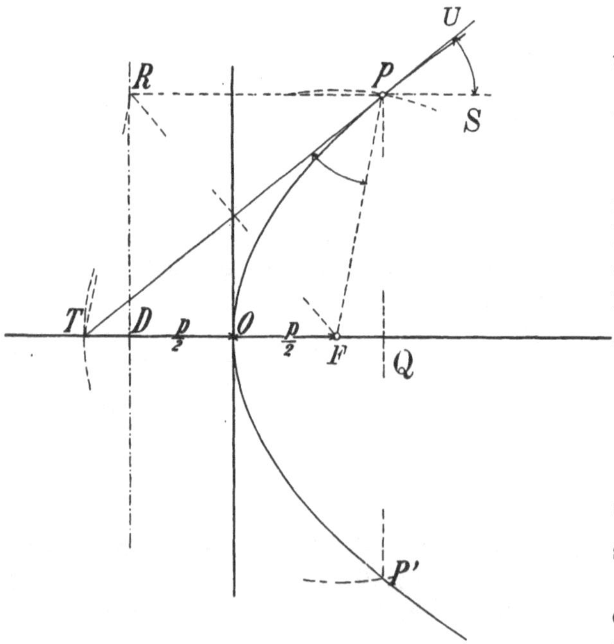

Fig. 43.

Da die Strecke $p + r\cos\varphi$ offenbar den Abstand RP des Parabelpunktes $P(r, \varphi)$ von einer zur Ordinatenachse parallelen Geraden bedeutet, die auf der Polarachse den Abschnitt $FD = -p$ oder auf der ursprünglichen Abszissenachse den Abschnitt $OD = -\frac{p}{2}$ macht, so besagt offenbar Gleichung (18), daß *die Parabel der Ort der Punkte ist, welche von dem Pole F und der Geraden DR gleichweit abstehen.* Will man hiernach die zur Abszisse OQ gehörigen Parabelpunkte P und P' konstruieren, so braucht man nur um F als Mittelpunkt den Kreis mit dem Radius

$DQ = FP = FP'$ zu schlagen. Was die Konstruktion der Tangente PT in P betrifft, so ist sie die Senkrechte von P auf RF. Da nämlich jeder Punkt dieser Senkrechten von F und R gleichweit entfernt ist, so ist P der einzige Punkt derselben, der von F und RD gleichen Abstand hat, also der einzige Punkt der Parabel auf PT, diese Gerade ist demnach, da sie der Achse nicht parallel ist, eine Tangente der Parabel. In der Tat ist $TFPR$ ein gleichseitiges Parallelogramm, also $TF = RP = DQ$, folglich, weil O in der Mitte zwischen D und F liegt, ist O auch die Mitte von TQ (vergl. S. 79). Wir sehen also, daß auch T auf dem obigen Kreise liegt, so daß der Kreis zugleich zwei Punkte der Parabel und den Schnittpunkt ihrer beiden Tangenten liefert.

Bezeichnen wir ferner mit S und U Punkte der Verlängerungen von $\overrightarrow{RP}$ und $\overrightarrow{TP}$, so ist offenbar $\sphericalangle UPS = \sphericalangle TPF$, d. h. jeder parallel zur Achse der Parabel einfallende Lichtstrahl wird durch diese als Spiegel nach F reflektiert; aus diesem Grunde wird F Brennpunkt oder Focus der Parabel genannt.

Da die eine Diagonale FR des gleichseitigen Parallelogramms $TFPR$ auf der anderen Diagonale TP senkrecht steht und sie halbiert, so liegt der Schnittpunkt dieser beiden Diagonalen auf der Scheiteltangente der Parabel, diese Tangente ist folglich der Ort der Fußpunkte der vom Brennpunkte auf die Tangenten der Parabel gefällten Lote. Hiernach kann man, wenn der Brennpunkt und die Scheiteltangente der Parabel gegeben sind, leicht beliebig viel Tangenten derselben konstruieren, wobei man die Parabel wieder als Hüllkurve erhält.

Wir können nunmehr die Brennpunktseigenschaften der Parabel in den folgenden Satz zusammenfassen:

29. *Auf der Achse jeder Parabel $y^2 = 2px$ liegt in der Entfernung $\frac{p}{2}$ vom Scheitelpunkte ein Pol, in Beziehung auf welchen die Parabel die Polargleichung:*

$$r = \frac{p}{1 - \cos\varphi} \tag{I}$$

besitzt, wenn die Achse der Parabel zugleich Polarachse ist. Dieser Pol heißt Brennpunkt der Parabel, weil jeder parallel zur Achse einfallende Lichtstrahl durch die Parabel als Spiegel in diesen Brennpunkt reflektiert wird. Die Parabel ist zugleich der Ort derjenigen Punkte, welche vom Brennpunkte und der Leitlinie, d. h. einer zur Achse senkrechten und diese in der Entfernung $-\frac{p}{2}$ vom Scheitelpunkte schneidenden Geraden gleich weit entfernt sind. Die Fußpunkte der Lote vom Brennpunkte auf die Tangenten der Parabel liegen sämtlich auf der Scheiteltangente.

Wenn wir uns zweitens zur Untersuchung der Ellipse (Fig. 44) wenden, so werden wir auch hier von der Hauptachsengleichung:

(19) $$\frac{x^2}{a^2} + \frac{y^2}{b^2} - 1 = 0$$

ausgehen. Dann ergibt Gleichung (9) als den einen Ort des gesuchten Poles die gleichseitige Hyperbel:

(20) $$x^2 - y^2 = a^2 - b^2,$$

die beiden Pole sind also die auf der großen Achse der Ellipse gelegenen Scheitelpunkte F und F' dieser Hyperbel mit den Koordi-

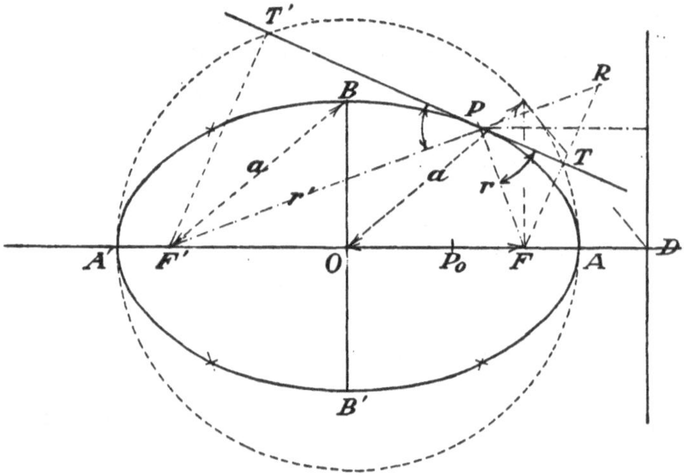

Fig. 44.

naten: $l = \pm\sqrt{a^2 - b^2} = \pm c$, $m = 0$. Sie werden also auf der großen Achse ausgeschnitten durch einen Kreis mit dem Radius a um einen der Scheitelpunkt der kleinen Achse als Mittelpunkt.

Machen wir nunmehr in Gleichung (19) oder:

(21) $$b^2x^2 + a^2y^2 = a^2b^2$$

die Substitution: $y^2 = r^2 - (x - c)^2$, wo also r der Radiusvektor von dem Pole F nach irgend einem Punkte P (x, y) der Ellipse ist, so geht diese Gleichung über in:

(22) $$a^2r^2 = x^2(a^2 - b^2) - 2a^2xc + a^2b^2 + a^2c^2 = (a^2 - xc)^2.$$

Ziehen wir hieraus die Wurzel so, daß r für alle x zwischen $-a$ und $+a$ — und nur diese kommen in Betracht — positiv resultiere, so ergibt sich wegen $c < a$:

(23ᵃ) $$r = a - \varepsilon x,$$

wo $\varepsilon = \frac{c}{a}$ die sogenannte numerische Exzentrizität der Ellipse ist, während c die lineare Exzentrizität genannt wird, weil c und ε für diejenigen Pole, welche Eigenschaften des Kreiszentrums besitzen, das Maß ihrer Abweichung von Zentrum der Ellipse bilden. Wir werden offenbar in entsprechender Weise für den zweiten Pol F' die Gleichung:

(23[b]) $$r' = a + \varepsilon x$$

erhalten, wo r' den Radiusvektor von F' nach demselben Punkte P bedeutet. Aus diesen beiden Gleichungen folgt:

(24) $$r + r' = 2a,$$

die Ellipse ist folglich der Ort derjenigen Punkte P, für welche die Summe der Entfernungen von den beiden Polen F und F' konstant ist (Verzeichnung der Ellipse vermittelst eines Stiftes, der einen geschlossenen, um in F und F' befindliche Nadeln geschlungenen Faden von der Länge $2c + 2a$ spannt). Ist daher P_0 irgend ein Punkt der großen Achse zwischen den beiden Scheitelpunkten A und A', so schneiden sich die beiden Kreise um F und F' mit den Radien AP_0 und $A'P_0$ in zwei Punkten P und P' der Ellipse.

Da $OP_0 = r' - a = a - r = \varepsilon x$ ist, so ist $BP_0{}^2 = b^2 + \varepsilon^2 x^2 = b^2 + x^2 - \frac{b^2}{a^2}x^2 = x^2 + y^2 = OP^2$ oder $BP_0 = OP$; hiernach ist es leicht mit Zirkel und Lineal diejenigen Punkte zu konstruieren, welche die Ellipse mit einem konzentrischen Kreise gemein hat.

Verlängert man die Strecke $\overrightarrow{F'P}$ um $PR = PF$, so daß $F'R = 2a$ ist, so ist das Lot von P auf FR die Tangente der Ellipse in P. Für jeden von P verschiedenen Punkt T dieses Lotes ist nämlich $F'T + FT = F'T + TR > F'R = 2a$, folglich liegt dieses Lot ganz außerhalb der Ellipse, is also die Tangente in P. Demnach bilden $F'P$ und FP mit den ihnen zugekehrten Seiten dieser Tangente gleiche Winkel. Setzen wir in der Tat $N = \sqrt{\frac{x^2}{a^4} + \frac{y^2}{b^4}}$, so ist nach Formel (2) auf S. 73 und (VI) auf S. 45 das Lot FT auf die Tangente $= \frac{1}{N}\left(1 - \frac{c}{a^2}x\right) = \frac{r}{aN}$ und ebenso das Lot $F'T' = \frac{r'}{aN}$, also ist $FT : F'T' = FP : F'P$ oder $\triangle PTF \sim PT'F'$. Da hiernach der von F' ausgehenden Lichstrahl $F'P$ durch die Ellipse als Spiegel nach F reflektiert wird und umgekehrt, so werden auch die beiden Pole F und F' Brennpunkte oder Foci der Ellipse genannt.

Gleichung (23[a]) können wir offenbar in die folgende Form setzen:

(25) $$r = \varepsilon\left(\frac{a^2}{c} - x\right);$$

diese Gleichung besagt, daß die Entfernungen jedes Punktes der Ellipse von dem Brennpunkte F und der zugehörigen Leitlinie, d. i. einer zur großen Achse senkrechten Geraden, welche auf dieser den Abschnitt $OD = \frac{a^2}{c}$ macht, das konstante Verhältnis $\varepsilon = \frac{c}{a}$ haben (vergl. 3. Aufg. auf S. 71). Dasselbe folgt natürlich aus Gleichung (23^b) für den zweiten Brennpunkt F' und die zugehörige Leitlinie $x = -\frac{a^2}{c}$.

Aus den Gleichungen (23^a) und (23^b) ergeben sich nun auch unmittelbar die Polargleichungen der Ellipse in Beziehung auf die beiden Pole F und F' und die positive Abszissenachse als Polarachse, wenn wir setzen $x = c + r\cos\varphi$ resp. $-c + r'\cos\varphi'$, nämlich:

$$(\mathrm{II}^a)\qquad r = \frac{p}{1+\varepsilon\cos\varphi} \qquad \text{und} \qquad (\mathrm{II}^b)\quad r' = \frac{p}{1-\varepsilon\cos\varphi'},$$

wo, wie früher $\frac{b^2}{a} = p$ gesetzt wurde; es bedeutet hiernach p die zu den Brennpunkten gehörige Ordinate der Ellipse.

Die Brennpunktseigenschaften der Ellipse können wir daher in den folgenden Satz zusammenfassen:

30. *Auf der großen Achse jeder Ellipse:* $\frac{x^2}{a^2} + \frac{y^2}{b^2} = 1\ (a > b)$ *liegen in der Entfernung* $\pm c = \pm\sqrt{a^2 - b^2}$ *vom Mittelpunkte zwei Pole, in Beziehung auf welche die Ellipse die Polargleichungen:*

$$(\mathrm{II})\qquad r = \frac{p}{1 \pm \varepsilon\cos\varphi}$$

besitzt, wenn die positive Abszissenachse zugleich Polarachse und $p = \frac{b^2}{a}$, $\varepsilon = \frac{c}{a}$ *ist. Diese Pole heißen Brennpunkte der Ellipse, weil jeder von dem einen Pole ausgehende Lichtstrahl von der Ellipse als Spiegel in den anderen Pol reflektiert wird. Die Ellipse ist zugleich der Ort derjenigen Punkte, für welche die Summe der Entfernungen von den beiden Brennpunkten gleich der großen Achse* $2a$ *ist, und das Verhältnis der Entfernungen von einem Brennpunkte und der zugehörigen Leitlinie, d. h. einer zur großen Achse senkrechten und vom Mittelpunkte um* $\pm\frac{a^2}{c}$ *entfernten Geraden,* $= \varepsilon$ *ist.*

Wenn wir schließlich zu der auf ihre Hauptachsen bezogenen Hyperbel (Fig. 45):

$$(26)\qquad \frac{x^2}{a^2} - \frac{y^2}{b^2} = 1$$

übergehen, so brauchen wir in den entsprechenden Formeln für die Ellipse nur b^2 mit $-b^2$ zu vertauschen. Die beiden Pole F und F'

liegen demnach hier auf der schneidenden Hauptachse und haben die Abszissen $\pm c = \pm \sqrt{a^2 + b^2}$; diese Pole liegen daher auf einem Kreise um den Mittelpunkt der Hyperbel durch die Schnittpunkte der Asymptoten mit den Scheiteltangenten. Durch die Substitution: $y^2 = r^2 - (x - c)^2$ werden wir der Gleichung (22) entsprechend erhalten:

(27) $$a^2 r^2 = (a^2 - xc)^2.$$

Ziehen wir hier die Quadratwurzel so, daß r für alle x zwischen

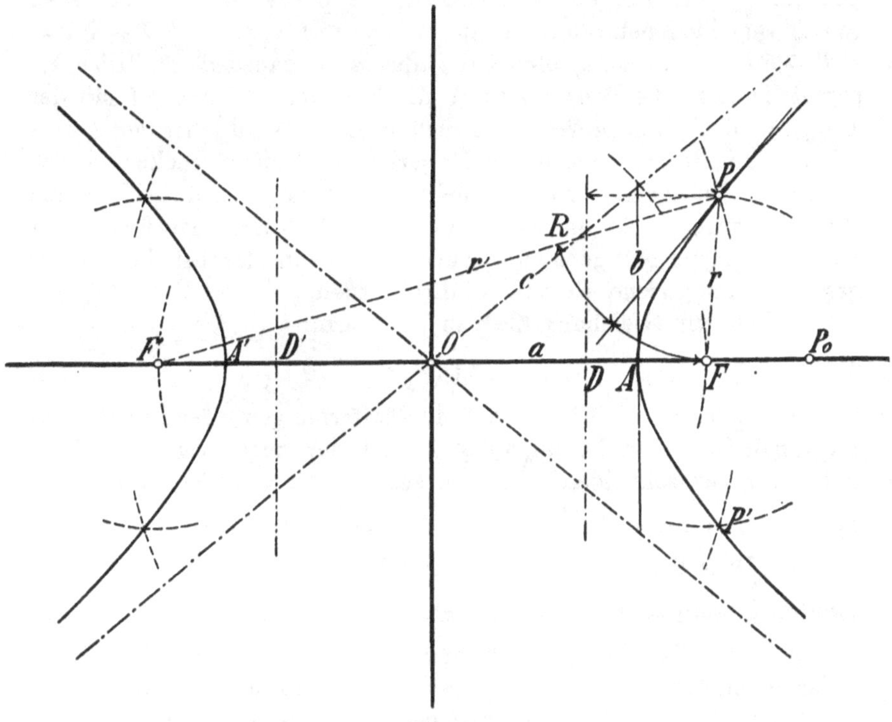

Fig. 45.

a und $+\infty$ — und nur diese kommen für den einen Zweig der Hyperbel in Betracht — positiv resultiere, so folgt:

(28ᵃ) $$r = \varepsilon x - a,$$

da ja hier $\varepsilon x = cx : a$ stets $> a$ ist. In entsprechender Weise erhalten wir für den zweiten Pol F' und für denselben Zweig der Hyperbel:

(28ᵇ) $$r' = \varepsilon x + a.$$

Aus diesen beiden Gleichungen folgt:

(29) $$r' - r = 2a,$$

die Hyperbel ist folglich der Ort derjenigen Punkte P, für welche die Differenz der Entfernungen von den beiden Polen F' und F konstant ist. Ist daher P_0 irgend ein Punkt der schneidenden Achse außerhalb der beiden Scheitelpunkte A und A', so schneiden sich die beiden Kreise um F und F' mit den Radien AP_0 und $A'P_0$ in zwei Punkten P und P' der Hyperbel. Auch hier ist $OP_0 = \varepsilon x = \sqrt{OP^2 + b^2}$, woraus das Entsprechende wie bei der Ellipse folgt. Machen wir das Stück PR des Strahles PF' dem Strahle PF gleich, so ist das Lot von P auf FR die Tangente der Hyperbel in P. Für jeden von P verschiedenen Punkt T dieses Lotes ist nämlich $F'T - FT = F'T - RT < F'R = 2a$, folglich liegt dieses Lot ganz außerhalb der Hyperbel, ist also die Tangente in P. Da hiernach $F'P$ und FP mit der Tangente in P gleiche Winkel einschließen, so wird jeder von F ausgehende Lichtstrahl durch die Hyperbel als Spiegel rückwärts verlängert in den anderen Pol F' reflektiert und umgekehrt. Aus diesem Grunde werden auch die beiden Pole F und F' Brennpunkte oder Foci der Hyperbel genannt. Auch hier kann der bei der Ellipse gegebene analytische Beweis geführt werden.

Indem wir Gleichung (28^a) in die Form:

$$(30) \qquad r = \varepsilon\left(x - \frac{a^2}{c}\right)$$

setzen, schließen wir wieder, daß die Entfernungen jedes Punktes der Hyperbel von dem Brennpunkte F und der zugehörigen Leitlinie, d. i. einer zur schneidenden Achse senkrechten Geraden, welche auf dieser den Abschnitt $\frac{a^2}{c}$ macht, das konstante Verhältnis $\varepsilon = \frac{c}{a}$ haben. Dasselbe gilt natürlich der Gleichung (28^b) zufolge für den zweiten Brennpunkt und die zugehörige Leitlinie $x = -\frac{a^2}{c}$.

Aus den Gleichungen (28^a) und (28^b) ergeben sich nun auch die Polargleichungen der Hyperbel, bezogen auf die beiden Brennpunkte als Pole und die positive Abszissenachse als Polarachse, in der Form:

$$(\text{III}^a) \quad r = \frac{p}{1 - \varepsilon\cos\varphi}, \qquad (\text{III}^b) \quad r' = -\frac{p}{1 - \varepsilon\cos\varphi'};$$

hierbei erhalten wir den den Brennpunkt (c, o) einschließenden Zweig der Hyperbel, wenn φ von α bis $360^0 - \alpha$ resp. φ' von $-\alpha$ bis $+\alpha$ läuft, wo α die Amplitude einer diesem Zweige zugekehrten Asymptote ist ($\operatorname{tg}\alpha = b : a$). Die Brennpunktseigenschaften der Hyperbel können wir nunmehr in dem folgenden Satze aussprechen:

31. *Auf der schneidenden Achse jeder Hyperbel:* $\frac{x^2}{a^2} - \frac{y^2}{b^2} = 1$ *liegen in der Entfernung* $\pm c = \pm\sqrt{a^2 + b^2}$ *vom Mittelpunkte zwei*

Pole, in Beziehung auf welche die Hyperbel die beiden Polargleichungen:

(III) $$r = \frac{\pm p}{1 - \varepsilon \cos \varphi}$$

besitzt, wenn die positive Abszissenachse zugleich Polarachse und $p = \frac{b^2}{a}$, $\varepsilon = \frac{c}{a}$ *ist. Diese Pole heißen Brennpunkte der Hyperbel, weil jeder von einem Pole ausgehende Lichtstrahl von der Hyperbel als Spiegel rückwärts verlängert in den andern Brennpunkt reflektiert wird. Die Hyperbel ist zugleich der Ort derjenigen Punkte, für welche die Differenz der Entfernungen von den beiden Brennpunkten gleich der schneidenden Achse* $2a$ *ist, und das Verhältnis der Entfernungen von einem Brennpunkte und der zugehörigen Leitlinie, d. h. einer zur schneidenden Achse senkrechten und vom Mittelpunkte um* $\pm \frac{a^2}{c}$ *entfernten Geraden,* $= \varepsilon$ *ist.*

Wenn wir schließlich die allen drei Kegelschnitten gemeinsamen Brennpunktseigenschaften zusammenfassen wollen, so finden wir zuerst, daß in Beziehung auf einen Brennpunkt als Pol und die ihn enthaltende Hauptachse als Polarachse jeder Kegelschnitt die Polargleichung:

(IV) $$r = \frac{p}{1 - \varepsilon \cos \varphi}$$

hat, wo für die Ellipse $\varepsilon < 1$ ($\varepsilon = o$ für den Kreis), für die Parabel $\varepsilon = 1$ und für die Hyperbel $\varepsilon > 1$ ist. Zweitens sehen wir, daß wir jeden Kegelschnitt auffassen können als den Ort derjenigen Punkte, für welche das Verhältnis der Entfernungen von dem Brennpunkte und der zugehörigen Leitlinie den konstanten Wert ε hat (vergl. Aufg. 3 in § 7). Drittens werden die von dem einen Brennpunkte eines Kegelschnittes ausgehenden Lichtstrahlen durch diesen als Spiegel entweder direkt oder rückwärts verlängert in den anderen Brennpunkt reflektiert, wobei man für die Parabel annehmen muß, daß der andere Brennpunkt parallel zur Achse ins Unendliche verschwunden ist. Dieser Annahme entsprechend können wir endlich auch jeden Kegelschnitt auffassen als Ort der Punkte, welche von dem einen Brennpunkte und von einem um den anderen Brennpunkt mit der ihn enthaltenden Achse als Radius beschriebenen Kreise gleichweit entfernt sind; denn dieser Kreis geht für die Parabel in die Leitlinie über, für die Ellipse liegt der eine Brennpunkt innerhalb, für die Hyperbel außerhalb des Kreises um den anderen Brennpunkt.

---

1. Aufgabe. Man bestimme die Brennpunkte nach der im Anfange des Paragraphen entwickelten Methode, indem man von der Scheitel-

gleichung $\alpha x^2 + y^2 - 2px = 0$ der Kegelschnitte ausgeht, wo α für die Ellipse, Parabel, Hyperbel die Werte $\frac{p}{a}$, 0, $-\frac{p}{a}$ resp. hat.

2. Aufgabe. Man stelle nach Satz 19[a] in § 5 auf S. 47 die Gleichungen der Halbierungslinien des Winkels auf, den der Durchmesser durch irgend einen Punkt der Parabel mit dem Strahle nach dem Brennpunkte bildet, und beweise, daß die Halbierungslinien Tangente und Normale der Parabel sind.

Die beiden Gleichungen sind:

$$(x - x_1)y_1 - (y - y_1)\left(x_1 - \frac{p}{2} \pm (x_1 + \frac{p}{2})\right) = 0,$$

deren Identität mit den Gleichungen der Tangente und Normale auf Grund von $y_1^2 = 2px_1$ nachzuweisen ist.

3. Aufgabe. Man mache die analoge Untersuchung für die Halbierungslinien des Winkels, den die Strahlen von einem Punkte einer Ellipse oder Hyperbel nach den beiden Brennpunkten bilden.

4. Aufgabe. Man bestimme den Ort der Fußpunkte der Lote von dem Brennpunkte einer Parabel auf deren Tangenten. (Formel (8) auf S. 45).

Der Ort ist die Scheiteltangente.

5. Aufgabe. Man bestimme den Ort der Fußpunkte der Lote von den Brennpunkten einer Ellipse oder Hyperbel auf deren Tangenten.

Der Ort ist der konzentrische Kreis mit dem Radius a.

6. Aufgabe. Man bestimme den Ort der Punkte, für welche die Summe resp. Differenz der Entfernungen von zwei festen Punkten konstant ist.

Man nehme die beiden festen Punkte auf der Abszissenachse in gleichem Abstande vom Anfangspunkte an und bringe die beiden Wurzelzeichen der Bedingungsgleichung dadurch fort, daß man vor dem Quadrieren auf der einen Seite nur eine Wurzel beläßt.

7. Aufgabe. Zwei feste Tangenten einer Parabel schneiden auf einer veränderlichen Tangente derselben ein Stück aus, welches vom Brennpunkte aus unter konstantem Winkel gesehen wird.

8. Aufgabe. Die Brennpunkte einer Ellipse oder Hyperbel liegen auf einem Kreise über demjenigen Stücke irgend einer Tangente als Durchmesser, welches zwischen den Scheiteltangenten der großen resp. schneidenden Achse liegt.

9. Aufgabe. Tangente und Normale einer Ellipse schneiden von der großen Halbachse Stücke ab, deren Produkt gleich dem Quadrate der linearen Exzentrizität ist.

10. Aufgabe. Die Tangenten eines Kegelschnittes in den Endpunkten einer durch den Brennpunkt gehenden Sehne schneiden

sich in einem Punkte, dessen Verbindungslinie mit dem Brennpunkte auf der Sehne senkrecht steht.

Man gehe von der Polargleichung für den Brennpunkt als Pol aus und beweise zunächst, indem man zuerst wieder zu rechtwinkligen Koordinaten übergeht, aus Satz 24 in § 7 auf S. 65, daß die Polargleichung jeder Tangente im Punkte $(r_1, \varphi_1): r = \frac{p}{\cos(\varphi - \varphi_1) - \varepsilon \cos\varphi}$ ist, woraus der Satz sofort folgt, weil $\cos(\varphi - \varphi_1)$ nur dann $= \cos(\varphi - \varphi_1 - 180^0)$ ist, wenn $\varphi - \varphi_1 = 90^0$ oder $= 270^0$ wird.

§ 10.

Transformation der allgemeinen Kegelschnittgleichung auf die Hauptachsen.

Wir waren bisher immer von derjenigen Kegelschnittgleichung ausgegangen, welche aus der Scheitelgleichung (Gleichung (1) auf S. 63) durch Parallelverschiebung entsteht, wir hatten also die Koordinatenachsen stets parallel zu den Hauptachsen des Kegelschnittes angenommen. Wenn aber ein Kegelschnitt als irgend ein geometrischer Ort gegeben ist, so lassen sich im allgemeinen die Richtungen der Hauptachsen von vornherein nicht ohne weiteres angeben. Wir werden deshalb den Kegelschnitt auch auf beliebige Achsen beziehen und zusehen müssen, wie wir aus einer solchen Kegelschnittgleichung, welche auf irgend ein System rechtwinkeliger Achsen bezogen ist, die Hauptachsen des Kegelschnittes bestimmen können. Unterwerfen wir das Koordinatensystem, auf welches die Scheitelgleichung des Kegelschnittes bezogen ist, der allgemeinen Transformation des Satzes 4 in § 2 auf S. 23, so geht diese Scheitelgleichung nach Multiplikation mit irgend einer Konstanten offenbar über in:

$$(1) \qquad Ax^2 + By^2 + 2Cxy + 2Dx + 2Ey + F = 0,$$

und es ist dies offenbar die allgemeinste Gleichung 2. Grades und 2. Dimension in x und y. Es wird hier alles darauf ankommen, diese Gleichung durch Drehung des Koordinatensystems auf eine Form zu bringen, in der das Produkt der beiden Koordinaten fortfällt; denn dann haben wir ja diejenige Gleichungsform, von welcher wir in § 7 ausgegangen sind.

Drehen wir das Koordinatensystem um die Amplitude α, setzen also (Satz 3ª in § 2 auf S. 23):

$$(1) \qquad x = x'\cos\alpha - y'\sin\alpha,\ y = x'\sin\alpha + y'\cos\alpha,$$

so geht Gleichung (I) über in:

(2) $$A'x'^2 + B'y'^2 + 2C'x'y' + 2D'x' + 2E'y' + F = 0,$$

wo:

(3) $$A' = A\cos^2\alpha + B\sin^2\alpha + 2C\cos\alpha\sin\alpha,$$

(4) $$B' = A\sin^2\alpha + B\cos^2\alpha - 2C\cos\alpha\sin\alpha,$$

(5) $$C' = (B - A)\cos\alpha\sin\alpha + C(\cos^2\alpha - \sin^2\alpha),$$

(6) $$D' = D\cos\alpha + E\sin\alpha,$$

(7) $$E' = -D\sin\alpha + E\cos\alpha.$$

Soll also $C' = 0$ sein, so finden wir, weil $2\cos\alpha\sin\alpha = \sin 2\alpha$ und $\cos^2\alpha - \sin^2\alpha = \cos 2\alpha$, für 2α die folgende Bedingung:

(8) $$\operatorname{tg} 2\alpha = \frac{2C}{A-B}.$$

Hierdurch ist 2α bis auf Vielfache von 180^0, α also bis auf Vielfache von 90^0 bestimmt; das Koordinatensystem selbst ist also vollkommen bestimmt, und es handelt sich nur darum, welche von den vier Hälften zweier rechtwinkeliger Geraden wir als die positive x'-Achse wählen wollen. Wir kommen hierauf noch zurück und bemerken nur noch, daß α nur dann unbestimmt wird, wenn gleichzeitig $C = 0$ und $A = B$ ist; dann stellt in der Tat Gleichung (1) einen Kreis dar, es fehlt in ihr also für jedes rechtwinkelige Koordinatensystem das Produkt der Koordinaten.

Aus den Gleichungen (3) und (4) folgt leicht:

(9) $$A' + B' = A + B,$$

(10) $$A' - B' = (A - B)\cos 2\alpha + 2C\sin 2\alpha$$
$$= \cos 2\alpha\left\{(A - B) + 2C\operatorname{tg} 2\alpha\right\} = \frac{\cos 2\alpha}{A - B}\left\{(A - B)^2 + 4C^2\right\}$$

oder:

(11) $$(A' - B')^2 = \frac{((A - B)^2 + 4C^2)^2}{(A - B)^2(1 + \operatorname{tg}^2 2\alpha)} = (A - B)^2 + 4C^2.$$

Hieraus folgt:

(12) $$A'B' = \tfrac{1}{4}\{(A' + B')^2 - (A' - B')^2\} = AB - C^2.$$

Um hiernach Satz 26 in § 7 auf S. 70 anwenden zu können, haben wir noch die Größe:

$$\delta' = A'E'^2 + B'D'^2 - A'B'F$$

durch die Koeffizienten der Gleichung (I) auszudrücken.

Wir merken zu diesem Zwecke zunächst die aus (10) und (8) folgende Relation:

(13) $$(A' - B')\cos 2\alpha =$$
$$A - B - \sin(2\alpha)\left((A - B)\sin(2\alpha) - 2C\cos(2\alpha)\right) = A - B$$

an. Unter Berücksichtigung der Identitäten $2\cos^2\alpha = 1 + \cos 2\alpha$ und $2\sin^2\alpha = 1 - \cos 2\alpha$ finden wir weiter:

$$(14)\qquad 2D'^2 = D^2 + E^2 + (D^2 - E^2)\cos 2\alpha + 2DE\sin 2\alpha,$$

$$(15)\qquad 2E'^2 = D^2 + E^2 - (D^2 - E^2)\cos 2\alpha - 2DE\sin 2\alpha.$$

Hieraus folgt:

$$(16)\quad \begin{cases} 2\delta' = (D^2 + E^2)(A + B) - (A' - B')\cos 2\alpha\,(D^2 - E^2 + 2DE\operatorname{tg} 2\alpha) \\ -2(AB - C^2)F = (D^2 + E^2)(A + B) - (A - B)(D^2 - E^2) - 4CDE \\ -2(AB - C^2)F = 2(AE^2 + BD^2 - 2CDE - ABF + C^2F). \end{cases}$$

Aus dem Satze 26 können wir hiernach den folgenden ableiten:

32. *Durch die Gleichung:*

$$(\mathrm{I})\qquad Ax^2 + By^2 + 2Cxy + 2Dx + 2Ey + F = 0$$

ist, falls die Größe:

$$\delta' = \delta = AE^2 + BD^2 - 2CDE - ABF + C^2F$$

von Null verschieden ist und nicht gleichzeitig $AB - C^2$ *positiv,* $(A + B)\delta$ *hingegen negativ ist, stets einer der drei Kegelschnitte dargestellt. Dieser Kegelschnitt ist eine Ellipse, Hyperbel oder Parabel, je nachdem* $AB - C^2 > 0$, < 0 *oder* $= 0$ *ist.*

Was die Bestimmung des Drehungswinkels α betrifft, so folgt aus (8):

$$(17)\qquad \cos 2\alpha = \frac{A - B}{\sqrt{(A - B)^2 + 4C^2}},\quad \sin 2\alpha = \frac{2C}{\sqrt{(A - B)^2 + 4C^2}},$$

also:

$$(18)\qquad \operatorname{tg}\alpha = \frac{1 - \cos 2\alpha}{\sin 2\alpha} = \frac{\sqrt{(A - B)^2 + 4C^2} - (A - B)}{2C}.$$

Gibt man hierin der Wurzel ein bestimmtes Vorzeichen, so ist α bis auf Vielfache von 180^0 bestimmt, was darauf hinauskommt, daß man die positive Seite der x'-Achse noch willkürlich festsetzen kann. Diese Formeln vereinfachen sich wesentlich, wenn der Kegelschnitt eine Parabel ist, also $AB = C^2$. Dann geht nämlich die Größe unter dem Wurzelzeichen in $(A + B)^2$ über, es wird also, je nachdem wir der Wurzel dasselbe oder das entgegengesetzte Zeichen wie $A + B$ geben, $\operatorname{tg}\alpha = \frac{B}{C}$ oder $= -\frac{A}{C}$; im ersten Falle wird B', im zweiten A' verschwinden, wie aus den Gleichungen (3) und (4) hervorgeht. Dasselbe folgt auch aus den Formeln:

$$(19)\quad \begin{cases} 2A' = A + B + (A - B)\cos 2\alpha + 2C\sin 2\alpha \\ \quad\;\; = A + B + \sqrt{(A - B)^2 + 4C^2}, \end{cases}$$

$$(20)\quad \begin{cases} 2B' = A + B - (A - B)\cos 2\alpha - 2C\sin 2\alpha \\ \quad\;\; = A + B - \sqrt{(A - B)^2 + 2C^2}. \end{cases}$$

Wollen wir mit den Festsetzungen in § 7 in Übereinstimmung bleiben, so werden wir der Wurzel stets das entgegengesetzte Vorzeichen geben wie δ. Dann ist nämlich im Falle der Parabel, weil hier $\delta = \frac{1}{A}(AE - DC)^2 = \frac{1}{B}(BD - EC)^2$ ist, die Wurzel von dem entgegengesetzten Zeichen wie A und B, also auch wie $A + B$, so daß $A' = 0$ wird und:

$$\text{(21)} \qquad \operatorname{tg} \alpha = -\frac{A}{C} = -\frac{C}{B}.$$

Weil ferner nach dieser Festsetzung $\delta'(B' - A') = -\delta\sqrt{(A-B)^2 + 4C^2}$ stets positiv sein muß, so können wir je nachdem es sich um eine Ellipse oder Hyperbel handelt, setzen (Gleichungen (17) und (20), S. 68 u. 69):

$$\text{(22)} \qquad a^2 = \frac{\delta'}{A'^2 B'}, \quad \text{und} \quad \pm b^2 = \frac{\delta'}{A' B'^2};$$

denn dann ist $a^2 \mp b^2 = \frac{\delta'(B' - A')}{A'^2 B'^2}$ stets positiv, also im Falle der Ellipse $a > b$ und im Falle der Hyperbel, wo $\delta' A'$ und $\delta' B'$ von verschiedenem Zeichen sind, $\delta' B'$ positiv, demnach $\delta' A'$ negativ.

Aus den Formeln (22) folgt noch:

$$\text{(23)} \qquad a^2 \pm b^2 = \frac{\delta'(A' + B')}{A'^2 B'^2} = \frac{\delta(A + B)}{(AB - C^2)^2}$$

und:

$$\text{(24)} \qquad \pm a^2 b^2 = \frac{\delta'^2}{A'^3 B'^3} = \frac{\delta^2}{(AB - C^2)^3},$$

woraus die Halbachsenquadrate direkt bestimmt werden können.

Soll für den Fall, daß $AB - C^2 \gtrless 0$, der Mittelpunkt eines durch Gleichung (I) dargestellten Kegelschnittes gefunden werden, so bestimmt man denselben besser direkt als denjenigen Punkt (l, m), in welchem alle ihn enthaltenden Sehnen halbiert werden. Setzen wir nämlich wieder:

$$\text{(25)} \qquad x = l + u \cos \varphi, \qquad y = m + u \sin \varphi,$$

so erhalten wir für den Radiusvektor u, der durch (l, m) unter der Amplitude φ nach dem Punkte (x, y) des Kegelschnittes gezogen ist, die folgende quadratische Gleichung:

$$\text{(26)} \qquad \begin{cases} Al^2 + Bm^2 + 2Clm + 2Dl + 2Em + F \\ \quad + 2u\{(Al + Cm + D)\cos\varphi + (Cl + Bm + E)\sin\varphi\} \\ \quad + u^2(A\cos^2\varphi + B\sin^2\varphi + 2C\cos\varphi\sin\varphi) = 0. \end{cases}$$

Soll nun (l, m) Mittelpunkt des Kegelschnittes sein, so muß diese Gleichung für jeden Wert von φ zwei entgegengesetzt gleiche Wurzeln haben. Hierfür ist die notwendige und hinreichende Bedingung das Bestehen der Gleichungen:

(27)
$$\begin{cases} Al + Cm + D = 0, \\ Cl + Bm + E = 0, \end{cases}$$

woraus folgt:

(28)
$$l = \frac{CE - BD}{AB - C^2}, \quad m = \frac{CD - AE}{AB - C^2};$$

auch diese Gleichungen lehren, daß der Mittelpunkt nur dann ins Unendliche rücken kann, wenn $AB - C^2 = 0$ ist.

Verschwindet zugleich der Koeffizient von u^2 in Gleichung (26), so hat sie unendlich große Wurzeln, oder die Endpunkte des Durchmessers rücken ins Unendliche, die zugehörige durch:

$$\operatorname{tg} \varphi = \frac{-C \pm \sqrt{C^2 - AB}}{B}$$

bestimmte Amplitude ist also im Falle der Hyperbel diejenige einer ihrer Asymptoten.

Wir können als Resultat unserer Betrachtungen den folgenden Satz aussprechen:

33. *Ist durch Gleichung (I) eine Parabel dargestellt, ist also* $AB - C^2 = 0$, *so besitzt deren Hauptachse die durch*

(III)
$$\operatorname{tg} \alpha = -\frac{A}{C} = -\frac{C}{B}$$

bestimmte Amplitude α. *Stellt Gleichung (I) eine Ellipse oder Hyperbel dar, so ist deren Gleichung, bezogen auf den Mittelpunkt:*

(IV)
$$l = \frac{CE - BD}{AB - C^2}, \quad m = \frac{CD - AE}{AB - C^2}$$

als Anfangspunkt und in Beziehung auf ein um die Amplitude α *gedrehtes System, wo:*

(V)
$$\operatorname{tg} \alpha = \frac{\sqrt{(A - B)^2 + 4C^2} - (A - B)}{2C},$$

die folgende:

$$\frac{x'^2}{a^2} \pm \frac{y'^2}{b^2} = 1,$$

wo:

(VI)
$$\begin{cases} a^2 = \dfrac{\delta}{2(AB - C^2)^2}\left(A + B - \sqrt{(A - B)^2 + 4C^2}\right), \\ \pm b^2 = \dfrac{\delta}{2(AB - C^2)^2}\left(A + B + \sqrt{(A - B)^2 + 4C^2}\right); \end{cases}$$

hier ist der Wurzel stets das entgegengesetzte Zeichen von δ *zu geben; die Amplituden* φ *der Asymptoten sind im Falle der Hyperbel bestimmt durch:*

$$\operatorname{tg} \varphi = \frac{-C \pm \sqrt{C^2 - AB}}{B} = \frac{A}{-C \mp \sqrt{C^2 - AB}}.$$

Für manche Aufgabe wird eine einfache *Konstruktion der Richtungen der Hauptachsen* von Nutzen sein, wobei wir uns sowohl die gegebenen Größen A, B, C als die gesuchten A', B', C' als Strecken denken. Da nun den Gleichungen (3), (4), (5) zufolge:

$$(A' - B')^2 + (2\,C')^2 = (A - B)^2 + (2\,C)^2$$

ist, so finden wir, daß die vier Punkte $\mathfrak{A}(A, C)$, $\mathfrak{B}(B, -C)$, $\mathfrak{A}'(A', -C')$, $\mathfrak{B}'(B', C')$ für jeden Wert von α auf demselben Kreise liegen. Demnach wird der Kreis über $\mathfrak{A}\mathfrak{B}$ als Durchmesser (Fig. 46) die Abszissenachse in zwei solchen Punkten $\mathfrak{A}'$ und $\mathfrak{B}'$ schneiden, daß $O\mathfrak{A}' = A'$ und $O\mathfrak{B}' = B'$ wird, wenn $OX' = \mathfrak{A}\mathfrak{B}' \,\|\, \mathfrak{B}\mathfrak{A}'$ wird, denn es ist:

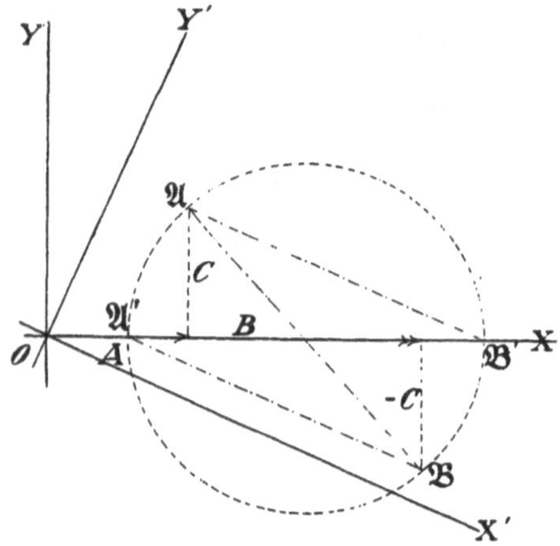

Fig. 46.

$$(\alpha) \qquad \frac{C' - C}{B' - A} = \frac{-C + C'}{B - A'} = \frac{(B - A)\cos\alpha\sin\alpha - 2\,C\sin^2\alpha}{(B - A)\cos^2\alpha - 2\,C\cos\alpha\sin\alpha} = \operatorname{tg}\alpha,$$

wo die scheinbare Bestimmtheit von $\operatorname{tg}\alpha$ in der Bezeichnung liegt, die natürlich auch umgekehrt werden kann.

Wir haben bisher immer den *Fall* $\delta = 0$ ausgeschlossen, weil dann Gleichung (I) keinen der drei eigentlichen Kegelschnitte darstellen kann, für die Anwendungen kann es indessen doch von Wichtigkeit sein, die beiden linearen Faktoren, in die (I) dann nach § 7, S. 67 zerlegt werden kann, direkt anzugeben.

Zuvor aber noch eine Bemerkung über die analytische Form von δ. Betrachten wir das Verschwinden von δ durch die Forderung bedingt, daß der Mittelpunkt auf dem Kegelschnitte selbst liege, fügen wir also den Gleichungen (27) die Gleichung:

$$Dl + Em + F = 0$$

hinzu, so lehrt der Satz auf S. 51, daß:

$$\delta = -\begin{vmatrix} A & C & D \\ C & B & E \\ D & E & F \end{vmatrix},$$

was durch Ausrechnung leicht bestätigt wird. Hieraus fließt ein neuer und von den besonderen Werten von α (Gleichung (8)) unabhängiger Beweis für die oben benutzte Gleichung $\delta' = \delta$. Setzen wir nämlich:

$$D_1 = A\cos\alpha + C\sin\alpha,\quad D_2 = -A\sin\alpha + C\cos\alpha$$
$$E_1 = C\cos\alpha + B\sin\alpha,\quad E_2 = -C\sin\alpha + B\cos\alpha,$$

so erhält man durch Anwendung der Regeln 4), 6), 3) und 2) auf S. 50:

$$-\delta' = \begin{vmatrix} D_1\cos\alpha + E_1\sin\alpha, & -D_1\sin\alpha + E_1\cos\alpha, & D' \\ D_2\cos\alpha + E_2\sin\alpha, & -D_2\sin\alpha + E_2\cos\alpha, & E' \\ D\cos\alpha + E\sin\alpha, & -D\sin\alpha + E\cos\alpha, & F \end{vmatrix}$$

$$= \begin{vmatrix} D_1 E_1 D' \\ D_2 E_2 E' \\ D\ E\ F \end{vmatrix} (\cos^2\alpha + \sin^2\alpha) = \begin{vmatrix} A\cos\alpha + C\sin\alpha, & -A\sin\alpha + C\cos\alpha, & D \\ C\cos\alpha + B\sin\alpha, & -C\sin\alpha + B\cos\alpha, & E \\ D\cos\alpha + E\sin\alpha, & -D\sin\alpha + E\cos\alpha, & F \end{vmatrix}$$

$$= -\delta(\cos^2\alpha + \sin^2\alpha) = -\delta.$$

Zur Zerlegung der linken Seite von (I) in zwei lineare Faktoren gehen wir aus von den leicht zu verifizierenden Identitäten:

(29) $$A\delta = (CD - AE)^2 - (C^2 - AB)(D^2 - AF),$$

(30) $$B\delta = (CE - BD)^2 - (C^2 - AB)(E^2 - BF).$$

Hieraus folgt, falls $\delta = 0$ ist:

(31) $$CD - AE = \sqrt{C^2 - AB}\sqrt{D^2 - AF},$$

(32) $$CE - BD = \sqrt{C^2 - AB}\sqrt{E^2 - BF},$$

wo die Vorzeichen der Wurzeln $\sqrt{D^2 - FA}$ und $\sqrt{E^2 - BF}$ durch die übrigens willkürliche Wahl des Vorzeichens der natürlich reell vorausgesetzten Wurzel $\sqrt{C^2 - AB}$ bestimmt sind.

Wir erhalten also zuerst, falls A von Null verschieden ist:

(33) $$\begin{cases} A(Ax^2 + By^2 + 2Cxy + 2Dx + 2Ey + F) \\ = (Ax + Cy + D)^2 - \left(y^2(C^2 - AB) + D^2 - AF + 2y(CD - AE)\right) \\ = (Ax + Cy + D)^2 - \left(y\sqrt{C^2 - AB} + \sqrt{D^2 - AF}\right)^2 \\ = \left(Ax + Cy + D + y\sqrt{C^2 - AB} + \sqrt{D^2 - AF}\right)\left(Ax + Cy + D\right. \\ \qquad \left. - y\sqrt{C^2 - AB} - \sqrt{D^2 - AF}\right). \end{cases}$$

Zweitens aber erhalten wir, falls B von Null verschieden ist, nach entsprechenden Zwischenrechnungen:

(34) $$\begin{cases} B(Ax^2 + By^2 + 2Cxy + 2Dx + 2Ey + F) \\ = \left(Cx + By + E + x\sqrt{C^2 - AB} + \sqrt{E^2 - BF}\right)\left(Cx + By + E\right. \\ \qquad \left. - x\sqrt{C^2 - AB} - \sqrt{E^2 - BF}\right). \end{cases}$$

Verschwindet drittens A und B, so daß C von Null verschieden sein muß und wegen $\delta = 0 : CF = 2DE$ ist, so wird:

(35) $C(Ax^2 + By^2 + 2Cxy + 2Dx + 2Ey + F) = 2(Cy + D)(Cx + E)$.

Da nun auf Grund der Gleichungen (31) und (32) leicht zu verifizieren ist, daß die Koeffizienten des ersten Faktors der rechten Seite von (33) denen des zweiten Faktors der rechten Seite von (34) proportional sind und reziprok, so können wir den nunmehr in jedem Falle anwendbaren Satz aussprechen:

34. *Ist $\delta = 0$, so stellt Gleichung (I), falls nicht zugleich $A = B = C = 0$ ist, die beiden geraden Linien:*

(VII) $$Ax + Cy + D + y\sqrt{C^2 - AB} + \sqrt{D^2 - AF} = 0$$

und:

(VIII) $$Cx + By + E + x\sqrt{C^2 - AB} + \sqrt{E^2 - BF} = 0$$

dar, wo sich die Vorzeichen der drei Wurzeln auf Grund der Gleichungen:

(IX) $$\sqrt{C^2 - AB}\sqrt{D^2 - AF} = CD - AE,$$

(X) $$\sqrt{C^2 - AB}\sqrt{E^2 - BF} = CE - BD$$

aus einem derselben bestimmen; diese Geraden sind, falls $AB - C^2$ von Null verschieden ist, dann und nur dann rell, wenn $AB - C^2$ negativ ist, oder, falls $AB - C^2 = 0$ ist, dann und nur dann, wenn $D^2 - AF$ und folglich (nach (IX)) auch $E^2 - BF$ positiv ist ($CD = AE$).

In dem letzten Falle stellt Gleichung (I) offenbar zwei parallele Geraden dar, die für $D^2 - AF$ oder $E^2 - BF = 0$ zusammenfallen. Wegen der Gleichungen (XI) und (X) liefern dann die Formeln (28) keinen unendlich fernen, sondern einen unbestimmten oder unendlich viele Mittelpunkte; in der Tat sind jetzt die Koeffizienten der Gleichungen (27) einander proportional, so daß jeder Punkt der Geraden $Ax + Cy + D = 0$ als Mittelpunkt der beiden durch Gleichung (I) dargestellten parallelen Geraden betrachtet werden kann.

Gleichung (I) stellt offenbar auch dann einen Kegelschnitt dar, wenn x, y schiefwinklige Koordinaten bedeuten ($\sphericalangle XOY = \beta$). Denn ist dann $\sphericalangle XOY' = 90^0$, so ist nach den Formeln (28) auf S. 52 $x = x' - y'\cot\beta$, $y = \frac{1}{\sin\beta}y'$ zu setzen, so daß Gleichung (I) in eine Gleichung derselben Form zwischen den rechtwinkligen Koordinaten x', y' übergeht.

---

1. Aufgabe. Man bestimme Lage und Gestalt der folgenden Kegelschnitte:

$$52x^2 + 73y^2 - 72xy + 32x + 74y - 47 = 0,$$
$$5x^2 + 26xy + 5y^2 - 16x + 16y - 88 = 0,$$
$$25x^2 + 144y^2 - 120xy - 338x = 0.$$

2. Aufgabe. Es ist gegeben ein fester Punkt (0, 0) und eine feste Gerade ($x = 2d$), und man betrachte als Bild jedes Punktes $P(x, y)$ denjenigen Punkt $P'(x', y')$, welcher mit dem festen Punkte in einer Geraden liegt und durch den festen Punkt und die feste Gerade harmonisch getrennt ist $\left(x = \frac{dx'}{x' - d}, \ y = \frac{dy'}{x' - d}\right)$. Es ist zu untersuchen, welcher Kegelschnitt das Bild jedes Kreises ist. Man zeige im besonderen, daß der Kegelschnit eine Hyperbel, Parabel oder Ellipse ist, je nachdem der Kreis die Mittelgerade ($x = d$) zwischen dem festen Punkte und der festen Geraden schneidet, berührt oder nicht trifft, und daß der Mittelpunkt des Kegelschnittes das Bild des Poles der Mittelgeraden für den Kreis ist.

3. Aufgabe. Man bestimme den Mittelpunkt sowie Größe und Lage der Hauptachsen derjenigen Ellipse, welche durch schiefe Spiegelung irgend eines Kreises an der Abszissenachse entsteht ($x = x' - 2y' \cot\beta$, $y = -y'$).

Man findet $A' = \operatorname{tg}^2\frac{\beta}{2}$, $B' = \cot^2\frac{\beta}{2}$ und $\operatorname{tg}\alpha = \cot\frac{\beta}{2}$ (Formel (α) auf S. 98).

4. Aufgabe. Man bestimme und diskutiere den Ort der Punkte, für welche das Produkt der Entfernungen von zwei festen Geraden konstant ist.

Die Hauptachsen dieser Hyperbel sind die Halbierungslinien der beiden Geraden.

5. Aufgabe. Man bestimme diejenige Parabel, welche die Koordinatenachsen berührt und irgend einen Punkt (l, m) zum Brennpunkte hat.

Führt man zuerst die Bedingungen ein, daß Gleichung (I) eine Parabel darstelle, die die Koordinatenachsen in je zwei zusammenfallenden Punkten trifft, so kann man zunächst A, B, C durch D, E, F ausdrücken; hierbei kann C nur eins der beiden möglichen Vorzeichen haben, da Gleichung (I) in dem einen Falle ein volles Quadrat wird. Man kann daher die Gleichung der Parabel in der Form $(x \sin\alpha + y\cos\alpha)^2 - 2d(x\sin\alpha - y\cos\alpha) + d^2 = 0$ annehmen. Nun kann man entweder diese Gleichung durch Drehung um α und Verschiebung nach (l, m) auf die Form $\mathfrak{y}^2 - 2p\mathfrak{x} - p^2 = 0$ transformieren, woraus $l = d\sin\alpha$, $m = -d\cos\alpha$ folgt, oder man führt, wie in § 9, die Bedingungen dafür ein, daß u aus Gleichung (26) rational durch $\cos\varphi$ und $\sin\varphi$ ausdrückbar werde; dann ergeben sich die beiden Bedingungen $l\cos\alpha + m\sin\alpha = 0$ und $l\sin\alpha - m\cos\alpha - d = 0$. Die zweite Bedingung sagt aus, daß (l, m) auf der Berührungssehne der Koordinatenachsen liegt, die erste, daß diese auf dem Radiusvektor von (l, m) senkrecht steht (vergl. 10. Aufg. auf S. 93).

6. Aufgabe. Man beweise die Relation:

$$\pm\left(\frac{a}{b} \pm \frac{b}{a}\right)^2 = \frac{(A+B)^2}{AB-C^2}.$$

7. Aufgabe. Man wende Satz 34 zur Ermittelung der beiden Tangenten an, welche von irgend einem Punkte (x_1, y_1) an den Kreis $(x-l)^2 + (y-m)^2 = e^2$ gelegt werden können, unter Berücksichtigung des Umstandes, daß das Produkt der linken Seiten ihrer Gleichungen nach Formel (18) in § 6, S. 59 ist:

$$\begin{gathered}\left((x-l)^2 + (y-m)^2 - e^2\right)\left((x_1-l)^2 + (y_1-m)^2 - e^2\right) \\ - \left((x-l)(x_1-l) + (y-m)(y_1-m) - e^2\right)^2 = 0.\end{gathered}$$

8. Aufgabe. Man beweise, daß die Größe δ verschwindet, wenn die linke Seite von Gleichung (I) dem Produkte zweier linearen Faktoren gleich ist.

9. Aufgabe. Der Ort der Punkte, von denen aus zwei zueinander senkrechte Tangenten an eine Parabel gehen, ist deren Leitlinie.

Man bilde die Diskriminante der quadratischen Gleichung (1) auf S. 110 für λ und drücke aus, daß sie eine gleichseitige Hyperbel darstellt.

§ 11.

Konjugierte Durchmesser der Kegelschnitte.

Zu den Haupt- oder Symmetrieachsen eines in der Form:

$$\text{(I)} \qquad Ax^2 + By^2 + 2Cxy + 2Dx + 2Ey + F = 0$$

gegebenen Kegelschnittes kommen wir auch, wenn wir fragen nach den Durchmessern dieses Kegelschnittes, als welche wir ja die Orte der Mittelpunkte paralleler Sehnen in § 7 kennen gelernt haben. Wir werden hierbei wieder ausgehen von der in u quadratischen Gleichung (26) des vorigen Paragraphen, nämlich:

$$\text{(1)} \qquad \begin{cases} Al^2 + Bm^2 + 2Clm + 2Dl + 2Em + F \\ + 2u\{(Al + Cm + D)\cos\varphi + (Cl + Bm + E)\sin\varphi\} \\ + u^2(A\cos^2\varphi + B\sin^2\varphi + 2C\cos\varphi\sin\varphi) = 0, \end{cases}$$

welche für die Abstände u der Endpunkte der durch (l, m) unter der Amplitude φ gezogenen Sehne von dem Punkte (l, m) je zwei Werte liefert. Soll also (l, m) Mittelpunkt dieser Sehne sein, so muß der Koeffizient von $2u$ verschwinden, es muß also der Punkt (l, m) der Geraden:

$$\text{(2)} \quad (A\cos\varphi + C\sin\varphi)x + (C\cos\varphi + B\sin\varphi)y + D\cos\varphi + E\sin\varphi = 0$$

angehören, und es erweist sich umgekehrt diese Bedingung auch als hinreichend; Gleichung (2) stellt daher den Durchmesser dar, welcher der Ort der Mittelpunkte der unter der Amplitude φ gezogenen Sehnen des Kegelschnittes (I) ist. Ist (l, m) ein Endpunkt dieses Durchmessers, so verschwindet auch das konstante Glied in Gleichung (1), dieselbe geht in $u^2 = 0$ über, die Sehne also in eine Tangente des Kegelschnittes; die Tangenten in den Endpunkten jedes Durchmessers geben daher die Richtung der Sehnen an, deren Halbierungspunkte auf dem Durchmesser liegen.

Die Amplitude ψ des Durchmessers (2) ergibt sich aus der Gleichung:

$$\text{(3)} \qquad \operatorname{tg} \psi = -\frac{A \cos \varphi + C \sin \varphi}{C \cos \varphi + B \sin \varphi},$$

die, wie man leicht sieht, in bezug auf φ und ψ symmetrisch ist (s. Gl. (9)). Der Durchmesser, welcher der Ort der Mittelpunkte der unter der Amplitude ψ gezogenen Sehnen ist, hat demnach die Gleichung:

$$\text{(4)} \qquad x \sin \varphi - y \cos \varphi = \frac{CE - BD}{AB - C^2} \sin \varphi - \frac{CD - AE}{AB - C^2} \cos \varphi,$$

wobei natürlich $AB - C^2$ zunächst als von Null verschieden vorausgesetzt werden muß. Da dann Gleichung (4) nach (28) auf S. 97 eine durch den Mittelpunkt unter der Amplitude φ gezogene Gerade darstellt, so sind die beiden Durchmesser (2) und (4) einander in dem Sinne konjugiert, daß der eine der Ort der Mittelpunkte der dem anderen parallelen Sehnen ist.

Gleichung (1) gestattet auch die Länge u des unter der Amplitude φ gezogenen Halbmessers zu berechnen, wenn wir den Punkt (l, m) in den Mittelpunkt des Kegelschnittes verlegen. Da dann:

$$\text{(5)} \qquad Al + Cm + D = Cl + Bm + E = 0$$

wird, so geht das konstante Glied von Gleichung (1), das wir auch in der Form:

$$l(Al + Cm + D) + m(Cl + Bm + E) + Dl + Em + F$$

schreiben können, über in:

$$\text{(6)} \qquad \left\{ \begin{aligned} &\frac{1}{AB - C^2} \left(D(CE - BD) + E(CD - AE) + F(AB - C^2)\right) \\ &\qquad = -\frac{\delta}{AB - C^2}. \end{aligned} \right.$$

Wir erhalten demnach für den gesuchten Halbmesser u die Gleichung:

$$\text{(7)} \qquad A \cos^2 \varphi + B \sin^2 \varphi + 2C \cos \varphi \sin \varphi = \frac{\delta}{AB - C^2} \frac{1}{u^2}.$$

Ebenso erhalten wir für den unter der Amplitude ψ gezogenen konjugierten Halbmesser v:

(8) $$A\cos^2\psi + B\sin^2\psi + 2C\cos\psi\sin\psi = \frac{\delta}{AB - C^2}\frac{1}{v^2},$$

wobei zwischen φ und ψ nach (3) die Gleichung besteht:

(9) $$A\cos\varphi\cos\psi + B\sin\varphi\sin\psi + C(\cos\varphi\sin\psi + \cos\psi\sin\varphi) = 0.$$

Wenn wir daher beide Seiten der letzten drei Gleichungen der Reihe nach mit $\sin^2\psi$, $\sin^2\varphi$ und $-2\sin\psi\sin\varphi$ multiplizieren und addieren, so folgt:

(10) $$A\sin^2(\psi - \varphi) = \frac{\delta}{AB - C^2}\left(\frac{\sin^2\psi}{u^2} + \frac{\sin^2\varphi}{v^2}\right).$$

Multiplizieren wir ebenso dieselben drei Gleichungen der Reihe nach mit $\cos^2\psi$, $\cos^2\varphi$ und $-2\cos\psi\cos\varphi$ und addieren sie, so folgt:

(11) $$B\sin^2(\psi - \varphi) = \frac{\delta}{AB - C^2}\left(\frac{\cos^2\psi}{u^2} + \frac{\cos^2\varphi}{v^2}\right).$$

Multiplizieren wir endlich die drei Gleichungen der Reihe nach mit $-\cos\psi\sin\psi$, $-\cos\varphi\sin\varphi$ und $\cos\varphi\sin\psi + \cos\psi\sin\varphi$ und addieren sie, so folgt:

(12) $$C\sin^2(\psi - \varphi) = -\frac{\delta}{AB - C^2}\left(\frac{\cos\psi\sin\psi}{u^2} + \frac{\cos\varphi\sin\varphi}{v^2}\right).$$

Durch Addition der beiden Gleichungen (10) und (11) folgt demnach:

(13) $$(A + B)\sin^2(\psi - \varphi) = \frac{\delta}{AB - C^2}\left(\frac{1}{u^2} + \frac{1}{v^2}\right).$$

Multiplizieren wir weiter die entsprechenden Seiten von (10) und (11) und ziehen davon die Quadrate der entsprechenden Seiten von (12) ab, so erhalten wir:

(14) $$(AB - C^2)\sin^2(\psi - \varphi) = \frac{\delta^2}{(AB - C^2)^2}\frac{1}{u^2 v^2},$$

oder:

(15) $$u^2 v^2 \sin^2(\psi - \varphi) = \frac{\delta^2}{(AB - C^2)^3},$$

woraus in Verbindung mit (13) folgt:

(16) $$u^2 + v^2 = \frac{\delta(A + B)}{(AB - C^2)^2}.$$

Ehe wir aus diesen Formeln weitere Schlüsse ziehen, leiten wir noch die Gleichung ab, in welche (I) bei Transformation auf zwei konjugierte Durchmesser übergeht, also bei der Transformation (Satz 1, S. 17 und 3, S. 22):

(17) $$x = l + x'\cos\varphi + y'\cos\psi, \quad y = m + x'\sin\varphi + y'\sin\psi.$$

Dann geht offenbar Gleichung (I) auf Grund der Formeln (5) bis (9) über in:

(II) $$\left(\frac{x'^2}{u^2} + \frac{y'^2}{v^2} - 1\right)\frac{\delta}{AB - C^2} = 0,$$

d. i. in dieselbe Form, die die auf die Hauptachsen bezogene Gleichung annimmt. Mit dieser wird sie offenbar identisch, wenn $\psi - \varphi = 90^0$ ist, wo dann Gleichung (9) in:

$$(18) \qquad (A - B)\sin 2\varphi = 2C\cos 2\varphi,$$

also in Gleichung (8) des vorigen Paragraphen übergeht.

Was nun die beiden konjugierten Halbmesser u und v betrifft so lehrt Gleichung (15), daß bei negativem $AB - C^2$, also für die Hyperbel stets nur einer reell sein kann. Aus Satz 27, S. 77 geht in der Tat hervor, daß je zwei konjugierte Durchmesser der Hyperbel in Nebenwinkeln der Asymptoten liegen.

Für die Ellipse hingegen sind je zwei konjugierte Halbmesser reell, weil die beiden Größen u^2 und v^2, die nach (15) dasselbe Zeichen haben, wegen (16) beide positiv sein müssen $\left(\delta(A + B) > 0\right.$ nach Satz 32, S. 95$\left.\right)$. Hier sagt offenbar Gleichung (15) aus, daß je zwei konjugierte Halbmesser ein Dreieck von konstantem Flächeninhalt einschließen, während Gleichung (16) zeigt, daß die Summe der Quadrate je zweier konjugierter Halbmesser einen konstanten Wert hat. Man kann diesen Gleichungen eine entsprechende Deutung auch für die Hyperbel geben, wenn man zugleich mit der gegebenen die sogenannte konjugierte Hyperbel betrachtet, deren Gleichung aus (II) dadurch entsteht, daß man die Vorzeichen von u^2 und v^2 wechselt; doch haben die entsprechenden Sätze geringeres Interesse.

Wir können zunächst den folgenden Satz aussprechen:

35. *Je zwei Durchmesser einer Ellipse oder Hyperbel sind einander in dem Sinne konjugiert, daß der eine der Ort der Mittelpunkte der dem anderen parallen Sehnen ist, und zugleich die Tangenten in den Endpunkten des einem dem anderen parallel sind. Je zwei konjugierte Durchmesser der Hyperbel sind durch die beiden Asymptoten getrennt, so daß stets die Endpunkte des einen reell, die des anderen imaginär sind. Je zwei konjugierte Halbmesser der Ellipse sind reell und bestimmen ein Dreieck von konstantem Flächeninhalt, und es hat zugleich die Summe ihrer Quadrate einen für alle Paare konstanten Wert. Schließen die konjugierten Durchmesser einen rechten Winkel ein, so sind sie die Symmetrie- oder Hauptachsen.*

Setzen wir Gleichung (I) im Falle der Ellipse als schon auf die Hauptachsen bezogen oder in der Form:

$$(19) \qquad \frac{x^2}{a^2} + \frac{y^2}{b^2} = 1$$

voraus, so daß $\delta = AB - C^2 = \frac{1}{a^2 b^2}$ wird, so geht Gleichung (15) in:

(20) $$u\,v \sin(\psi - \varphi) = a\,b$$

über, wobei durch die Wahl des Vorzeichens von den beiden Halbmessern entgegengesetzter Richtung, die einem gegebenen konjugiert sind, der eine ausgezeichnet ist. Aus den Gleichungen (7) und (9), welche nunmehr die Form:

(21) $$\frac{1}{u^2} = \frac{\cos^2\varphi}{a^2} + \frac{\sin^2\varphi}{b^2},$$

(22) $$0 = \frac{\cos\varphi\cos\psi}{a^2} + \frac{\sin\varphi\sin\psi}{b^2}$$

annehmen, folgt nämlich, wenn man beide Seiten derselben mit $\sin\psi$ resp. $-\sin\varphi$ multipliziert und addiert:

(23) $$\frac{\sin\psi}{u^2} = \frac{\cos\varphi\sin(\psi - \varphi)}{a^2},$$

also nach (20):

(24) $$v \sin\psi = \frac{b}{a}\,u\cos\varphi,$$

woraus in Verbindung mit (22) folgt:

(25) $$v\cos\psi = -\frac{a}{b}\,u\sin\varphi;$$

durch den Endpunkt des einen Halbmessers ist folglich der des konjugierten eindeutig bestimmt.

Gleichung (16) nimmt die Form an:

(26) $$u^2 + v^2 = a^2 + b^2,$$

und liefert in Verbindung mit (20):

(27) $$(a \pm b)^2 = u^2 + v^2 \pm 2uv\sin(\psi - \varphi),$$

woraus man a und b berechnen kann, falls die beiden konjugierten Halbmesser $OP = u$ und $OQ = v$ ihrer Größe und Lage ($\sphericalangle POQ = \psi - \varphi$) nach gegeben sind; denken wir uns hierbei a, b, u und v als positive Strecken, so werden wir $\psi - \varphi$ als positiv und $< 180^0$ annehmen müssen (vergl. Gleichung (20)). Sind daher (Fig. 47) R und R' zwei Punkte mit dem Radiusvektor v und den Amplituden $\psi - 90^0$ und $\psi + 90^0$ oder OR und OR' aus OQ durch Drehung um -90^0 und $+90^0$ im Sinne von OP nach OQ über das Dreieck POQ entstanden, so ist nach (27) und Formel ($\mathrm{I^b}$) in § 4 auf Seite 41 $PR = a - b$ und $PR' = a + b$. Dann ist offenbar, wenn etwa μ die Mitte von PR ist, $O\mu = \frac{1}{2}R'P = \frac{1}{2}(a + b)$, und der Kreis um μ durch P und R schneidet auf $O\mu$ zwei Punkte P' und P'' so aus, daß $OP' = a$ und $OP'' = b$ ist. In der Tat hat der Punkt μ nach den Formeln (24) und (25) die Koordinaten:

$$(28)\qquad \begin{cases} x = \frac{1}{2}\left(u \cos\varphi + v \sin\psi\right) = \frac{a+b}{2}\frac{u}{a}\cos\varphi\,, \\ y = \frac{1}{2}\left(u \sin\varphi - v \cos\psi\right) = \frac{a+b}{2}\frac{u}{b}\sin\varphi\,, \end{cases}$$

also nach (21) den Radiusvektor $\frac{a+b}{2}$. Es hat daher P' die Abszisse $u\cos\varphi$ und P'' die Ordinate $u\sin\varphi$, so daß PP'' und PP' die Richtungen der Halbachsen a resp. b sind. Es ergibt sich hiernach die

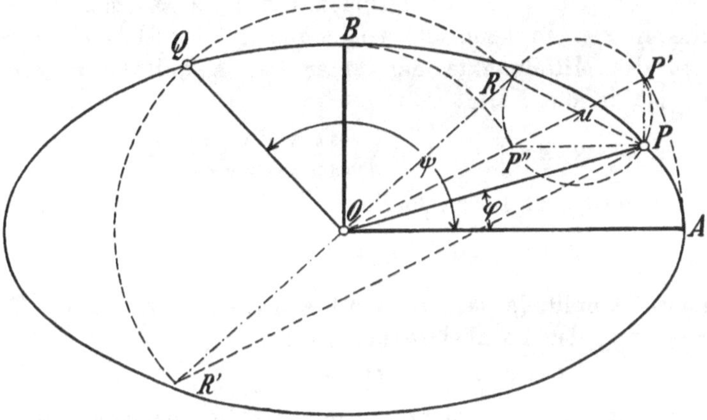

Fig. 47.

folgende *Konstruktion der Größen und Richtungen der Halbachsen einer Ellipse aus den ihrer Größe und Lage nach gegebenen konjugierten Halbmessern OP und OQ: Macht man OR = und ⊥ OQ, so schneidet der Kreis durch P um die Mitte μ von PR die Gerade Oμ in zwei solchen Punkten P' und P'', daß OP' und OP'' die Größen und umgekehrt PP'' und PP' die Richtungen der beiden Halbachsen angeben* (Frézier).

Wollen wir die Gleichungen der beiden Hauptachsen in unserem schiefwinkeligen Koordinatensystem OP, OQ bestimmen, die ja nach den Formeln (17) lauten:

$$(29)\qquad x'\sin\varphi + y'\sin\psi = 0\,,\quad x'\cos\varphi + y'\cos\psi = 0\,,$$

oder nach (24) und (25):

$$(30)\qquad avx'\sin\varphi + buy'\cos\varphi = 0\,,\quad bvx'\cos\varphi - auy'\sin\varphi = 0\,,$$

so haben wir $\operatorname{tg}\varphi$ auszudrücken. Nun folgt aus den Gleichungen (24) und (25):

$$(31)\qquad v\cos(\psi - \varphi) = -\frac{a^2 - b^2}{ab}\,u\cos\varphi\sin\varphi$$

und aus (21):

$$(32)\qquad \cos^2\varphi = \frac{a^2(u^2-b^2)}{u^2(a^2-b^2)},$$

so daß wir die folgenden Gleichungen der beiden Hauptachsen a und b erhalten (vergl. (20)):

$$(33)\qquad \begin{cases} abvx'\cos(\psi-\varphi) - u(u^2-b^2)y'\sin(\psi-\varphi) = 0, \\ v(u^2-b^2)x'\sin(\psi-\varphi) + abuy'\cos(\psi-\varphi) = 0. \end{cases}$$

Wir haben zweitens den Fall der Parabel zu behandeln, in welchem $AB - C^2 = 0$ ist. Nehmen wir dann an, daß A von Null verschieden sei, so kann die Gleichung (2) des Durchmessers, der der Ort der Mittelpunkte der unter der Amplitude φ gezogenen Sehnen ist, in die Form:

$$(34)\qquad Ax + Cy + A\frac{D\cos\varphi + E\sin\varphi}{A\cos\varphi + C\sin\varphi} = 0$$

gebracht werden, es haben folglich alle Durchmesser die durch:

$$(35)\qquad \operatorname{tg}\psi = -\frac{A}{C}$$

bestimmte Amplitude ψ, sie sind einander parallel. Da sich die Gleichung der Parabel in der Form:

$$(36)\qquad (Ax+Cy)^2 + 2A(Dx+Ey) + AF = 0$$

schreiben läßt, so ist ersichtlich, daß die Parabel von dem Durchmesser (34) in dessen Schnittpunkte mit der Geraden:

$$(37)\qquad 2(Dx+Ey) + A\left(\frac{D\cos\varphi + E\sin\varphi}{A\cos\varphi + C\sin\varphi}\right)^2 + F = 0$$

getroffen wird. Transformieren wir also die Gleichung der Parabel auf diesen Punkt O' (l, m) als Anfangspunkt, auf den Durchmesser (34) als Achse $O'Y'$ und die Tangente in O' als Achse $O'X'$ mit Hilfe der Formeln (17), so geht Gleichnng (36) über in:

$$(38)\qquad (A\cos\varphi + C\sin\varphi)^2 x'^2 + 2A(D\cos\psi + E\sin\psi)y' = 0,$$

oder da:

$$(39)\qquad A = \sqrt{A^2+C^2}\sin\psi,\quad C = -\sqrt{A^2+C^2}\cos\psi,$$

schließlich in:

$$(\text{III})\qquad x'^2\sin^2(\psi-\varphi) = 2py',$$

wo:

$$(41)\qquad p = \frac{A}{(A^2+C^2)^{3/2}}(AE-DC) = \sqrt{\frac{\delta}{(A+B)^3}},$$

wobei die Wurzel so gewählt sein mag, daß p positiv resultiert; denn es ist $\delta = AE^2 + BD^2 - 2CDE = \frac{1}{A}(AE-CD)^2$. Für $\psi - \varphi = 90^0$

erhalten wir so die bekannte Gleichungsform der Parabel, deren Hauptachse folglich die Gleichung:

$$(42)\qquad Ax + Cy + \frac{AD + EC}{A + B} = 0$$

hat und von der Geraden:

$$(43)\qquad 2(Dx + Ey) + A\left(\frac{AD + EC}{A^2 + C^2}\right)^2 + F = 0$$

im Scheitelpunkte getroffen wird.

---

1. Aufgabe. Man beweise, daß je zwei konjugierte Durchmesser einer Hyperbel durch die beiden Asymptoten harmonisch getrennt sind.

Sind φ_1 und φ_2 die Amplituden der beiden Asymptoten, so ist daher zu beweisen, daß:

$$\sin(\varphi_1 - \varphi) : \sin(\varphi_1 - \psi) = -\sin(\varphi_2 - \varphi) : \sin(\varphi_2 - \psi)$$

(vergl. Formel (22) in § 5, S. 48, (8) in § 11, S. 104 und Satz 33 in § 10, S. 97).

2. Aufgabe. Es ist zu beweisen, daß eine in der Form (I) dargestellte Hyperbel in die konjugierte übergeht, wenn man F in $F + \frac{2\delta}{AB - C^2}$ verwandelt, die übrigen Koeffizienten aber ungeändert läßt (Gleichung (7) und (8)).

3. Aufgabe. Diejenigen Sehnen einer Ellipse oder Hyperbel, welche einen Punkt derselben mit den Endpunkten eines Durchmessers verbinden, sind zwei konjugierten Durchmessern parallel.

Man wird hierbei die Gleichung des Kegelschnittes in der Form $Ax^2 + By^2 + F = 0$ annehmen.

4. Aufgabe. Man bestimme die einander gleichen konjugierten Durchmesser einer Ellipse.

Sie fallen auf die Diagonalen des der Ellipse umschriebenen Rechtecks.

5. Aufgabe. Gleitet eine Strecke mit ihren Endpunkten auf irgend zwei festen Geraden, so beschreibt irgend ein Punkt der Strecke oder ihrer Verlängerung eine Ellipse, von der die festen Geraden Durchmesser sind, und zwar erhält man die Endpunkte des jedem dieser Durchmesser konjugierten Durchmessers, wenn die bewegliche Strecke auf ihm senkrecht steht.

Macht man die festen Geraden ($\sphericalangle X'OY' = \beta$) zu Koordinatenachsen, so ergibt sich die Gleichung des Ortes nach Vorschrift der 2. Aufgabe auf S. 80 in der Form $\frac{x'^2}{a^2} + \frac{y'^2}{b^2} - 2\frac{x'y'\cos\beta}{ab} = 1$, woraus unter Benutzung der Formeln (18) auf S. 40 auch die Gleichung in rechtwinkeligen Koordinaten folgt. Für den Endpunkt des der Achse

$OX = OX'$ konjugierten Durchmessers erhält man dann die Koordinaten $x' = a \cot\beta$, $y' = \frac{b}{\sin\beta}$.

6. Aufgabe. Irgend zwei (nicht konjugierte) Durchmesser einer Ellipse oder Hyperbel schließen mit der dem jedesmaligen andern Durchmesser zugeordneten Sehne durch irgend einen Punkt des Kegelschnittes ein Vierseit ein, dessen Flächeninhalt unabhängig ist von der Lage des Punktes auf dem Kegelschnitte (Flächensatz des APOLLONIUS).

Man nehme die Gleichung des Kegelschnittes in der Form $Ax^2 + By^2 + F = 0$ an, bestimme die Schnittpunkte der den Amplituden φ und ψ zugehörigen Durchmesser mit den Sehnen durch (l, m) und den Amplituden ψ resp. φ und bilde die Summe der beiden so entstehenden Dreiecke, so ist der Satz leicht zu verifizieren. APOLLONIUS benutzte ihn, um von einem Paare konjugierter Durchmesser zu einem anderen überzugehen.

7. Aufgabe. Werden parallele Sehnen eines Kegelschnittes um ihre Mittelpunkte um dieselbe Amplitude gedreht, so liegen ihre Endpunkte nach der Drehung auf einem Kegelschnitte derselben Art.

Die Gleichung der Endpunkte nach der Drehung kann nämlich bezogen auf schiefwinkelige Koordinatenachsen auf eine der Formen (II) oder (III) gebracht werden; transformiert man diese auf rechtwinkelige Achsen, so folgt unsere Behauptung aus Satz 32, Seite 95.

8. Aufgabe. Verwandelt man durch die Affinität $x' = \alpha x + \alpha' y$, $y' = \beta x + \beta' y$ irgend einen Kreis in eine Ellipse, so gehen je zwei senkrechte Durchmesser des Kreises in zwei konjugierte Durchmesser der Ellipse über.

§ 12.

Pol und Polare, Tangente eines Kegelschnittes, Krümmungskreis.

Satz 23 in § 6 auf S. 58 der Kreislehre kann auf demselben Wege wie dort auch für irgend einen Kegelschnitt bewiesen werden. Die Verbindungslinie der beiden Punkte $P_1(x_1, y_1)$ und $P(x, y)$ schneidet den Kegelschnitt:

$$\text{(I)} \qquad Ax^2 + By^2 + 2Cxy + 2Dx + 2Ey + F = 0$$

in zwei Punkten $Q\left(\frac{x_1 + \lambda x}{1 + \lambda}, \frac{y_1 + \lambda y}{1 + \lambda}\right)$ und $Q'\left(\frac{x_1 + \lambda' x}{1 + \lambda'}, \frac{y_1 + \lambda' y}{1 + \lambda'}\right)$, wo λ und λ' die Wurzeln der quadratischen Gleichung:

$$\text{(1)} \quad \begin{cases} Ax_1^2 + By_1^2 + 2Cx_1y_1 + 2Dx_1 + 2Ey_1 + F \\ \quad + 2\lambda(Axx_1 + Byy_1 + C(xy_1 + yx_1) + D(x + x_1) + E(y + y_1) + F) \\ \quad + \lambda^2(Ax^2 + By^2 + 2Cxy + 2Dx + 2Ey + F) = 0 \end{cases}$$

sind. Sollen also P_1 und P durch die beiden Punkte Q und Q' des Kegelschnittes harmonisch getrennt sein, so dürfen sich die beiden Wurzeln λ und λ' dieser Gleichung nur durch das Vorzeichen unterscheiden und umgekehrt (vergl. S. 35).

Setzt man daher den Koeffizienten von 2λ der Null gleich, so erhält man die Gleichung des Ortes derjenigen Punkte P, welche von dem beliebigen Punkte P_1 durch die Endpunkte von P_1 enthaltenden Sehnen des Kegelschnittes harmonisch getrennt sind. Dieser Ort ist also eine gerade Linie; er geht offenbar in die Tangente des Punktes P_1 an den Kegelschnitt über, wenn auch das konstante Glied der Gleichung (1) verschwindet, weil er dann der Ort derjenigen Punkte P ist, deren Verbindungslinien mit P_1 den Kegelschnitt in zwei mit P_1 zusammenfallenden Punkten schneiden. Wir erhalten daher den folgenden Satz:

36. *Die Gleichung der Tangente des Kegelschnittes (I) in seinem Punkte P_1 (x_1, y_1) ist:*

(II) $(Ax_1 + Cy_1 + D)x + (Cx_1 + By_1 + E)y + Dx_1 + Ey_1 + F = 0;$

liegt P_1 nicht auf dem Kegelschnitte, so stellt diese Gleichung den Ort der Punkte dar, welche von P_1 durch die Endpunkte von P_1 enthaltenden Sehnen des Kegelschnittes harmonisch getrennt sind, d. i. die sogenannte Polare des Poles P_1 für den Kegelschnitt.

Die in bezug auf P und P_1 symmetrische Form von Gleichung (II) lehrt, daß, wenn P auf der Polare von P_1 liegt, auch die Polare von P durch P_1 geht. Hieraus folgt der übrigens auch in der geometrischen Definition der Polare enthaltene Satz, daß die Polare auch durch die Berührungspunkte der von P_1 an den Kegelschnitt zu legenden Tangenten läuft.

Wollen wir im Punkte P_1 nicht nur die Fortschreitungsrichtung des Kegelschnittes, die ja seine Tangente angibt, sondern auch seine Krümmung finden, so werden wir das tun können mit Hilfe eines Kreises durch P_1, der sich dem Kegelschnitte so nahe wie möglich anschmiegt. Wir werden also unter allen den Kreisen, deren Mittelpunkte auf der Normalen von P_1, d. h. derjenigen Geraden, welche in P_1 auf der Tangente von P_1 senkrecht steht, liegen, denjenigen aussuchen müssen, von dem noch einer der beweglichen Schnittpunkte mit dem Kegelschnitte nach P_1 fällt. Um diese Untersuchung bequemer ausführen zu können, verlegen wir den Anfangspunkt nach P_1, setzen also:

(2) $$x = x_1 + x', \quad y = y_1 + y',$$

wobei die Gleichung des Kegelschnittes in:

(3) $$Ax'^2 + By'^2 + 2Cx'y' + 2D'x' + 2E'y' = 0$$

übergeht; hierbei ist:

(4) $$D' = Ax_1 + Cy_1 + D, \quad E' = Cx_1 + By_1 + E.$$

Die Gleichung der Tangente in P_1 wird nunmehr:

(5) $$D'x' + E'y' = 0,$$

was auch durch die Substitution $x' = x - x_1$, $y' = y - y_1$ leicht in Übereinstimmung mit (II) gebracht werden kann. Da hiernach $E'x' - D'y' = 0$ die Gleichung der Normale in P_1 ist, so sind $\varrho D'$, $\varrho E'$ die Koordinaten irgend eines ihrer Punkte, wo ϱ irgend eine Größe zwischen $-\infty$ und $+\infty$ bedeutet, deren Dimension (s. Einl. S. 13) von der Dimension von D' und E' abhängt. Der Kreis durch P_1 um $(\varrho D', \varrho E')$ als Mittelpunkt hat die Gleichung:

(6) $$x'^2 + y'^2 - 2\varrho(D'x' + E'y') = 0.$$

Um die mit ϱ veränderlichen Schnittpunkte dieses Kreises und des Kegelschnittes zu finden, bemerken wir, daß jedes Wertsystem (x', y'), das den Gleichungen (3) und (6) genügt, auch die Gleichung:

(7) $$\begin{cases} Ax'^2 + By'^2 + 2Cx'y' + 2D'x' + 2E'y' \\ \qquad + \lambda\left(x'^2 + y'^2 - 2\varrho(D'x' + E'y')\right) = 0 \end{cases}$$

für irgend einen Wert der Größe λ befriedigt. Umgekehrt wird aber auch jedes Wertsystem, das die Gleichungen (3) und (7) bei einem von Null verschiedenen Werte der Größe λ befriedigt, der Gleichung (6) genügen. Nun werden wir doch λ stets so bestimmen können, daß Gleichung (7) zwei gerade Linien darstellt, von denen die eine die Tangente in P_1 ist, da diese ja zwei gemeinsame, aber zusammenfallende Punkte des Kegelschnittes und des Kreises enthält. Setzt man den das Zerfallen des durch (7) dargestellten Kegelschnittes bedingenden Ausdruck $\delta = 0$ (vergl. Satz 34 auf S. 100), so folgt:

(8) $$(A+\lambda)(E'^2(1-\lambda\varrho)^2 + (B+\lambda)D'^2(1-\lambda\varrho)^2 - 2CD'E'(1-\lambda\varrho)^2 = 0$$

oder:

(9) $$(1-\lambda\varrho)^2(\delta' + \lambda((D'^2 + E'^2)) = 0,$$

wo:

(10) $$\delta' = AE'^2 + BD'^2 - 2CD'E'.$$

Setzen wir $\lambda = \frac{1}{\varrho}$, so stellt zwar (7) auch einen zerfallenden Kegelschnitt dar, aber nicht einen solchen, welcher die Tangente von P_1 als einen Teil enthält. Setzen wir aber:

(11) $$\lambda = -\frac{\delta'}{D'^2 + E'^2},$$

so geht die linke Seite von (7) nach Multiplikation mit $D'^2 + E'^2$ über in:

(12) $$\begin{aligned}&((A-B)D'^2 + 2CD'E')x'^2 + ((B-A)E'^2 + 2CD'E')y'^2 \\ &+ 2C(D'^2 + E'^2)x'y' + 2(D'x' + E'y')(D'^2 + E'^2 + \delta'\varrho) = \\ &(D'x' + E'y')\{((A-B)D' + 2CE')x' + ((B-A)E' + 2CD')y' \\ &+ 2(D'^2 + E'^2 + \delta'\varrho)\},\end{aligned}$$

so daß in der Tat der eine Faktor die Tangente in P_1 und der andere die gerade Linie:

(13) $$\left\{\begin{aligned}&((A-B)D' + 2CE')x' + ((B-A)E' + 2CD')y' \\ &\qquad + 2(D'^2 + E'^2 + \delta'\varrho) = 0\end{aligned}\right.$$

liefert. Da uns nur die Krümmung eines nicht in zwei gerade Linien zerfallenden Kegelschnittes interessieren wird, so können wir δ' und folglich auch λ als von Null verschieden annehmen und folglich das Resultat aussprechen: *Der Kreis (6) hat mit dem Kegelschnitte (3) neben der Tangente (5) stets noch die Sehne (13) gemein.* Man wird bemerken, daß diese gemeinsamen Sehnen bei veränderlichem ϱ doch untereinander parallel bleiben, was konstruktiv von großer Bedeutung ist.

Soll nun der Kreis (6) die Krümmung des Kegelschnittes im Punkte P_1 angeben oder sein Krümmungskreis sein, so muß offenbar auch ein Endpunkt der gemeinsamen Sehne (13) nach P_1 fallen oder diese muß durch P_1 gehen, d. h. es muß sein:

(14) $$D'^2 + E'^2 + \delta'\varrho = 0.$$

Der gesuchte Krümmungskreis hat demnach die Gleichung:

(15) $$x'^2 + y'^2 + \frac{2(D'^2 + E'^2)}{\delta'}(D'x' + E'y') = 0$$

oder:

(16) $$\left(x' + D'\frac{D'^2 + E'^2}{\delta'}\right)^2 + \left(y' + E'\frac{D'^2 + E'^2}{\delta'}\right)^2 = \frac{(D'^2 + E'^2)^3}{\delta'^2}.$$

Um hierin δ' durch die Koeffizienten der ursprünglichen Gleichung (I) auszudrücken, bemerken wir, daß:

(17) $$\left\{\begin{aligned}\delta' &= E'(AE' - CD') + D'(BD' - CE') \\ &= (Cx_1 + By_1 + E)((AB - C^2)y_1 + AE - CD) \\ &+ (Ax_1 + Cy_1 + D)((AB - C^2)x_1 + BD - CE) \\ &= (AB - C^2)(Ax_1^2 + By_1^2 + 2Cx_1y_1 + 2Dx_1 + 2Ey_1) \\ &+ AE^2 + BD^2 - 2CDE;\end{aligned}\right.$$

bedenken wir, daß die Koordinaten x_1, y_1 der Gleichung (I) genügen, so folgt, daß $\delta' = \delta$ ist. Dasselbe folgt aus der 7. Eigenschaft der Determinanten (S. 50), wenn wir in:

$$\delta' = \begin{vmatrix} A, & C, & A x_1 + C y_1 + D \\ C, & B, & C x_1 + B y_1 + E \\ D', & E', & 0 \end{vmatrix}$$

zuerst die ersten beiden Vertikalreihen mit x_1 resp. y_1 multiplizieren und von der dritten subtrahieren, woraus folgt:

$$\delta' = \begin{vmatrix} A, & C, & D \\ C, & B, & E \\ D', & E', & D x_1 + E y_1 + F \end{vmatrix};$$

multiplizieren wir hier ebenso die beiden ersten Horizontalreihen mit x_1 resp. y_1 und ziehen sie von der dritten ab, so ergibt sich $\delta' = \delta$. Wir erhalten daher das folgende Resultat:

37. *Der Mittelpunkt des Krümmungskreises im Punkte P_1 an den Kegelschnitt (I) hat die Koordinaten:*

$$x_1 - \frac{N^2}{\delta}(A x_1 + C y_1 + D), \; y_1 - \frac{N^2}{\delta}(C x_1 + B y_1 + E)$$

und sein Radius ist $\pm \frac{N^3}{\delta}$, *wo:*

$$N^2 = (A x_1 + C y_1 + D)^2 + (C x_1 + B y_1 + E)^2,$$
$$\delta = AE^2 + BD^2 - 2CDE - F(AB - C^2).$$

Zur Konstruktion des Krümmungskreises oder seines Mittelpunktes, des sogenannten Krümmungsmittelpunktes, können die folgenden Bemerkungen dienen. Nehmen wir an, daß die Koordinatenachsen den Hauptachsen parallel seien, also $C = 0$ sei, so geht die Gleichung der gemeinsamen Sehne des Krümmungskreises mit dem Kegelschnitte über in:

$$(18) \qquad D'x' - E'y' = 0,$$

diese Sehne ist daher das Spiegelbild der Tangente von P_1 in Beziehung auf die Parallelen zu den Koordinatenachsen durch P_1, wonach ihre Lage leicht gefunden werden kann. Der durch ihren Mittelpunkt μ gehende Durchmesser des Kegelschnittes (Fig. 48) enthält die Berührungspunkte der zu μP_1 parallelen Tangenten, die offenbar die Spiegelbilder von P_1 für die Hauptachsen sind, weil deren Tangenten die Spiegelbilder der Tangenten von P_1, also zu μP_1 parallel sind; hiernach kann auch μ mit Hilfe der Hauptachsen leicht konstruiert werden. Nunmehr schneidet das Lot in μ zu μP_1 auf der Normale den gesuchten Krümmungsmittelpunkt aus.

Eine andere Methode, den Krümmungsmittelpunkt zu konstruieren, fließt aus der auf einen Brennpunkt F als Anfangspunkt

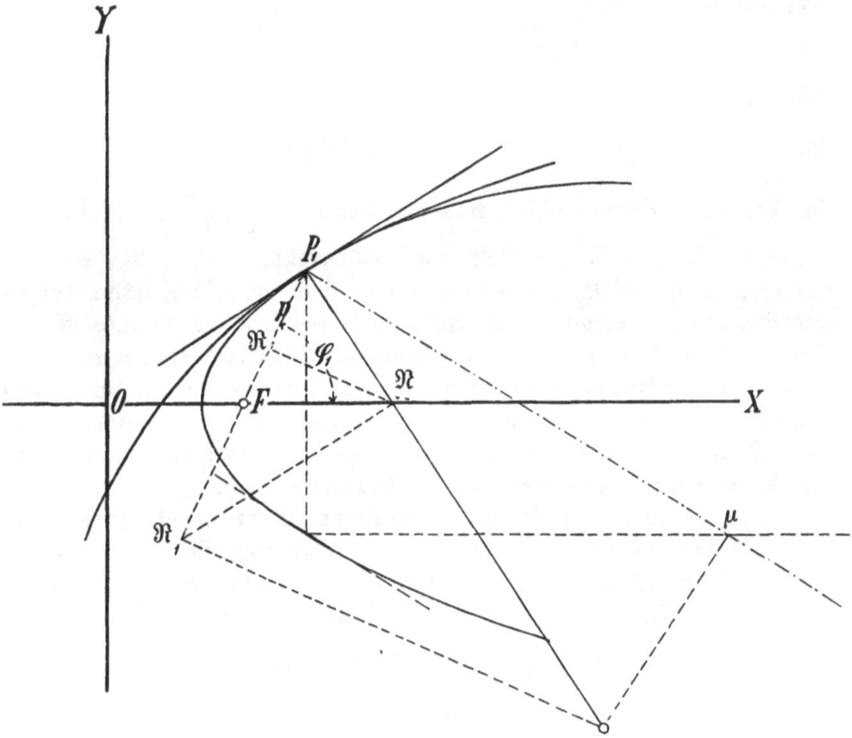

Fig. 48.

und die ihn enthaltende Hauptachse als Polarachse bezogenen Gleichung:

(19) $$r = \frac{p}{1 - \varepsilon \cos \varphi}$$

[Formel (IV), S. 91].

Durch die Substitution: $x = r \cos \varphi$, $y = r \sin \varphi$ geht diese Gleichung über in:

(20) $$x^2(1 - \varepsilon^2) + y^2 - 2p\varepsilon x - p^2 = 0,$$

woraus sich ergibt: $\delta = p^2$, $D' = (1 - \varepsilon^2)x_1 - p\varepsilon = x_1 - \varepsilon r_1$, $E' = y_1$. Da nunmehr:

(21) $$(x - x_1)y_1 - (y - y_1)(x_1 - \varepsilon r_1) = 0$$

die Gleichung der Normale des Punktes P_1 ist, so schneidet diese die Abszissenachse in einem Punkte $\mathfrak{N}$, dessen Koordinaten εr_1, 0 sind;

es ist daher $F\mathfrak{N} = \varepsilon r_1$ und $P_1\mathfrak{N} = \sqrt{(x_1 - \varepsilon r_1)^2 + y_1^2} = N$. Ist ferner $\mathfrak{R}$ der Fußpunkt des Lotes von $\mathfrak{N}$ auf FP_1, so ist $F\mathfrak{R} = \varepsilon r_1 \cos\varphi_1$, also

$$\mathfrak{R}P_1 = r_1(1 - \varepsilon\cos\varphi_1) = p, \tag{22}$$

folglich:

$$\frac{p}{N} = \frac{P_1\mathfrak{R}}{P_1\mathfrak{N}} = \cos(FP_1\mathfrak{N}), \tag{23}$$

der gesuchte Krümmungsradius ist demnach $\frac{\overline{P_1\mathfrak{N}}}{\cos^2(FP_1\mathfrak{N})}$. Schneidet daher das Lot in $\mathfrak{N}$ auf $P_1\mathfrak{N}$ den Radiusvektor FP_1 in $\mathfrak{R}_1$, so trifft das Lot in $\mathfrak{R}_1$ auf $\mathfrak{R}_1P_1$ die Normale in dem gesuchten Krümmungsmittelpunkte; zugleich sieht man, daß das Lot im Punkte $\mathfrak{R}$ mit dem Radiusvektor $r_1 - p$ auf diesem die Abszissenachse in einem Punkte $\mathfrak{N}$ der Normale schneidet. Diese Methode versagt für $\varphi_1 = 0$ oder 180^0; in letzterem Falle findet man leicht $D' = -p$, also $N = p$, so daß *der Krümmungsradius in den Scheitelpunkten der Achse durch die Brennpunkte gleich dem halben Parameter p ist.*

Wir können dies Resultat verallgemeinern durch eine dritte Methode zur Bestimmung des Krümmungsradius, die allerdings nur für die Kegelschnitte mit Mittelpunkt gilt. Der der Tangente in P_1 parallele Halbmesser u ist nach Formel (7) auf S. 103 weil hier $\cos\varphi = -\frac{E'}{N}$, $\sin\varphi = \frac{D'}{N}$ ist, bestimmt durch:

$$\frac{\delta}{AB - C^2}\frac{N^2}{u^2} = AE'^2 + BD'^2 - 2CD'E' = \delta \tag{24}$$

oder:

$$u^2 = \frac{N^2}{AB - C^2}. \tag{25}$$

Ist ferner der Mittelpunkt der Anfangspunkt, also $D = E = 0$, so ist der Abstand d des Mittelpunktes von der Tangente in P_1 nach Satz 7 in § 3 auf S. 28:

$$d = \pm\frac{F}{N}. \tag{26}$$

Da nunmehr $\delta = -F(AB - C^2)$ ist, so wird $\pm\frac{N^3}{\delta} = \pm\frac{u^2}{d}$, was wir folgendermaßen ausdrücken können: (Fig. 49).

38. *Der Krümmungsradius in dem Punkte P_1 einer Ellipse oder Hyperbel ist gleich dem Quadrate des der Tangente in P_1 parallelen Halbmessers dividiert durch den Abstand des Mittelpunktes von dieser Tangente.*

Das Lot durch den Schnittpunkt der Tangenten in den zwei Scheitelpunkten einer Ellipse auf die Verbindungslinie derselben schneidet daher auf ihren Achsen die zugehörigen Krümmungsmittelpunkte aus; ebenso schneidet das Lot durch den Schnittpunkt der

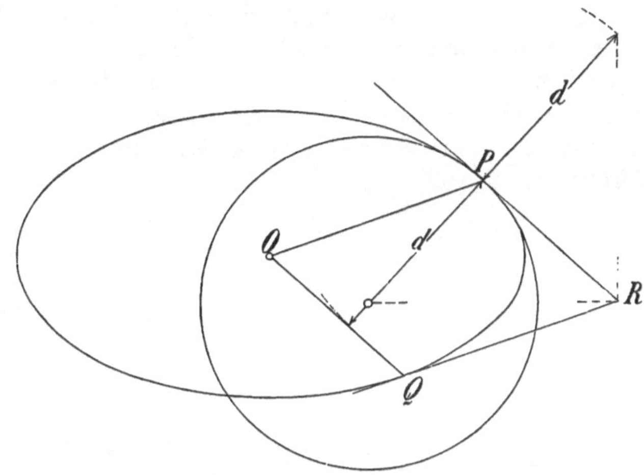

Fig. 49.

Tangente in einem Scheitelpunkte der Hyperbel mit einer Asymptote zu dieser auf der Achse den zugehörigen Krümmungsmittelpunkt aus.

---

1. Aufgabe. Man bewerkstellige die Zerlegung des Ausdrucks (12) in die beiden Faktoren mit Hilfe des Satzes 34 in § 10 auf S. 100.

2. Aufgabe. Man berechne die Koordinaten des Punktes, in dem der Krümmungskreis den Kegelschnitt außer in P_1 noch trifft. $\left(\text{Ist } C = 0, \text{ so findet man: } x' = -\frac{4D'E'^2}{\delta},\ y' = -\frac{4D'^2E'}{\delta}\right)$.

3. Aufgabe. Man bestimme die Krümmungsradien in den Endpunkten der auf der Brennpunktsachse senkrechten Sehne durch einen Brennpunkt.

4. Aufgabe. Die Fußpunkte der Normalen, die von irgend einem Punkte (l, m) außerhalb des Kegelschnittes gegen diesen gezogen werden können, liegen auf einer Hyperbel, deren Asymptoten den Hauptachsen des Kegelschnittes parallel sind.

Die Gleichung der Hyperbel entsteht, wenn man in der Gleichung der Normale $x = l$, $y = m$ setzt; die Hyperbel berührt den Kegelschnitt, wenn (l, m) der Mittelpunkt des Krümmungskreises eines Fußpunktes ist, in diesem.

5. Aufgabe. Man zeige, daß für eine Ellipse ihre gemeinsame Sehne mit dem Krümmungskreise dann und nur dann ein Durchmesser ist, wenn $x_1 = \pm a\sqrt{2}$, $y_1 = \pm b\sqrt{2}$, P_1 also auf einer Diagonale des von den Scheiteltangenten gebildeten Vierecks liegt; es sind dies die gleichen und konjugierten Durchmesser der Ellipse. Die Krümmungsmittelpunkte dieser vier Punkte liegen demnach auf den Senkrechten zu ihren Durchmessern im Mittelpunkte der Ellipse (vergl. 4. Aufg. auf S. 109).

Zweiter Abschnitt.

Geometrie des Raumes.

§ 13.

Parallelkoordinaten, Parallelverschiebung des Koordinatensystems und Polarkoordinaten.

Die Bestimmung eines Punktes P im Raume geschieht in Beziehung auf drei nicht in derselben Ebene gelegene Achsen OX, OY, OZ (Fig. 50), deren Abschnitte positiv oder negativ zu rechnen sind, je nachdem sie in der Richtung von O nach resp. X, Y, Z oder umgekehrt laufen. Dies vorausgesetzt *versteht man unter den Koordinaten x, y, z des Punktes P die Abschnitte OP_x, OP_y, OP_z, welche die durch P parallel zu den Ebenen OYZ, OZX, OXY gelegten Ebenen auf OX, OY, OZ resp. machen.* Dieser Definition zufolge besitzt jeder Punkt P des Raumes in Beziehung auf die drei Achsen OX, OY, OZ drei Koordinaten x, y, z mit je einem bestimmten Vorzeichen, aber auch je dreien mit bestimmten Vorzeichen behafteten Strecken oder Zahlen $x = OP_x$, $y = OP_y$, $z = OP_z$ entspricht ein und nur ein bestimmter Punkt P des Raumes. Man findet ihn entweder dadurch, daß man die gegebenen Strecken x, y, z als OP_x, OP_y, OP_z auf OX, OY, OZ ihrem Vorzeichen gemäß aufträgt und

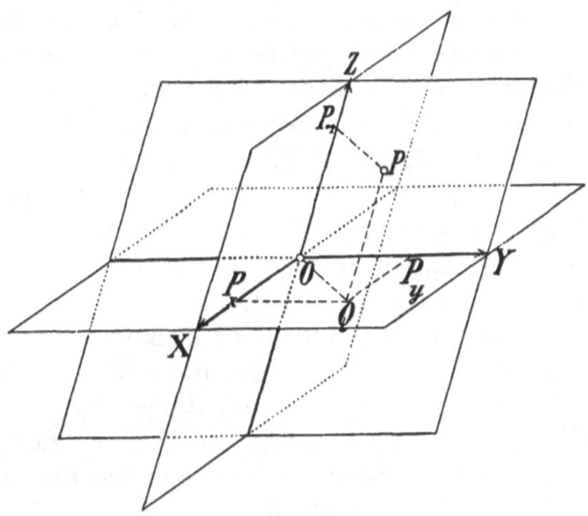

Fig. 50.

durch P_x, P_y, P_z resp. die Parallelebenen zu den Ebenen OYZ, OZX, OXY legt, bis sie sich in dem gesuchten Punkte P schneiden, oder dadurch, daß man zuerst in der Ebene OXY den Punkt Q mit den Koordinaten x, y konstruiert und auf der Parallelen durch Q zu OZ die Strecke z als QP ihrem Vorzeichen gemäß aufträgt, wobei P_zP gleich und gleichgerichtet mit OQ ist.

Die drei Koordinatenebenen OXY, OYZ, OZY teilen offenbar den ganzen Raum in 8 Teilräume entsprechend den 8 verschiedenen Kombinationen der Vorzeichen der Koordinaten x, y, z; für die Punkte der Koordinatenebenen selbst verschwindet je eine der drei Koordinaten, während für die Punkte der Koordinatenaxen OX, OY, OZ je zwei der drei Koordinaten verschwinden, und der Anfangspunkt O die Koordinaten $x = y = z = 0$ hat.

Was die bildliche Darstellung der räumlichen Figuren in eine Ebene betrifft, so werden wir uns immer der Parallelprojektion bedienen, bei welcher die Punkte der räumlichen Figur durch Parallelstrahlen auf die Zeichenebene projiziert werden. Hierbei *werden offenbar je zwei parallele Strecken durch parallele Strecken von demselben Verhältnisse abgebildet.* Kennt man daher die Bilder der drei Koordinatenachsen OX, OY, OZ und die Verhältnisse ξ, η, ζ, in welchen die ihnen parallelen Strecken im Bilde vergrößert oder verkleinert sind, so kann man auch das Bild jedes durch seine Koordinaten x, y, z gegebenen Punktes P konstruieren, da man die Bilder von OP_x, P_xQ, QP nur der Reihe nach den Bildern von OX, OY, OZ parallel und ξx, ηy, ζz resp. gleich zu machen braucht. Hierbei werden wir gewöhnlich die Annahme machen, daß die Ebene OYZ der Bildebene parallel sei oder, was hier auf dasselbe hinauskommt, in sie hineinfalle, so daß $\eta = \zeta = 1$ wird. Dann können wir offenbar das Bild eines Punktes P_x außerhalb der Achsen OY und OZ beliebig annehmen, insofern seine Verbindungslinie mit dem Originale von P_x die Richtung der Projektionsstrahlen angibt. (Kavalierperspektive). Da wir es fast ausschließlich mit dem Falle zu tun haben werden, daß die drei Koordinatenachsen senkrecht aufeinander stehen, so werden wir gewöhnlich die positive Seite von $\overrightarrow{OX}$ gegen den Beschauer gerichtet, das Bild ihrer negativen Seite in die Halbierungslinie des Winkels YOZ und $\xi = \frac{1}{2}$ annehmen; denn diese Annahme liefert hier i. a. besonders anschauliche Bilder. Soll dann das Bild einer Figur in einer der Bildebene nicht parallelen Ebene entworfen werden, z. B. irgend eines Quadrates in der Ebene OXY, so wird man sich diese Ebene häufig mit Vorteil um ihre Bildspur (OY) in die Bildebene umgeklappt denken, erst die Figur in der Umklappung in ihrer wahren Gestalt zeichnen und hieraus ihr Bild auf Grund folgender Beziehungen ableiten können: Bild und Umklappung jeder Geraden schneiden sich auf der Umklappungsachse, und die Verbindungslinie des Bildes und der Umklappung jedes Punktes sind einander parallel.

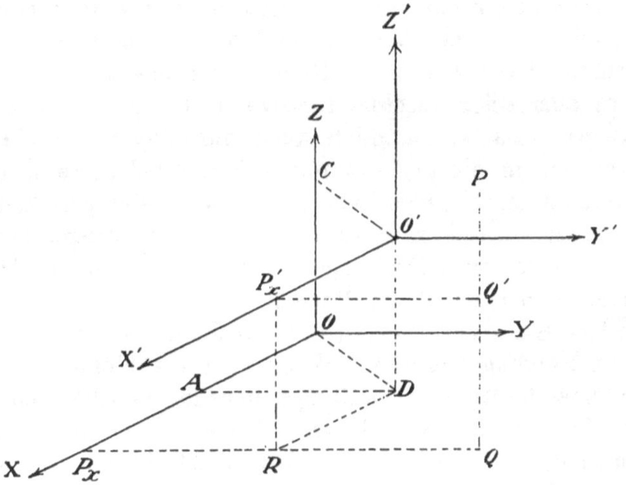

Fig. 51.

Besitzt nunmehr der Anfangspunkt O' eines neuen Koordinatensystems (Fig. 51), dessen Achsen $O'X'$, $O'Y'$, $O'Z'$ mit den Achsen OX, OY, OZ resp. gleichgerichtet sind, in dem alten Systeme die Koordinaten $a = OA$, $b = OB = AD$, $c = OC = DO'$, so daß A, B, C in den Ebenen $O'Y'Z'$, $O'Z'X'$, $O'X'Y'$ resp. liegen, so ist (vergl. S. 17 in § 1):

(1) $$x = OP_x = OA + AP_x = a + DR = a + O'P'_x = a + x',$$

und entsprechende Gleichungen kann man für die beiden anderen Achsen bilden. Anschaulicher geschieht dies auf folgendem Wege:

(2) $$y = P_xQ = P_xR + RQ = AD + P'_xQ' = b + y',$$

(3) $$z = QP = QQ' + Q'P = RP'_x + z' = DO' + z' = c + z'.$$

Wir erhalten daher den Satz:

39. *Ein Punkt P, dessen Koordinaten in Beziehung auf die Achsen OX, OY, OZ x, y, z, sind, besitzt in Beziehung auf die Achsen $O'X'$, $O'Y'$, $O'Z'$, die mit OX, OY, OZ resp. gleich gerichtet sind, und deren Anfangspunkt O' in dem alten Systeme die Koordinaten a, b, c hat, die Koordinaten $x' = x - a$, $y' = y - b$, $z' = z - c$.*

Haben wir bisher über die Winkel, welche die Koordinatenachsen miteinander einschließen, keine besonderen Voraussetzungen gemacht, so werden wir von nun an mit seltenen Ausnahmen annehmen, daß die drei Koordinatenachsen senkrecht aufeinander stehen, wir werden uns im wesentlichen mit sogenannten rechtwinkligen Koordinaten beschäftigen. Da ist es wichtig, die Beziehungen kennen zu lernen, die zwischen den rechtwinkeligen Koordinaten x, y, z eines Punktes P einerseits und den Winkeln andererseits bestehen, welche der Radiusvektor $r = OP$ mit den Koordinatenachsen einschließt. Hierzu bedarf es aber einer Auseinandersetzung über die Winkelmessung im Raume. Da wir nämlich auch hier davon ausgehen müssen, daß zwei mit je einem bestimmten Sinne behaftete Geraden denselben Winkel einschließen, wie zwei ihnen gleich gerichtete, so wird es unmöglich, diese Forderung in Einklang zu bringen mit der Festsetzung eines positiven Drehungssinnes in jeder Ebene. Denn sobald diese Ebene bei paralleler Verschiebung anfängt, dem Beschauer eine andere Seite zuzukehren, wird auch dieser Drehungssinn einer neuen Festsetzung bedürfen. Wenn aber die Möglichkeit der Festsetzung eines bestimmten Drehungssinnes in der Ebene eines Winkels fehlt, so kann dieser Winkel, da ja seine Schenkel bestimmte Halbgeraden sind, noch zwei verschiedene Werte haben, die sich zu 360^0 ergänzen. Da wollen wir denn künftig, solange in besonderen Fällen nicht ausdrücklich eine Ausnahme davon gemacht wird, unter dem Winkel zweier Halbgeraden stets den nicht oberhalb 180^0 gelegenen (positiven) verstehen; denn für einen gestreckten Winkel fällt ja die Doppeldeutigkeit von selbst fort. Übrigens wird diese Festsetzung meist nicht von Belang sein, da es sich vorwiegend um die Kosinus der Winkel handeln wird, die sich ja bei Vertauschung des Vorzeichens der Winkel nicht ändern.

Diese Bemerkung ist wichtig, um einzusehen, daß aus dem ersten Hilfssatze auf S. 20 in § 2 unmittelbar der folgende sich ergibt:

Hilfssatz: *Die orthogonale Projektion $\overline{A'B'}$ der Strecke $\overline{AB}$ der Geraden g auf die Gerade g' ist immer auch dem Vorzeichen nach $\overline{AB}\cos(g, g')$, wie auch die positiven Richtungen auf g und g' festgesetzt sein mögen.*

Ist nämlich B'' (Fig. 52) der Fußpunkt des Lotes von B auf die Parallele g'' durch A zu g', so ist g'', weil es auf BB' und BB'' senkrecht steht, auch auf $B'B''$ senkrecht, folglich ist $A'B' = AB''$ und $\sphericalangle(g, g') = \sphericalangle(g, g'')$, also, da nach jenem Hilfssatze $AB'' = AB\cos(g, g'')$, auch $A'B' = AB\cos(g, g')$.

Schließt nunmehr der Radiusvektor $r = OP$ des Punktes P mit den rechtwinkeligen Koordinaten x, y, z mit den Koordinatenachsen OX, OY, OZ die Winkel λ, μ, ν ein (Fig. 53), so ergeben sich aus diesem Hilfssatze sofort die folgenden Formeln:

$$\text{(I)} \qquad \begin{cases} x = r\cos\lambda, \\ y = r\cos\mu, \\ z = r\cos\nu; \end{cases}$$

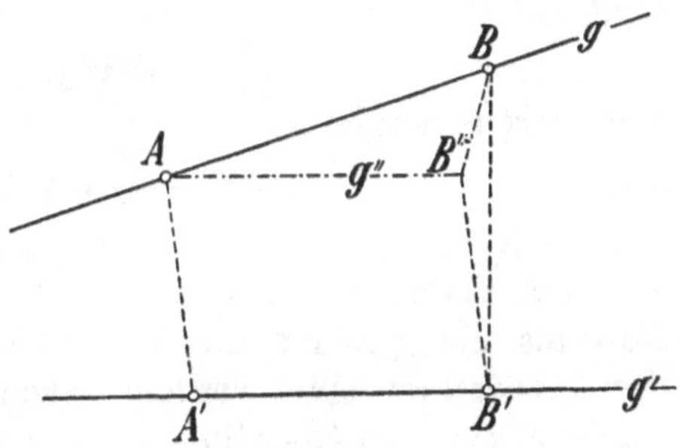

Fig. 52.

denn P_x, P_y, P_z sind hier die orthogonalen Projektionen von P auf die drei Koordinatenachsen. Da hier die drei Koordinaten x, y, z durch vier Größen r, λ, μ, ν ausgedrückt sind, so ist klar, daß die letzteren nicht unabhängig voneinander sein können. In der Tat lehrt eine einfache geometrische Überlegung, daß von den drei Winkeln λ, μ, ν der eine durch die beiden anderen bestimmt sein muß. Wir finden diese Beziehung zwischen λ, μ, ν aus einer Formel, die uns auch später noch von Nutzen sein wird.

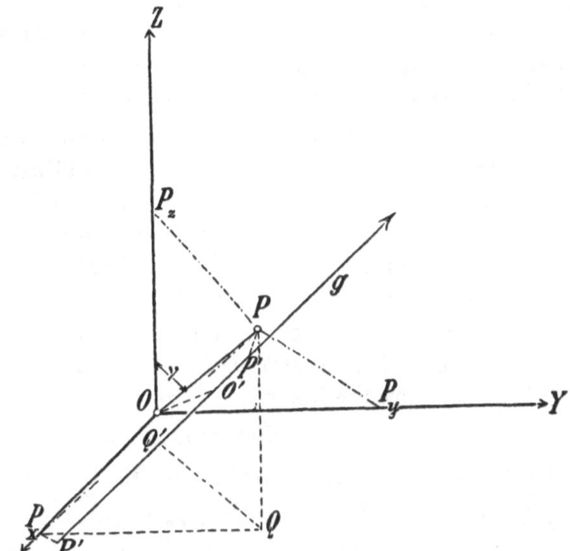

Fig. 53.

Projizieren wir nämlich das geschlossene Polygon OP_xQPO (Fig. 53) orthogonal auf irgend eine Gerade g, deren positive Seite mit den Halbgeraden OX, OY, OZ, OP der Reihe nach die Winkel α, β, γ, ϑ einschließt, in $O'P_x'Q'P'O'$, so ist nach dem zweiten Hilfssatze auf S. 21 in § 2, der natürlich auch für den Raum gilt:

$$O'P_x' + P_x'Q' + Q'P' + P'O' = 0,$$

oder:

$$\text{(II)} \qquad r\cos\vartheta = x\cos\alpha + y\cos\beta + z\cos\gamma.$$

Lassen wir daher g mit OP zusammenfallen, setzen also $\vartheta = 0$, $\alpha = \lambda$, $\beta = \mu$, $\gamma = \nu$, so folgt nach Multiplikation von (II) mit r in Rücksicht auf (I):

(III) $$r^2 = x^2 + y^2 + z^2,$$

und hieraus wiederum:

(IV) $$\cos^2\lambda + \cos^2\mu + \cos^2\nu = 1,$$

worin wir die gesuchte Beziehung gefunden haben. Es können aber auch umgekehrt drei reelle Größen $\mathfrak{l}$, $\mathfrak{m}$, $\mathfrak{n}$, für welche $\mathfrak{l}^2 + \mathfrak{m}^2 + \mathfrak{n}^2 = 1$, stets als die Kosinus der Winkel λ, μ, ν eines Strahles OP mit den Achsen betrachtet werden. Nach (III) hat hiernach nämlich der Punkt P mit den Koordinaten $r\mathfrak{l}$, $r\mathfrak{m}$, $r\mathfrak{n}$, wo r irgend eine positive Strecke ist, den Radiusvektor r, die Kosinus der Winkel, die OP mit den Koordinatenachsen einschließt, sind demnach nach (I) $\mathfrak{l}$, $\mathfrak{m}$, $\mathfrak{n}$. Wir haben daher den Satz:

40. *Die Summe der Quadrate der Kosinus der Winkel, die irgend eine Richtung mit drei zueinander rechtwinkeligen Achsen einschließt, hat stets den Wert 1, und drei dieser Bedingung genügende reelle Größen können stets als die Kosinus solcher Winkel angesehen werden.*

Hiernach muß es möglich sein, diese drei Kosinus oder die sogenannten Richtungskosinus eines Radiusvektors OP durch zwei Größen auszudrücken. Dies kann auf folgende besonders für physikalische und astronomische Untersuchungen bequeme Art geschehen. Bezeichnen wir die Amplitude des Punktes Q in Beziehung auf die rechtwinkeligen Achsen OX und OY (Fig. 54, die Bilder der beiden in der Figur dargestellten Kreise sind offenbar Ellipsen mit den konjugierten Halbmessern OX, OY resp. OR, OZ, vergl. Aufg. 3, S. 129) wie gewöhnlich mit φ, so ist ja:

(4) $$x = OQ\cos\varphi\,, \quad y = OQ\sin\varphi\,.$$

Bezeichnen wir ferner den zwischen 0 und 90° gelegenen Winkel $Q\widehat{O}P$ mit ψ, indem wir ihn positiv oder negativ rechnen, je nachdem P auf derselben Seite der Ebene OXY liegt wie Z oder nicht, so ist:

(5) $$OQ = r\cos\psi\,, \quad z = r\sin\psi\,,$$

also durch Zusammenfassung der Gleichungen (4) und (5):

(V) $$x = r\cos\psi\cos\varphi\,, \quad y = r\cos\psi\sin\varphi\,, \quad z = r\sin\psi\,.$$

Den Gleichungen (I) zufolge ergibt sich daher:

(6) $$\cos\lambda = \cos\psi\cos\varphi\,, \quad \cos\mu = \cos\psi\sin\varphi\,, \quad \cos\nu = \sin\psi\,,$$

woraus ein neuer Beweis des Satzes 40 folgt.

Denken wir uns r, φ, ψ, welche die räumlichen Polarkoordinaten des Punktes P heißen, gegeben, so befindet sich P zunächst auf der Kugelfläche um O als Mittelpunkt mit dem Radius r. Betrachten wir auf dieser den Punkt der positiven resp. negativen Seite der z-Achse als den Nord- resp. Südpol, den Kreis in der Ebene OXY als den Äquator und den Punkt von OX als den Nullpunkt desselben, so ist offenbar φ die geographische Länge und ψ die geographische Breite des Punktes P auf der Kugel. Ist x, y, z gegeben, so ergeben sich zuerst aus (4) OQ und φ als die Polarkoordinaten des Punktes Q (x, y) in der Ebene OXY und alsdann aus (5) r und ψ als die Polarkoordinaten des Punktes P mit den Koordinaten OQ und z in der Ebene OQZ. Da OQ stets positiv ist, so ist ψ in der Tat ein Winkel des ersten oder vierten Quadranten, in welch letzterem Falle er nach dem obigen negativ zu rechnen ist, während die geographische Länge φ alle Werte von 0 bis 360° annehmen kann.

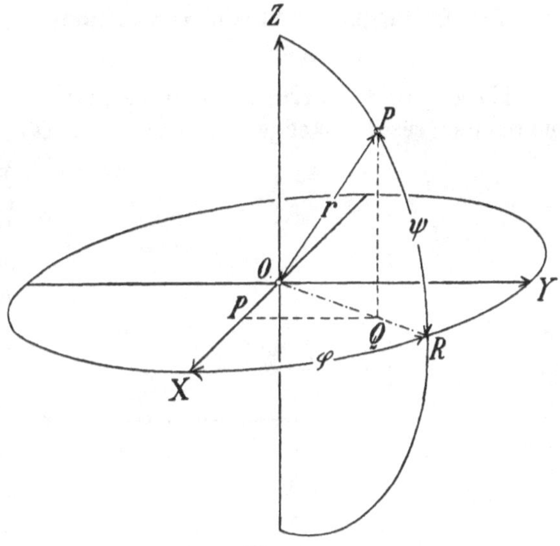

Fig. 54.

Wir werden kaum Veranlassung haben, von diesen räumlichen Polarkoordinaten Gebrauch zu machen, werden uns vielmehr besser der Formeln (I), (III) und (IV) bedienen, welche wir in dem folgenden Satze zusammenfassen wollen:

41. *Sind x, y, z die rechtwinkeligen Koordinaten eines Punktes P, und schließt der Radiusvektor $r = OP$ mit den drei Koordinatenachsen OX, OY, OZ die Winkel λ, μ, ν ein, so ist:*

(I) $$x = r\cos\lambda, \quad y = r\cos\mu, \quad z = r\cos\nu,$$

(IV) $$\cos^2\lambda + \cos^2\mu + \cos^2\nu = 1$$

und:

(III) $$r^2 = x^2 + y^2 + z^2.$$

Aufgabe. Man bestimme die räumlichen Polorkoordinaten des Punktes mit den rechtwinkeligen Koordinaten 20, 48, 39.

§ 14.

Die Entfernung und die Verbindungslinie zweier Punkte, die Gleichungen der geraden Linie.

Haben zwei Punkte P_1 und P_2 (Fig. 55) in Beziehung auf die zueinander rechtwinkeligen Achsen OX, OY, OZ die Koordinaten x_1, y_1, z_1 und x_2, y_2, z_2, so haben dieselben Punkte in Beziehung auf die gleichgerichteten Achsen durch den Punkt P_1 nach Satz 39 die Koordinaten 0, 0, 0 und $x_2 - x_1$, $y_2 - y_1$, $z_2 - z_1$. Bezeichnen wir daher mit d die Entfernung P_1P_2 und mit α, β, γ die Winkel, die $\overrightarrow{P_1P_2}$ mit den Koordinatenachsen einschließt, so ist nach Satz 41:

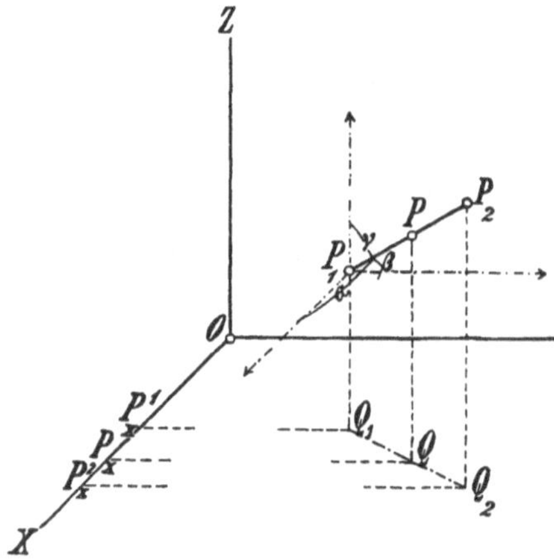

Fig. 55.

$$\text{(I)} \qquad \overline{P_1P_2}^2 = (x_2 - x_1)^2 + (y_2 - y_1)^2 + (z_2 - z_1)^2 = d^2$$

und

$$\text{(II)} \qquad x_2 - x_1 = d\cos\alpha\,, \; y_2 - y_1 = d\cos\beta\,, \; z_2 - z_1 = d\cos\gamma\,.$$

Wir haben demnach den Satz:

42. *Die Gerade von dem Punkte P_1 mit den rechtwinkeligen Koordinaten x_1, y_1, z_1 nach dem Punkte P_2 (x_2, y_2, z_2) hat die Richtungskosinus $\frac{x_2 - x_1}{d}$, $\frac{y_2 - y_1}{d}$, $\frac{z_2 - z_1}{d}$, wo $d = \sqrt{(x_2 - x_1)^2 + (y_2 - y_1)^2 + (z_2 - z_1)^2}$ die Entfernung der Punkte P_1 und P_2 ist.*

Ist P (x, y, z) ein dritter Punkt der Geraden P_1P_2, und projizieren wir P, P_1, P_2 zuerst in der Richtung von OZ auf die Ebene OXY nach Q, Q_1, Q_2 und von dort in der Richtung von OY auf die Achse OX nach P_x, P_x^1, P_x^2, so folgt, wenn wir

$$\text{(1)} \qquad \frac{P_1P}{PP_2} = \lambda,$$

(2) $$\lambda = \frac{Q_1 Q}{Q Q_2} = \frac{P_x^1 P_x}{P_x P_x^2} = \frac{x - x_1}{x_2 - x},$$

also:

(3) $$x = \frac{x_1 + \lambda x_2}{1 + \lambda}.$$

Diese Abteilung versagt zwar, wenn $x_2 = x_1$, also P_1 und P_2 in einer Parallelebene zu OYZ liegen, dann ist aber auch $x = x_1$, sodaß Formel (3) bestehen bleibt. Demnach gilt und zwar, wie die Ableitung zeigt, auch für schiefwinklige Koordinaten, der Satz:

43. *Teilt der Punkt P mit den Koordinaten x, y, z die Strecke $P_1 P_2$ im Verhältnisse $\lambda = \overline{P_1 P} : \overline{P P_2}$, so ist:*

(III) $$x = \frac{x_1 + \lambda x_2}{1 + \lambda}, \quad y = \frac{y_1 + \lambda y_2}{1 + \lambda}, \quad z = \frac{z_1 + \lambda z_2}{1 + \lambda}.$$

Dieser Satz enthält als Korollar den folgenden:

43ª. *Die Koordinaten des Mittelpunktes der Strecke $P_1 P_2$ sind:* $\frac{x_1 + x_2}{2}$, $\frac{y_1 + y_2}{2}$, $\frac{z_1 + z_2}{2}$.

Nach den Formeln (II) hat offenbar jeder Punkt P, der von einem Punkte A (a, b, c) einer Geraden g (Fig. 56) mit den Richtungskosinus $\cos\alpha$, $\cos\beta$, $\cos\gamma$ um das positiv oder negativ zu rechnende Stück u entfernt ist, die Koordinaten:

(IV) $$x = a + u\cos\alpha, \quad y = b + u\cos\beta, \quad z = c + u\cos\gamma;$$

diese Formeln sind nämlich nach (II) sicher richtig, wenn P auf derjenigen von A ausgehenden Seite der Geraden g liegt, welche mit den Koordinatenachsen die Winkel α, β, γ einschließt, wenn also $u = \overrightarrow{AP}$ positiv ist. Liegt aber P auf der anderen Seite von g, so müssen wir, um die Formeln (II) anwenden zu können, α, β, γ durch $180^\circ - \alpha$, $180^\circ - \beta$, $180^\circ - \gamma$ ersetzen, oder, was auf dasselbe hinauskommt, in (IV) $u = AP$ negativ rechnen.

Wir wollen dies in den Satz zusammenfassen:

44. *Die Gerade durch den Punkt A (a, b, c) mit den Richtungskosinus* $\cos\alpha$, $\cos\beta$, $\cos\gamma$ *hat die Gleichungen:*

(IV) $$x = a + u\cos\alpha, \quad y = b + u\cos\beta, \quad z = c + u\cos\gamma,$$

wo die Entfernung u des Punktes P (x, y, z) vom Punkte A positiv oder negativ zu rechnen ist, je nachdem P auf derjenigen von A ausgehenden Seite der Geraden liegt, welche mit den Koordinatenachsen die Winkel α, β, γ einschließt, oder auf der anderen.

Will man den Spurpunkt G_1 der Geraden in der Ebene XOY finden, so hat man nur $z = 0$ zu setzen, woraus sich $u = -\frac{c}{\cos\gamma}$ ergibt, so daß:

(4) $$x = a - \frac{c \cos \alpha}{\cos \gamma}, \quad y = b - \frac{c \cos \beta}{\cos \gamma}, \quad z = 0$$

die Koordinaten des gesuchten Spurpunktes sind; ebenso sind:

(5) $$x = 0, \quad y = b - \frac{a \cos \beta}{\cos \alpha}, \quad z = c - \frac{a \cos \gamma}{\cos \alpha}$$

die Koordinaten des Spurpunktes G_2 in der Ebene YOZ.

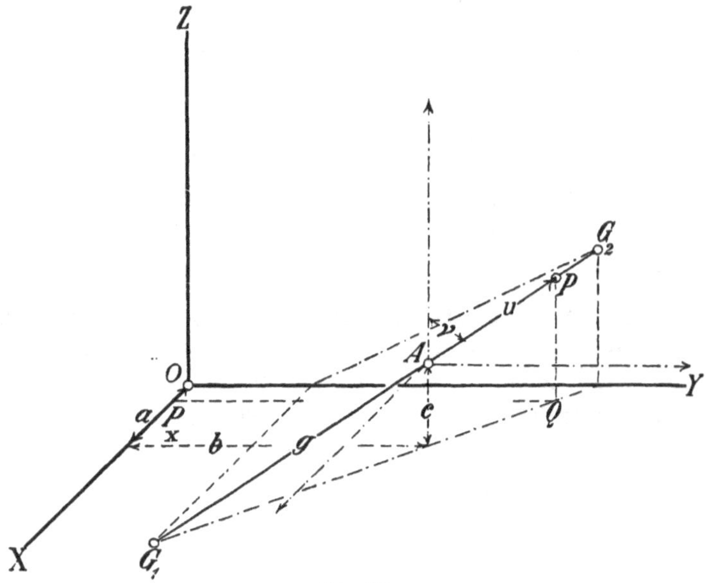

Fig. 56.

Da x, y, 0 die Koordinaten der orthogonalen Projektion Q des Punktes P auf die Ebene XOY oder des sogenannten Grundrisses von P sind, so sind:

(6) $$x = a + u \cos \alpha, \quad y = b + u \cos \beta, \quad z = 0$$

die Gleichungen des Grundrisses der Geraden; die Gleichung dieses Grundrisses in der Grundrißebene XOY ist also:

(7) $$\frac{x - a}{\cos \alpha} = \frac{y - b}{\cos \beta}.$$

Ebenso ist:

(8) $$\frac{y - b}{\cos \beta} = \frac{z - c}{\cos \gamma}$$

die Gleichung des Aufrisses der Geraden in der Aufrißebene YOZ. Der erste Spurpunkt hat als Aufriß den Schnittpunkt des Aufrisses der Geraden mit der Achse OY und der zweite Spurpunkt zum Grundriß den Schnittpunkt des Grundrisses der Geraden mit derselben Achse, was auch geometrisch evident ist. Die Gleichungen (7) und (8) in der Form:

$$\text{(V)} \qquad \frac{x-a}{\cos\alpha} = \frac{y-b}{\cos\beta} = \frac{z-c}{\cos\gamma}$$

werden ebenfalls die Gleichungen der Geraden durch den Punkt (a, b, c) mit den Richtungskosinus $\cos\alpha$, $\cos\beta$, $\cos\gamma$ genannt; wir werden dieselben jedoch meist in der Form (IV) benutzen. Wie man die Gleichungen des Grund- und Aufrisses in beliebiger Form auf die Formen (7) und (8) zu bringen hat, werden wir in § 16 sehen.

---

1. Aufgabe. Man bestimme die Entfernung der beiden Punkte $(3, -1, 7)$ und $(-3, -7, 1)$ sowie den Winkel ihrer Verbindungslinie mit den Koordinatenachsen.

2. Aufgabe. Man bestimme die Ecken eines Rhombus, die auf vier Kanten eines Tetraeders mit den aufeinanderfolgenden Ecken $(1, 2, 1)$, $(2, -3, 1)$, $(-2, 3, -2)$, $(-4, -5, 2)$ liegen.

Eine leichte geometrische Überlegung zeigt, daß die Seiten des Rhombus, weil sie in den vier Seitenflächen des Tetraeders liegen müssen, den beiden übrigen Kanten des Tetraeders parallel sein müssen, deren Richtungskosinus also zuvor zu bestimmen sind. So erhält man zunächst von jedem nach Satz 43 zu bestimmenden Punkte einer Kante aus ein Parallelogramm, dessen weitere Ecken nach Satz 44 und 43 zu berechnen sind; hiernach kann die unbestimmte Größe λ der Forderung des Rhombus entsprechend bestimmt werden.

3. Aufgabe. Man bestimme die Ellipse, in welche ein Kreis der Ebene XOY übergeht, wenn er in der Richtung (α, β, γ) auf die Ebene YOZ projiziert wird, und beweise, daß je zwei rechtwinkelige Durchmesser des Kreises in je zwei konjugierte Durchmesser der Ellipse übergehen.

Ist (x, y) ein Punkt des Kreises, so hat man nur x, y und u aus $0 = x + u\cos\alpha$, $y' = y + u\cos\beta$, $z' = u\cos\gamma$ und der Gleichung des Kreises zu eliminieren.

§ 15.

Die Gleichung der Ebene.

Um die Gleichung einer Ebene aufzustellen, gehen wir aus von der Formel (II) in § 13, S. 124:

(1) $$r \cos \vartheta = x \cos \alpha + y \cos \beta + z \cos \gamma,$$

in welcher r den Radiusvektor des Punktes P (x, y, z) und ϑ, α, β, γ die Winkel bedeuten, welche die positive Seite einer Geraden g mit OP, OX, OY, OZ einschließt. Ist daher P (Fig. 57) irgend ein Punkt einer Ebene ε und g das Lot $\overrightarrow{ON} = d$ vom Anfangs-

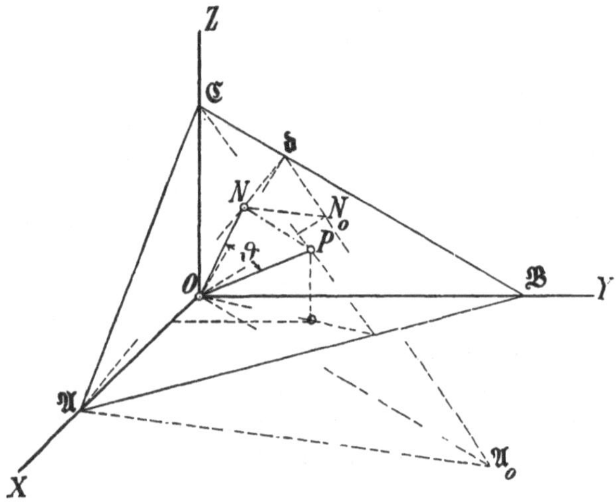

Fig. 57.

punkte auf die Ebene, so daß $r \cos \vartheta = d$ wird, so folgt hieraus, daß die Koordinaten x, y, z aller Punkte P der Ebene ε der Gleichung:

(I) $$x \cos \alpha + y \cos \beta + z \cos \gamma = d$$

genügen; dies ist also die gesuchte Gleichung der Ebene. Diese Gleichung gilt auch noch, wenn $d = 0$, weil dann OP mit dem Lote auf ε einen rechten Winkel bildet, also $\cos \vartheta = 0$ ist; allerdings können dann die Vorzeichen von $\cos \alpha$, $\cos \beta$, $\cos \gamma$ noch gleichzeitig vertauscht werden, was aber in diesem Falle auf Gleichung (I) keinen Einfluß hat. Wir haben daher den Satz:

45. *Bildet das Lot $\overrightarrow{ON} = d$ vom Anfangspunkte auf eine Ebene ε mit den Koordinatenachsen die Winkel α, β, γ, so ist:*

(I) $$x \cos\alpha + y \cos\beta + z \cos\gamma = d$$

die Gleichung der Ebene ε.

Die Form (I) wird die Hessesche Normalform der Gleichung der Ebene genannt. Multipliziert man sie mit irgend einer von Null verschiedenen Konstanten, so wird sie die Form:

(2) $$Ax + By + Cz = D$$

annehmen, d. h. die allgemeinste Form einer linearen Gleichung zwischen den Koordinaten x, y, z irgend eines ihrer Punkte. Es ist umgekehrt leicht zu sehen, daß Gleichung (2) stets eine Ebene darstellt wie auch die Größen A, B, C, D gewählt sein mögen, wenn nur A B, C nicht gleichzeitig verschwinden.

Setzen wir nämlich:

(3) $$\sqrt{A^2 + B^2 + C^2} = E,$$

so können wir nach Satz 40 $\pm \frac{A}{E}, \pm \frac{B}{E}, \pm \frac{C}{E}$ als die Richtungskosinus einer Geraden durch den Anfangspunkt betrachten. Dividieren wir also die beiden Seiten von (2) durch $\pm E$, je nachdem D positiv oder negativ ist, so nimmt (2) die Form (I) an, ist also die Gleichung einer Ebene, welche im Punkte N mit den Koordinaten $\frac{AD}{E^2}, \frac{BD}{E^2}, \frac{CD}{E^2}$ auf dem Strahle $\overrightarrow{ON}$ senkrecht steht oder für $D = 0$ im Punkte O auf der Geraden mit den Richtungskosinus $\pm \frac{A}{E}, \pm \frac{B}{E}, \pm \frac{C}{E}$ Wir erhalten also den Satz:

46. *Die Gleichung:*

2) $$Ax + By + Cz = D$$

***stellt**, sobald A, B, C nicht gleichzeitig verschwinden, **stets eine Ebene** dar, für welche das Lot $\overrightarrow{ON}$ vom Anfangspunkte die Länge $\pm \frac{D}{E}$ und die Richtungskosinus $\pm \frac{A}{E}, \pm \frac{B}{E}, \pm \frac{C}{E}$ hat, wo $E = \sqrt{A^2 + B^2 + C^2}$, und das obere oder untere Vorzeichen gilt, je nachdem D positiv oder negativ ist.*

Die Ebene (2) schneidet die Koordinatenebenen XOY und YOZ in den sogenannten Spuren, deren Gleichungen offenbar:

(4) $$Ax + By = D \quad \text{und} \quad By + Cz = D$$

sind. (Mit Hilfe der Bilder $\mathfrak{AB}$ und $\mathfrak{BC}$ dieser beiden Spuren wurde in der Figur das Bild des Lotes ON entworfen. Dasselbe liegt nämlich in der auf $\mathfrak{BC}$ senkrechten Ebene $\mathfrak{A}O\mathfrak{d}$, wo $O\mathfrak{d} \perp \mathfrak{BC}$ ist. Klappt man dann das bei O rechtwinklige Dreieck $\mathfrak{A}O\mathfrak{d}$ nach

$\mathfrak{A}_0 O \mathfrak{d}$ in die Bildebene um, wo $O\mathfrak{A}_0 = 2 O\mathfrak{A}$ zu machen ist, so stellt das Lot ON_0 auf $\mathfrak{A}_0\mathfrak{d}$ die wahre Länge des gesuchten Lotes dar, und die Parallele durch N_0 zu $\mathfrak{A}_0\mathfrak{A}$ schneidet auf $\mathfrak{A}\mathfrak{d}$ das Bild des gesuchten Fußpunkts N aus.)

Auf den Koordinatenachsen schneidet die Ebene die Punkte $\mathfrak{A}$, $\mathfrak{B}$, $\mathfrak{C}$ mit den Koordinaten $a, o, o; o, b, o; o, o, c$ aus, wo die Abschnitte a, b, c die Werte:

$$a = \frac{D}{A}, \quad b = \frac{D}{B}, \quad c = \frac{D}{C} \tag{5}$$

haben, durch deren Einführung in die Gleichung der Ebene diese die Form:

$$\frac{x}{a} + \frac{y}{b} + \frac{z}{c} = 1 \tag{II}$$

annimmt. Wir haben daher den Satz:

47. *Macht eine Ebene auf den Koordinatenachsen die Abschnitte a, b, c, so hat sie die Gleichung:*

$$\frac{x}{a} + \frac{y}{b} + \frac{z}{c} = 1. \tag{II}$$

Wir bemerken schließlich noch, daß die lineare Form der Gleichung einer Ebene zufolge des Satzes 43 unmittelbar die bekannte Eigenschaft der Ebene widerspiegelt, jede Gerade, mit der sie zwei Punkte P_1 und P_2 gemein hat, ganz zu enthalten. Denn ist $Ax_1 + By_1 + Cz_1 = Ax_2 + By_2 + Cz_2 = D$, so ist auch: $A\frac{x_1 + \lambda x_2}{1 + \lambda} + B\frac{y_1 + \lambda y_2}{1 + \lambda} + C\frac{z_1 + \lambda z_2}{1 + \lambda}$ für jeden Wert von λ dem D gleich.

Sind von einer Ebene drei Punkte P_1, P_2 und P_3 (Fig. 58) gegeben, und ist P ein vierter Punkt derselben, so lassen sich dessen Koordinaten in einfacher Weise durch die Verhältnisse λ und μ ausdrücken, in welchen P_3P und P_2P die gegenüberliegenden Seiten P_1P_2 und P_1P_3 des Dreiecks $P_1P_2P_3$ teilen so zwar, daß $P_1S_3 : S_3P_2 = \lambda$ und $P_1S_2 : S_2P_3 = \mu$ gesetzt wird. Der Punkt nämlich, der die Strecke von P_3 nach dem Teilpunkte S_3 auf P_1P_2 im Verhältnisse $\lambda + 1 : \mu$ teilt, hat die Koordinaten:

$$x = \frac{x_3 + \frac{1}{\mu}(x_1 + \lambda x_2)}{1 + \frac{\lambda + 1}{\mu}} = \frac{x_1 + \lambda x_2 + \mu x_3}{1 + \lambda + \mu} \text{ usw.} \tag{6}$$

Dieselben Koordinaten hat aber auch der Punkt, der die Strecke von P_2 nach dem Teilpunkte S_2 auf P_1P_3 im Verhältnisse $\mu + 1 : \lambda$ teilt, nämlich:

(7) $$x = \frac{x_2 + \frac{1}{\lambda}(x_1 + \mu x_3)}{1 + \frac{\mu + 1}{\lambda}} = \frac{x_1 + \lambda x_2 + \mu x_3}{1 + \lambda + \mu} \text{ usw.}$$

Die erhaltenen Ausdrücke stellen demnach die Koordinaten des Punktes P dar. Wir erhalten daher den Satz:

48. *Die Koordinaten eines Punktes P der Ebene des Dreiecks $P_1P_2P_3$, dessen Verbindungslinien mit P_3 resp. P_2 die gegenüberliegenden Seiten P_1P_2 und P_1P_3 des Dreiecks im Verhältnisse λ resp. μ teilen, sind:*

(III) $$x = \frac{x_1 + \lambda x_2 + \mu x_3}{1 + \lambda + \mu}, \; y = \frac{y_1 + \lambda y_2 + \mu y_3}{1 + \lambda + \mu}, \; z = \frac{z_1 + \lambda z_2 + \mu z_3}{1 + \lambda + \mu}.$$

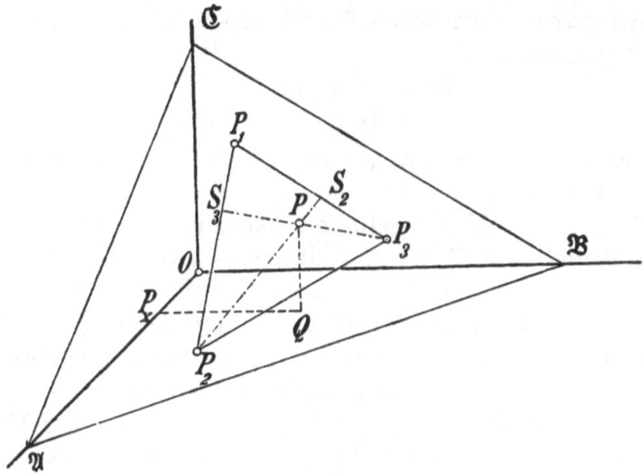

Fig. 58.

Auch diese Formeln setzen in Evidenz, daß die Koordinaten jedes Punktes der Ebene eines Dreiecks der linearen Gleichung $Ax + By + Cz = D$ genügen, wenn dasselbe für die Koordinaten der drei Ecken des Dreiecks gilt.

Nach Ableitung des 43. Satzes gelten die Formeln (III) auch für schiefwinkelige Koordinaten. Daraus ist leicht zu beweisen, daß die Ebene $P_1P_2P_3$ auch in schiefwinkeligen Koordinaten durch eine lineare Gleichung dargestellt ist. Denn multipliziert man die Gleichungen (III) mit dem gemeinsamen Nenner $1 + \lambda + \mu$, so erhält man für $1, \lambda, \mu$ drei homogene lineare Gleichungen, deren Bestehen nach dem Satze auf S. 51 das Verschwinden der Determinante:

(8) $$\begin{vmatrix} x - x_1, & x - x_2, & x - x_3 \\ y - y_1, & y - y_2, & y - y_3 \\ z - z_1, & z - z_2, & z - z_3 \end{vmatrix} = 0$$

zur Folge hat oder nach der 7. Eigenschaft der Determinanten auf S. 50, wenn man die erste Vertikalreihe von der zweiten und dritten subtrahiert:

$$(9) \qquad \begin{vmatrix} x - x_1, & x_1 - x_2, & x_1 - x_3 \\ y - y_1, & y_1 - y_2, & y_1 - y_3 \\ z - z_1, & z_1 - z_2, & z_1 - z_3 \end{vmatrix} = 0 .$$

Besteht umgekehrt Gleichung (III) in schiefwinkligen Koordinaten, so lehrt Gleichung (9), das (III) eine Ebene durch die Punkte (a, o, o), (o, b, o), (o, o, c) darstellt (vergl. hierzu Satz 54 auf S. 152 und die Formeln (34) bis (37) am Schlusse, sowie die 10. Aufg. von § 19).

---

1. Aufgabe. Man bringe die folgenden Gleichungen von Ebenen auf die Normalform:

$$2x + y + 2z = 12,$$
$$3x + 4y + 12z = 338$$

und bestimme die Abschnitte, welche diese Ebenen auf den Koordinatenachsen machen.

2. Aufgabe. Man bestimme den Schwerpunkt des Dreiecks mit den Ecken $(4, 3, 2)$, $(1, 2, -3)$, $(3, -3, 3)$ und die Abschnitte, welche seine Ebene auf den Koordinatenachsen macht.

Benutzung der Formeln (III), also Berechnung der Werte von λ und μ, die den Schnittpunkten mit den Achsen entsprechen.

3. Aufgabe. Ordnet man jedem Punkte (x, y, z) einer Kugelfläche um O mit dem Radius a den Punkt (x', y') der Ebene OXY zu, der mit ihm und dem Pole (o, o, a) in einer Geraden liegt, so entspricht jedem Kreise der Kugelfläche ein Kreis der Ebene, und umgekehrt (Stereographische Projektion).

Man findet, daß $x' = \frac{ax}{a-z}$, $y' = \frac{ay}{a-z}$, daß also einem Kreise der Ebene (2) der Kreis:

$$(aC - D)(x'^2 + y'^2) + 2a(Ax' + By') = a(aC + D)$$

entspricht.

4. Aufgabe. Es sind zwei Ebenen gegeben und in einer derselben ein Kreis, es soll der Ort der Punkte bestimmt werden, von denen aus dieser Kreis auf die andere Ebene wieder als Kreis projiziert wird.

Nimmt man die Ebene des Kreises in der Form $z = x \operatorname{tg} \alpha$, die ihn bestimmende Kugelfläche als $x^2 + y^2 + z^2 = a^2$ und die Projektionsebene als $z = 0$ an, so erhält man als Ort der Hyperbel $x^2 - z^2 - 2xz \operatorname{ctg} \alpha = a^2$, $y = 0$, deren Asymptoten in den Halbierungsebenen des Winkels der beiden Ebenen liegen.

§ 16.

Winkel zweier Geraden, Winkel und Schnittlinie zweier Ebenen, Ebenenbüschel, Winkel und Schnittpunkt einer Geraden und einer Ebene und Schnittpunkt dreier Ebenen.

Wollen wir den Winkel $\vartheta = (g, g')$ bestimmen, den die positiven Seiten der beiden Geraden g und g' mit den Achsenwinkeln α, β, γ und α', β', γ' miteinander bilden, so gehen wir wieder aus von der Formel (1) des vorigen Paragraphen:

(1) $$r \cos \vartheta = x \cos \alpha + y \cos \beta + z \cos \gamma .$$

Bedeuten darin nämlich x, y, z die Koordinaten eines Punktes P, dessen Radiusvektor $r = OP$ mit der Geraden g' gleich gerichtet ist, so folgt nach den Formeln (I) auf S. 123 unmittelbar:

(I) $$\cos \vartheta = \cos \alpha \cos \alpha' + \cos \beta \cos \beta' + \cos \gamma \cos \gamma' .$$

Wir erhalten daher den Satz:

49. *Der Winkel ϑ, den zwei Geraden, deren positive Richtungen mit den Koordinatenachsen die Winkel α, β, γ und α', β', γ' einschließen, miteinander bilden, ist bestimmt durch:*

(I) $$\cos \vartheta = \cos \alpha \cos \alpha' + \cos \beta \cos \beta' + \cos \gamma \cos \gamma' .$$

Hieraus ergibt sich das Korollar:

49ª. *Die notwendige und hinreichende Bedingung dafür, daß die beiden Geraden mit den Achsenwinkeln α, β, γ und α', β', γ' senkrecht gegeneinander stehen, ist:*

(II) $$\cos \alpha \cos \alpha' + \cos \beta \cos \beta' + \cos \gamma \cos \gamma' = 0 .$$

Der Winkel ϑ zweier Ebenen wird bekanntlich durch den Winkel derjenigen beiden in den Ebenen gelegenen Geraden gemessen (Fig. 59), welche in einem Punkte der Schnittlinie der beiden Ebenen auf dieser senkrecht stehen. Läßt man die als positiv festgesetzten Seiten dieser Geraden gleichzeitig eine Vierteldrehung um die Schnittlinie der beiden Ebenen als Achse ausführen, so *ist hiernach der Winkel ϑ zweier Ebenen gemessen durch die positiven Seiten der Normalen zu den beiden Ebenen.* Welche Seite der Normalen einer

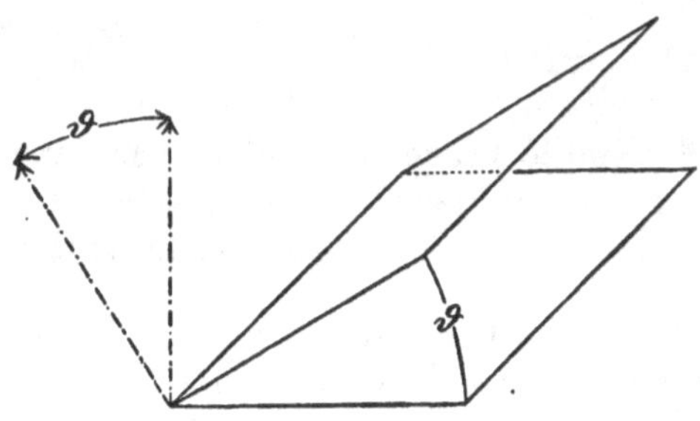

Fig. 59.

Ebene als positiv zu gelten hat, bedarf natürlich in jedem Falle einer besonderen Festsetzung; wir werden darunter, falls die Ebene nicht durch den Anfangspunkt geht, gewöhnlich die Richtung des Lotes von diesem auf die Ebene verstehen. Dies vorausgesetzt ist der Winkel ϑ der beiden Ebenen:

$$A_1 x + B_1 y + C_1 z = D_1, \tag{2}$$

$$A_2 x + B_2 y + C_2 z = D_2 \tag{3}$$

nach den Sätzen 46 und 49 bestimmt durch:

$$\cos\vartheta = \pm \frac{A_1 A_2 + B_1 B_2 + C_1 C_2}{\sqrt{A_1^2 + B_1^2 + C_1^2}\,\sqrt{A_2^2 + B_2^2 + C_2^2}}, \tag{III}$$

wo das obere oder untere Vorzeichen gilt, je nachdem $D_1 \cdot D_2$ positiv oder negativ ist. Wir erhalten daher den Satz:

50. *Der Winkel ϑ der beiden Ebenen:*

$$A_1 x + B_1 y + C_1 z = D_1, \quad A_2 x + B_2 y + C_2 z = D_2$$

ist bestimmt durch Formel (III), wo das obere oder untere Vorzeichen gilt, je nachdem $D_1 \times D_2$ positiv oder negativ ist.

Hieraus ergibt sich wiederum das Korollar:

50ª. *Die notwendige und hinreichende Bedingung dafür, daß die beiden Ebenen: $A_1 x + B_1 y + C_1 z = D_1$ und $A_2 x + B_2 y + C_2 z = D_2$ senkrecht aufeinander stehen, ist:*

$$A_1 A_2 + B_1 B_2 + C_1 C_2 = 0. \tag{IV}$$

Aus Formel (III) folgt offenbar:

$$\sin^2\vartheta = \frac{(A_1^2 + B_1^2 + C_1^2)(A_2^2 + B_2^2 + C_2^2) - (A_1 A_2 + B_1 B_2 + C_1 C_2)^2}{(A_1^2 + B_1^2 + C_1^2)(A_2^2 + B_2^2 + C_2^2)} \tag{4}$$

$$= \frac{(B_1 C_2 - C_1 B_2)^2 + (C_1 A_2 - A_1 C_2)^2 + (A_1 B_2 - B_1 A_2)^2}{(A_1^2 + B_1^2 + C_1^2)(A_2^2 + B_2^2 + C_2^2)}$$

oder:

$$\sin\vartheta = \frac{\sqrt{(B_1 C_2 - C_1 B_2)^2 + (C_1 A_2 - A_1 C_2)^2 + (A_1 B_2 - B_1 A_2)^2}}{\sqrt{A_1^2 + B_1^2 + C_1^2}\,\sqrt{A_2^2 + B_2^2 + C_2^2}}. \tag{V}$$

Man wolle beachten, daß in der Summe unter dem Wurzelzeichen des Zählers jeder Summand aus dem vorhergehenden durch zyklische Vertauschung der Buchstaben $A\,B\,C$ entsteht; analoge Gesetze werden wir in den meisten Formeln der analytischen Geometrie wiederfinden. Überdies wollen wir die in Gleichung (4) enthaltene Identität, die uns noch oft begegnen wird, besonders anmerken, nämlich:

$$(A_1^2 + B_1^2 + C_1^2)(A_2^2 + B_2^2 + C_2^2) - (A_1 A_2 + B_1 B_2 + C_1 C_2)^2$$
$$= (B_1 C_2 - C_1 B_2)^2 + (C_1 A_2 - A_1 C_2)^2 + (A_1 B_2 - B_1 A_2)^2. \tag{Vª}$$

Formel (V) lehrt uns die notwendigen und hinreichenden Bedingungen des Parallelismus der beiden Ebenen (2) und (3) kennen. Soll nämlich $\sin\vartheta = 0$ sein, so muß der Zähler des Bruches der rechten Seite von (V) verschwinden, also, da eine Summe von Quadraten reeller Größen nicht anders verschwinden kann als dadurch, daß diese Größen einzeln Null werden:

$$B_1 C_2 - C_1 B_2 = C_1 A_2 - A_1 C_2 = A_1 B_2 - B_1 A_2 = 0. \tag{5}$$

Nehmen wir daher an, daß von den drei Größen A_1, B_1, C_1 etwa C_1 von Null verschieden sei — von einer gilt dies ja sicher —, so können wir $C_2 = \varrho C_1$ setzen; alsdann ergeben die ersten beiden der drei Gleichungen (5) ebenso: $B_2 = \varrho B_1$ und $A_2 = \varrho A_1$, so daß auch C_2 von Null verschieden sein muß. Da unsere Annahme über C_1 nur Sache der Bezeichnung ist, so erhalten wir den Satz:

51. *Die notwendigen und hinreichenden Bedingungen für den Parallelismus der beiden Ebenen:*

$$A_1 x + B_1 y + C_1 z = D_1, \qquad A_2 x + B_2 y + C_2 z = D_2$$

sind die Proportionen: $A_1 : B_1 : C_1 = A_2 : B_2 : C_2$, *oder die Möglichkeit, eine der beiden Gleichungen mit einem solchen Faktor* ϱ *zu multiplizieren, daß sie sich von der anderen nur in dem konstanten Gliede unterscheidet.*

Wäre auch $D_2 = \varrho D_1$, so wären die beiden Ebenen nicht nur parallel, sondern nach Satz 46 sogar identisch.

Was die Schnittlinie der beiden Ebenen betrifft, so sind die Achsenwinkel λ, μ, ν derselben dadurch bestimmt, daß die Schnittlinie mit den Normalen der beiden Ebenen je einen rechten Winkel bilden muß, also die Gleichungen:

$$\left\{\begin{aligned} A_1 \cos\lambda + B_1 \cos\mu + C_1 \cos\nu = 0,\\ A_2 \cos\lambda + B_2 \cos\mu + C_2 \cos\nu = 0 \end{aligned}\right. \tag{6}$$

bestehen müssen. Hieraus folgt:

$$\cos\lambda : \cos\mu : \cos\nu = B_1 C_2 - C_1 B_2 : C_1 A_2 - A_1 C_2 : A_1 B_2 - B_1 A_2. \tag{7}$$

Hiernach ist:

$$\cos\lambda = \frac{B_1 C_2 - C_1 B_2}{N}, \quad \cos\mu = \frac{C_1 A_2 - A_1 C_2}{N}, \quad \cos\nu = \frac{A_1 B_2 - B_1 A_2}{N}, \tag{VI}$$

wo nach (V):

$$N = \pm \sqrt{A_1^2 + B_1^2 + C_1^2}\sqrt{A_2^2 + B_2^2 + C_2^2} \cdot \sin\vartheta, \tag{8}$$

während über das Vorzeichen im allgemeinen, d. h. wenn auf der Schnittlinie keine Seite ausgezeichnet ist, nichts ausgesagt werden kann. Sind daher die Gleichungen der Ebenen in ihrer Normalform gegeben, so reduziert sich N auf $\pm \sin\vartheta$.

Sollen auch Punkte der Schnittlinie bestimmt werden, so wird man am besten deren Spurpunkte in den Koordinatenebenen aufsuchen. Soll z. B. der Spurpunkt in der Ebene OXY gefunden werden, so wird man in den Gleichungen (2) und (3) $z = 0$ setzen und erhält so als die Koordinaten des gesuchten Spurpunktes nach Formel (I) in § 5, S. 42:

$$(9)\qquad x = \frac{D_1 B_2 - B_1 D_2}{A_1 B_2 - B_1 A_2},\quad y = \frac{A_1 D_2 - D_1 A_2}{A_1 B_2 - B_1 A_2},\quad z = 0.$$

Hieraus ergeben sich die Koordinaten der anderen beiden Spurpunkte durch zyklische Vertauschung der Buchstaben x, y, z und A, B, C. Diese drei Spurpunkte werden sich demnach dann und nur dann sämtlich ins Unendliche verlieren, wenn die beiden Ebenen einander parallel sind.

Sollen für gewisse Zwecke die Gleichungen der Schnittlinie der beiden Ebenen (2) und (3) in der Form (IV) des § 14 oder in der Form:

$$(10)\qquad x = l + u\cos\lambda,\quad y = m + u\cos\mu,\quad z = n + u\cos\nu$$

symmetrisch dargestellt werden, so wählt man als den Punkt (l, m, n) am besten den Fußpunkt des Lotes vom Anfangspunkte auf die Schnittlinie. Es haben dann, falls die Gleichungen (2) und (3) in der Hesseschen Normalform vorliegen, die l, m, n die Werte:

$$(11)\qquad l = \frac{1}{\sin^2\vartheta}\left((d_1 - d_2\cos\vartheta)\cos\alpha_1 + (d_2 - d_1\cos\vartheta)\cos\alpha_2\right),\ \text{usw.},$$

wo die Ausdrücke für m und n aus dem für l durch zyklische Vertauschung der Buchstaben α, β, γ entstehen. In der Tat genügen diese Werte von l, m, n erstens den auf ihre Normalformen gebrachten Gleichungen (2) und (3) und zweitens der Gleichung der Ebene durch den Anfangspunkt senkrecht gegen die Schnittlinie, nämlich der Gleichung:

$$(12)\qquad x\cos\lambda + y\cos\mu + z\cos\nu = 0.$$

Nach Analogie des Satzes 19 auf S. 47 stellt offenbar die Gleichung:

$$(13)\quad (\lambda_1 A_1 + \lambda_2 A_2)x + (\lambda_1 B_1 + \lambda_2 B_2)y + (\lambda_1 C_1 + \lambda_2 C_2)z = \lambda_1 D_1 + \lambda_2 D_2$$

eine Ebene dar, welche durch die Schnittlinie der beiden Ebenen (2) und (3) geht oder dem durch diese beiden Ebenen bestimmten Ebenenbüschel angehört. Daß sich umgekehrt jede Ebene:

$$(14)\qquad A_3 x + B_3 y + C_3 z = D_3$$

des Büschels in dieser Form darstellen läßt, können wir folgendermaßen beweisen. Nehmen wir an, daß $A_1 B_2 - B_1 A_2 \gtrless 0$ sei, daß also die Achse des Büschels nicht senkrecht zur Achse OZ sei — zu allen drei Achsen kann sie ja nicht senkrecht sein, weil sonst nach den Formeln (VI) $A_1:B_1:C_1 = A_2:B_2:C_2$ wäre —, so können wir λ_1 und λ_2 so bestimmen, daß $A_3 = \lambda_1 A_1 + \lambda_2 A_2$ und $B_3 = \lambda_1 B_1 + \lambda_2 B_2$ ist. Ziehen wir dann (14) von den mit λ_1 resp. λ_2 multiplizierten Gleichungen (2) und (3) ab, so müßte für jeden Wert von z die Gleichung:

$$(15)\qquad (\lambda_1 C_1 + \lambda_2 C_2 - C_3) z = \lambda_1 D_1 + \lambda_2 D_2 - D_3$$

bestehen. Gehört also die Ebene (14) dem durch die Ebenen (2) und (3) bestimmten Büschel an, so lassen sich in der Tat λ_1 und λ_2 so bestimmen, daß:

$$(16)\qquad \begin{aligned} A_3 &= \lambda_1 A_1 + \lambda_2 A_2, & B_3 &= \lambda_1 B_1 + \lambda_2 B_2, \\ C_3 &= \lambda_1 C_1 + \lambda_2 C_2, & D_3 &= \lambda_1 D_1 + \lambda_2 D_2. \end{aligned}$$

Unter den Ebenen des Büschels (13) gibt es in dem Falle, daß es sich nicht um ein Büschel paralleler Ebenen handelt, auch drei solche, welche den drei Koordinatenachsen parallel sind, für welche also der Reihe nach A_3, B_3 oder $C_3 = 0$ ist. So lautet z. B. die Gleichung der der z-Achse parallelen Ebene des Büschels:

$$(17)\qquad (A_1 C_2 - C_1 A_2) x + (B_1 C_2 - C_1 B_2) y = D_1 C_2 - C_1 D_2,$$

die offenbar zugleich die Gleichung der orthogonalen Projektion der Schnittlinie der Ebenen (2) und (3) auf die Ebene OXY ist.

Soll der Schnittpunkt der Geraden:

$$(18)\qquad x = l + u\cos\lambda,\quad y = m + u\cos\mu,\quad z = n + u\cos\nu$$

mit der Ebene:

$$(19)\qquad Ax + By + Cz = D$$

bestimmt werden, so hat man nur die Ausdrücke für die laufenden Koordinaten eines Punktes der Geraden (18) in Gleichung (19) einzusetzen, um in:

$$(20)\qquad u = \frac{D - Al - Bm - Cn}{A\cos\lambda + B\cos\mu + C\cos\nu}$$

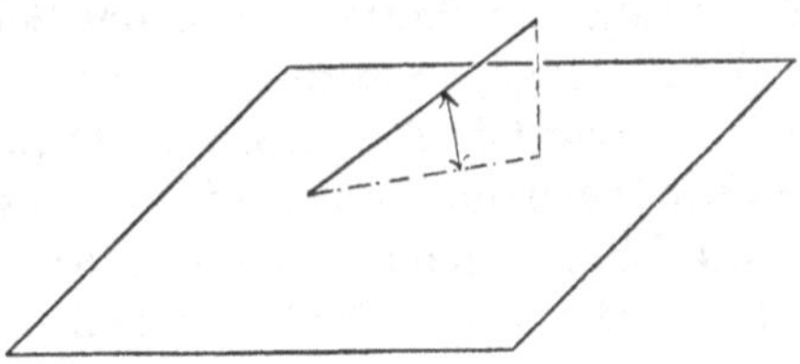

Fig. 60.

den positiven oder negativen Abstand des gesuchten Schnittpunktes von dem Anfangspunkte (l, m, n) der Geraden zu erhalten. Da man unter dem (spitzen) Winkel einer Geraden mit einer Ebene (Fig. 60) denjenigen der Geraden mit ihrer orthogonalen Projektion auf die Ebene versteht, diese Projektion in dem der Geraden entsprechenden Sinne genommen, so ergänzt sich dieser Winkel η mit dem spitzen Winkel, den die Gerade mit dem Lote zur Ebene bildet, zu einem Rechten. Es ist demnach:

$$\text{(VII)} \qquad \cos \eta = \frac{A \cos \lambda + B \cos \mu + C \cos \nu}{\pm \sqrt{A^2 + B^2 + C^2}},$$

wo das obere oder das untere Vorzeichen gilt, je nachdem der Zähler dieses Ausdrucks positiv oder negativ ist.

Soll endlich der Schnittpunkt der drei Ebenen:

$$\text{(21)} \qquad A_1 x + B_1 y + C_1 z = D_1,$$

$$\text{(22)} \qquad A_2 x + B_2 y + C_2 z = D_2,$$

$$\text{(23)} \qquad A_3 x + B_3 y + C_3 z = D_3$$

bestimmt werden, so folgt zunächst aus den beiden letzten Gleichungen:

$$\text{(24)} \quad y = \frac{(D_2 - A_2 x) C_3 - (D_3 - A_3 x) C_2}{B_2 C_3 - B_3 C_2}, \quad z = \frac{-(D_2 - A_2 x) B_3 + (D_3 - A_3 x) B_2}{B_2 C_3 - B_3 C_2}$$

woraus durch Substitution in (21) folgt:

$$\text{(VIII)} \quad \begin{cases} x\{A_1(B_2 C_3 - B_3 C_2) + A_2(B_3 C_1 - B_1 C_3) + A_3(B_1 C_2 - B_2 C_1)\} = \\ \quad D_1(B_2 C_3 - B_3 C_2) + D_2(B_3 C_1 - B_1 C_3) + D_3(B_1 C_2 - B_2 C_1). \end{cases}$$

Da sich hiernach der Nenner des Ausdrucks für x vom Zähler nur dadurch unterscheidet, daß die Faktoren D_1, D_2, D_3 der einzelnen Summanden durch A_1, A_2, A_3 resp. ersetzt sind, so wird man offenbar aus diesem Ausdrucke diejenigen für y und z erhalten, wenn man die Buchstaben A, B, C zyklisch vertauscht, die D aber unverändert läßt; hierbei ändern sich nur die Zähler, während der Nenner unverändert bleibt. Man kann Gleichung (VIII) offenbar auch in folgender Form schreiben:

$$\text{(VIII}^a\text{)} \quad \begin{cases} x\{A_3(B_1 C_2 - C_1 B_2) + B_3(C_1 A_2 - A_1 C_2) + C_3(A_1 B_2 - B_1 A_2)\} = \\ \quad D_3(B_1 C_2 - C_1 B_2) + B_3(C_1 D_2 - D_1 C_2) + C_3(D_1 B_2 - B_1 D_2), \end{cases}$$

aus welcher deutlich hervorgeht, daß der Schnittpunkt ins Unendliche rückt, falls die dritte Ebene der Schnittlinie der beiden ersten parallel ist, oder unbestimmt wird, falls die drei Ebenen demselben Büschel angehören. Das Verschwinden des Faktors von x bedeutet nämlich nach den Formeln (VI), daß die Normale zur dritten Ebene senkrecht zur Schnittlinie der beiden ersten steht. Bestimmt man dann wieder unter der Voraussetzung, daß etwa $B_1 C_2 - C_1 B_2 \lesseqgtr 0$ sei, λ_1 und λ_2 so, daß $B_3 = \lambda_1 B_1 + \lambda_2 B_2$ und $C_3 = \lambda_1 C_1 + \lambda_2 C_2$ ist, so kann der Faktor von x nur verschwinden, wenn auch $A_3 = \lambda_1 A_1 + \lambda_2 A_2$ ist; die rechte Seite von (VIII) wird daher nur dann ebenfalls verschwinden, wenn auch $D_3 = \lambda_1 D_1 + \lambda_2 D_2$ ist. All dies ergibt sich noch deutlicher, wenn wir die Lösungen der Gleichungen (21) bis (23) nach S. 51 in der übersichtlichen Form:

$$(25)\qquad x\begin{vmatrix} A_1 & B_1 & C_1 \\ A_2 & B_2 & C_2 \\ A_3 & B_3 & C_3 \end{vmatrix} = \begin{vmatrix} D_1 & B_1 & C_1 \\ D_2 & B_2 & C_2 \\ D_3 & B_3 & C_3 \end{vmatrix}$$

schreiben und die mit λ_1 resp. λ_2 multiplizierten ersten beiden Horizontalreihen von den dritten subtrahieren.

---

1. Aufgabe. Man leite die Gleichung des geraden Kegels als Ort derjenigen Punkte (x, y, z) ab, für welche die Verbindungslinien mit einem festen Punkte (l, m, n) und die Achse $(\cos\lambda, \cos\mu, \cos\nu)$ durch diesen Punkt einen gegebenen Winkel ϑ bilden, und beweise, daß die eine Achse des Schnittes dieses Kegels mit der Ebene OXY die orthogonale Projektion der Kegelachse auf diese Ebene ist.

Man transformiere auf den Projektionspunkt der Spitze des Kegels als Anfangspunkt und die Projektion der Achse als Abszissenachse. Diskussion der drei Arten des Kegelschnittes.

2. Aufgabe. Man bestimme die Hauptelemente derjenigen Kegelschnitte, in welchen die Koordinatenebenen von dem geraden Kegel getroffen werden, dessen Spitze der Punkt (3, 4, 12), dessen Achse der Radiusvektor nach diesem Punkte, und dessen Amplitude bestimmt ist durch $\sin\vartheta = \frac{4}{13}$.

3. Aufgabe. Man bestimme die Richtungskosinus, Spurpunkte und Projektionen der Schnittlinie und den Winkel der beiden Ebenen:

$$x + 2y + 3z = 4, \qquad 3x + 2y + z = 4.$$

4. Aufgabe. Man beweise, daß zwei parallele Ebenen von einer dritten ihnen nicht parallelen Ebene in parallelen Geraden geschnitten werden.

5. Aufgabe. Man bestimme die Gleichungen der Winkelhalbierenden zweier Ebenen.

Man bestimme in Formel (13) $\lambda_1 : \lambda_2$ den Bedingungen der Aufgabe gemäß nach Formel (III) mit unbestimmtem Vorzeichen.

6. Aufgabe. Man beweise, daß die sechs Halbierungsebenen der Winkel von irgend drei Ebenen sich zu je dreien viermal in je einer Geraden schneiden (Hessesche Normalform).

7. Aufgabe. Wird ein Ebenenbüschel:

$$x\cos\alpha + y\cos\beta_1 + z\cos\gamma_1 - d_1 + \varrho(x\cos\alpha_2 + y\cos\beta_2 + z\cos\gamma_2 - d_2) = 0$$

durch irgend eine Gerade:

$$\frac{x-l}{\cos\lambda} = \frac{y-m}{\cos\mu} = \frac{z-n}{\cos\nu}$$

geschnitten, so bedeutet ϱ das Verhältnis der Abschnitte zwischen der veränderlichen Ebene und den beiden festen Ebenen dividiert durch das Verhältnis der Sinus der Winkel der Geraden mit den beiden festen Ebenen.

8. Aufgabe. Man bestimme den Winkel, welchen die Gerade:

$$\frac{x-10}{9} = \frac{y-167}{168} = \frac{z+15}{16}$$

mit der Ebene:

$$97x + 177y + 128z = 48$$

bildet, und den gemeinsamen Punkt.

9. Aufgabe. Man berechne die Koordinaten des Schnittpunktes der drei Ebenen:

$$3x - 2y + z = 10,\quad 5x + 4y + 2z = 3,\quad 2x + 3y + z = -1.$$

10. Aufgabe. Soll die Ebene $A_4 x + B_4 y + C_4 z = D_4$ durch den Schnittpunkt der drei Ebenen (21), (22), (23) gehen, so kann man die Größen λ_1, λ_2, λ_3 so bestimmen, daß:

$$A_4 = \lambda_1 A_1 + \lambda_2 A_2 + \lambda_3 A_3,\quad B_4 = \lambda_1 B_1 + \lambda_2 B_2 + \lambda_3 B_3,$$
$$C_4 = \lambda_1 C_1 + \lambda_2 C_2 + \lambda_3 C_3,\quad D_4 = \lambda_1 D_1 + \lambda_2 D_2 + \lambda_3 D_3$$

und umgekehrt.

Es muß dann nämlich eine Ebene des durch die ersten beiden Ebenen bestimmten Büschels auch dem durch die dritte und vierte Ebene bestimmten Büschel angehören. Man kann aber auch zuerst λ_1, λ_2, λ_3 so bestimmen, daß die drei ersten Gleichungen erfüllt sind, und dann so weiter schließen wie auf S. 139.

§ 17.

Die Abstände der Punkte von Geraden und Ebenen und von Geraden unter einander.

Der Abstand e eines Punktes $P_1(x_1, y_1, z_1)$ von der Ebene:

(1) $$Ax + By + Cz = D$$

ergibt sich unmittelbar aus Satz 46 auf S. 131, wenn wir den Anfangspunkt der Koordinatenachsen nach dem Punkte P_1 verschieben, also setzen:

(2) $$x = x_1 + x',\quad y = y_1 + y',\quad z = z_1 + z'.$$

Dann geht Gleichung (1) über in:

(1ª) $$Ax' + By' + Cz' = D - Ax_1 - By_1 - Cz_1,$$

und e hat daher nach jenem Satze den Wert:

(I) $$e = \frac{D - Ax_1 - By_1 - Cz_1}{\pm\sqrt{A^2 + B^2 + C^2}},$$

wo das obere oder untere Vorzeichen gilt, je nachdem der Zähler positiv oder negativ ist. Setzt man auf allen Loten der Ebene (1) diejenige Richtung als die positive fest, welche mit der Richtung des Lotes vom Anfangspunkte O auf die Ebene übereinstimmt, so hat man in Formel (I) das obere oder untere Vorzeichen zu wählen, je nachdem D positiv oder negativ ist (Satz 46). Dann wird also e auf derjenigen Seite der Ebene, auf welcher O liegt, positiv resultieren, auf der anderen Seite negativ. Die hieraus sich ergebende Unterscheidung einer positiven und einer negativen Seite jeder Ebene ist für viele Untersuchungen nicht ohne Wichtigkeit. Geht die Ebene durch den Anfangspunkt, so kann die positive Seite einer der Koordinatenachsen zur Unterscheidung ihrer beiden Seiten benutzt werden.

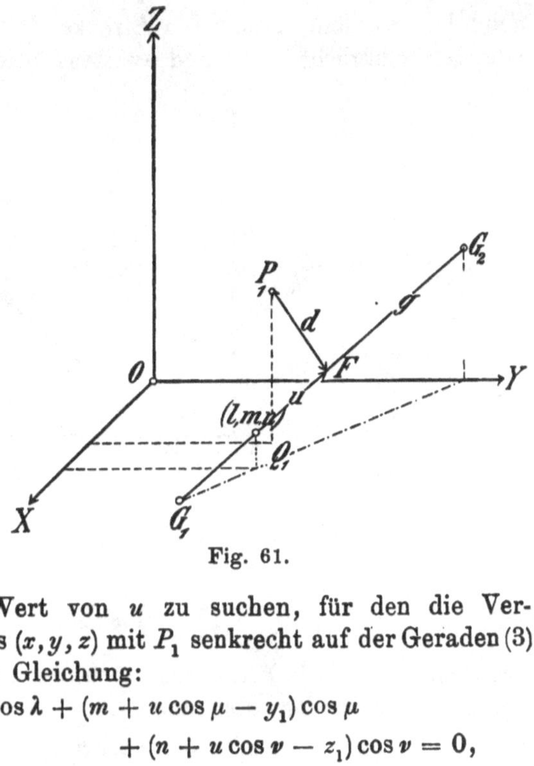

Fig. 61.

Soll zweitens der Abstand d des Punktes P_1 (x_1, y_1, z_1) von der Geraden (Fig. 61):

$$(3)\quad \begin{cases} x = l + u\cos\lambda, \\ y = m + u\cos\mu, \\ z = n + u\cos\nu \end{cases}$$

bestimmt werden, so haben wir denjenigen Wert von u zu suchen, für den die Verbindungslinie des Punktes (x, y, z) mit P_1 senkrecht auf der Geraden (3) steht. Daraus fließt die Gleichung:

$$(4)\quad \begin{cases} (l + u\cos\lambda - x_1)\cos\lambda + (m + u\cos\mu - y_1)\cos\mu \\ \qquad\qquad + (n + u\cos\nu - z_1)\cos\nu = 0, \end{cases}$$

oder:

$$(5)\qquad u = (x_1 - l)\cos\lambda + (y_1 - m)\cos\mu + (z_1 - n)\cos\nu.$$

Hieraus folgt:

$$(6)\quad \begin{cases} d^2 = (x_1 - l)^2 + (y_1 - m)^2 + (z_1 - n)^2 \\ \qquad - 2u\{(x_1 - l)\cos\lambda + (y_1 - m)\cos\mu + (z_1 - n)\cos\nu\} + u^2 \end{cases}$$

oder:

$$(\mathrm{II})\quad \begin{cases} d = \sqrt{(x_1 - l)^2 + (y_1 - m)^2 + (z_1 - n)^2 \\ \qquad - \{(x_1 - l)\cos\lambda + (y_1 - m)\cos\mu + (z_1 - n)\cos\nu\}^2}. \end{cases}$$

Die geometrische Bedeutung dieser Formel ist leicht ersichtlich. (Das Bild des Lotes $P_1 F$ auf die Gerade mit den Spuren G_1 und G_2 wurde konstruiert durch Umklappung der Ebene $P_1 G_1 G_2$ um deren Spur $G_2 H_2$ mit der Bildebene, wo H_2 die Spur von $P_1 G_1$ ist).

Soll die kürzeste Entfernung k der beiden Geraden (Fig. 62):

(7) $\qquad x = a_1 + u \cos \alpha_1\,,\; y = b_1 + u \cos \beta_1\,,\; z = c_1 + u \cos \gamma_1\,;$

(8) $\qquad x = a_2 + v \cos \alpha_2\,,\; y = b_2 + v \cos \beta_2\,,\; z = c_2 + v \cos \gamma_2$

gefunden werden, d. h. eine Strecke UV, die erstens auf beiden Geraden senkrecht steht und zweitens beide Geraden schneidet, so

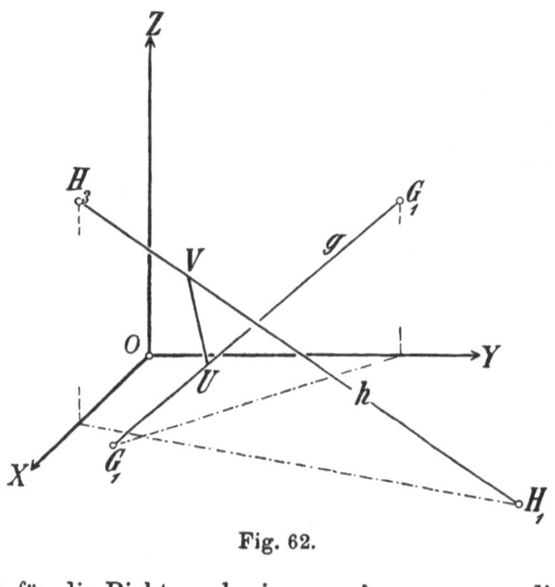

Fig. 62.

ergeben sich für die Richtungskosinus $\cos\lambda$, $\cos\mu$, $\cos\nu$ dieser Strecke zunächst die beiden Gleichungen:

$$(9)\qquad \begin{cases} \cos\lambda \cos\alpha_1 + \cos\mu \cos\beta_1 + \cos\nu \cos\gamma_1 = 0\,, \\ \cos\lambda \cos\alpha_2 + \cos\mu \cos\beta_2 + \cos\nu \cos\gamma_2 = 0\,, \end{cases}$$

woraus folgt (vergl. Formel (VI) des vorigen Paragraphen, S. 137);

$$(\mathrm{III})\qquad \begin{cases} \cos\lambda = \dfrac{\pm 1}{\sin\vartheta}(\cos\beta_1 \cos\gamma_2 - \cos\gamma_1 \cos\beta_2), \\ \cos\mu = \dfrac{\pm 1}{\sin\vartheta}(\cos\gamma_1 \cos\alpha_2 - \cos\alpha_1 \cos\gamma_2), \\ \cos\nu = \dfrac{\pm 1}{\sin\vartheta}(\cos\alpha_1 \cos\beta_2 - \cos\beta_1 \cos\alpha_2); \end{cases}$$

hier bedeutet ϑ den Winkel der beiden Geraden; bezeichnen wir in der Tat den Nenner rechts mit N, so folgt aus Satz 40 auf S. 124 und aus der Identität (V^a) auf S. 136:

$$(10)\quad \begin{cases} N = +\sqrt{(\cos\beta_1\cos\gamma_2-\cos\gamma_1\cos\beta_2)^2} \\ \overline{+(\cos\gamma_1\cos\alpha_2-\cos\alpha_1\cos\gamma_2)^2+(\cos\alpha_1\cos\beta_2-\cos\beta_1\cos\alpha_2)^2} = \end{cases}$$
$$\sqrt{1-(\cos\alpha_1\cos\alpha_2+\cos\beta_1\cos\beta_2+\cos\gamma_1\cos\gamma_2)^2}=\sin\vartheta,$$

während wir das Vorzeichen in den Formeln (III) alsbald noch näher bestimmen werden. Seien nämlich u und v die Abstände der Fußpunkte U und V von den Anfangspunkten ihrer Geraden, so findet die zweite Bedingung offenbar ihren Ausdruck in den folgenden Gleichungen:

$$(11)\quad \begin{cases} a_1+u\cos\alpha_1+k\cos\lambda = a_2+v\cos\alpha_2, \\ b_1+u\cos\beta_1+k\cos\mu = b_2+v\cos\beta_2, \\ c_1+u\cos\gamma_1+k\cos\nu = c_2+v\cos\gamma_2, \end{cases}$$

die aussagen, daß der Punkt V auf der Geraden durch U mit den Richtungskosinus $\cos\lambda$, $\cos\mu$, $\cos\nu$ im Abstande k liegt. Multiplizieren wir beide Seiten dieser Gleichungen der Reihe nach mit $\cos\lambda$, $\cos\mu$, $\cos\nu$ und addieren sie, so ergibt sich auf Grund der Gleichungen (9):

$$(12)\quad k=(a_2-a_1)\cos\lambda+(b_2-b_1)\cos\mu+(c_2-c_1)\cos\nu.$$

Nach den Formeln (III) ergibt sich daher schließlich:

$$(\text{IV})\quad \begin{cases} k=\frac{\pm 1}{\sin\vartheta}\{(a_2-a_1)(\cos\beta_1\cos\gamma_2-\cos\gamma_1\cos\beta_2) \\ \qquad +(b_2-b_1)(\cos\gamma_1\cos\alpha_2-\cos\alpha_1\cos\gamma_2) \\ \qquad +(c_2-c_1)(\cos\alpha_1\cos\beta_2-\cos\beta_1\cos\alpha_2)\}, \end{cases}$$

wo nunmehr das obere oder das untere Vorzeichen gilt, je nachdem der Zähler positiv oder negativ ist, wenn wir festsetzen, daß k positiv sei, wenn λ, μ, ν die Achsenwinkel von $\overrightarrow{UV}$ sind.

Multipliziert man beide Seiten der Gleichungen (11) der Reihe nach mit $\cos\alpha_1-\cos\alpha_2\cos\vartheta$ usw., so ergibt sich:

$$(13)\quad u=\frac{1}{\sin^2\vartheta}\{(a_2-a_1)(\cos\alpha_1-\cos\alpha_2\cos\vartheta)+\ldots\};$$

und in entsprechender Weise erhält man:

$$(14)\quad v=\frac{1}{\sin^2\vartheta}\{(a_1-a_2)\cos\alpha_2-\cos\alpha_1\cos\vartheta)+\ldots\}.$$

Durch Einsetzen dieser Werte von u resp. v in (7) resp. (8) findet man also auch die Koordinaten der Fußpunkte U resp. V der gesuchten kürzesten Entfernung.

Verschwindet der Zähler der rechten Seite von (IV), ohne daß der Nenner es tut, ohne daß also die beiden gegebenen Geraden parallel sind, so schneiden sich offenbar die beiden Geraden (7) und (8) und zwar in dem Punkte, dessen Koordinaten durch die linken oder rechten Seiten der Gleichungen (11) dargestellt sind, wenn u resp. v den Wert (13) resp. (14) hat. Verschwindet hingegen $\sin\vartheta$, also nach (10) auch jeder der zweiten Faktoren der drei Summanden des Zählers der rechten Seite von (IV), so sind die beiden Geraden (7) und (8) einander parallel, wir können demnach die positiven Richtungen auf ihnen so festgesetzt denken, daß $\cos\alpha_1 = \cos\alpha_2$, $\cos\beta_1 = \cos\beta_2$, $\cos\gamma_1 = \cos\gamma_2$. Alsdann folgt aus den Gleichungen (11):

$$(15)\quad u - v = (a_2 - a_1)\cos\alpha_1 + (b_2 - b_1)\cos\beta_1 + (c_2 - c_1)\cos\gamma_1$$

und:

$$(16)\quad k^2 = \left(a_2 - a_1 + (v - u)\cos\alpha_1\right)^2 + \left(b_2 - b_1 + (v - u)\cos\beta_1\right)^2 + \left(c_2 - c_1 + (v - u)\cos\gamma_1\right)^2$$

oder:

$$(\mathrm{IV^a})\quad k = \sqrt{(a_2 - a_1)^2 + (b_2 - b_1)^2 + (c_2 - c_1)^2 - \{(a_2 - a_1)\cos\alpha_1 + (b_2 - b_1)\cos\beta_1 + (c_2 - c_1)\cos\gamma_1\}^2},$$

wonach auch $\cos\lambda$, $\cos\mu$, $\cos\nu$ bestimmt sind. Diese Formel sagt aus, was geometrisch evident ist, daß k die eine Kathete eines rechtwinkligen Dreiecks ist, dessen Hypotenuse die Verbindungslinie der Anfangspunkte der beiden Geraden und dessen andere Kathete deren orthogonale Projektion auf die beiden Geraden ist. Offenbar ist hier nur die Differenz $u - v$ bestimmt, d. h. der Anfangspunkt von k kann auf der ersten Geraden noch beliebig angenommen werden.

Wir können hier den Satz anmerken:

52. *Die notwendige und hinreichende Bedingung dafür, daß die beiden Geraden:* $\frac{x - a_1}{\cos\alpha_1} = \frac{y - b_1}{\cos\beta_1} = \frac{z - c_1}{\cos\gamma_1}$ *und* $\frac{x - a_2}{\cos\alpha_2} = \frac{y - b_2}{\cos\beta_2} = \frac{z - c_2}{\cos\gamma_2}$ *in einer Ebene liegen, ist:*

$$(\mathrm{V})\quad (a_2 - a_1)(\cos\beta_1\cos\gamma_2 - \cos\gamma_1\cos\beta_2) + (b_2 - b_1)(\cos\gamma_1\cos\alpha_2 - \cos\alpha_1\cos\gamma_2) + (c_2 - c_1)(\cos\alpha_1\cos\beta_2 - \cos\beta_1\cos\alpha_2) = 0.$$

(Die Konstruktion des kürzesten Abstandes der beiden Geraden g und h geschah in der Figur dadurch, daß durch irgend einen Punkt von g eine Parallele k zu h gelegt und von irgend einem Punkte P der Geraden h ein Lot PQ auf die Ebene $[g, k]$ gefällt wurde; alsdann ist PQ der gesuchte Abstand, die Parallele durch Q zu h schneidet g in dem Fußpunkte U und die Parallele durch U zu PQ die h im Fußpunkte V.)

1. Aufgabe. Man leite den Ausdruck (IV) nach der Vorschrift der eben angegebenen Konstruktion ab, wobei der erste Punkt nach $(a_1\ b_1\ c_1)$ und P nach $(a_2\ b_2\ c_2)$ fallen kann.

2. Aufgabe. Welches ist der Ort der Punkte, für welche die Summe resp. Differenz der Entfernungen von zwei festen Ebenen konstant ist.

3. Aufgabe. Man bestimme und diskutiere den Durchschnitt des geraden Kreiszylinders mit der Achse $\frac{x-l}{\cos\lambda} = \frac{y-m}{\cos\mu} = \frac{z-n}{\cos\nu}$ und dem Kreisradius d (Ort derjenigen Punkte, welche von der Achse den Abstand d haben) mit der Ebene OXY; (Ellipse, deren große Achse in die orthogonale Projektion der Zylinderachse auf die schneidende Ebene fällt, und deren kleine Achse $= 2d$ ist.)

4. Aufgabe. Man bestimme die kürzeste Entfernung der Geraden:

$$15x + 20y = 32,\quad 75x - 80z = 44 \quad \text{und:}$$
$$15x + 20y = 18,\quad 25x + 15z = -7.$$

5. Aufgabe. Man bestimme die Gleichung der Fläche, die durch Rotation einer Geraden um eine zu ihr windschiefe Achse entsteht, so daß die bewegliche Gerade von der festen stets denselben kürzesten Abstand hat und mit ihr denselben Winkel bildet.

Ist (7) die feste und (8) die bewegliche Gerade, so wird man unter a_2, b_2, c_2 die Koordinaten irgend eines Punktes der Fläche verstehen, die Größen k, u und ϑ als fest annehmen und hat dann zur Elimination von $\cos\alpha_2$, $\cos\beta_2$, $\cos\gamma_2$ die vier Gleichungen (IV), (13); $\cos\vartheta = \cos\alpha_1\cos\alpha_2 + \cos\beta_1\cos\beta_2 + \cos\gamma_1\cos\gamma_2$ und $1 = \cos^2\alpha_2 + \cos^2\beta_2 + \cos^2\gamma_2$, woraus die Gleichung der Fläche folgt. Nimmt man (7) als die z-Achse an und setzt $u = 0$, so ist leicht zu sehen, daß jede Ebene durch die z-Achse die Fläche in einer Hyperbel schneidet (Rotationshyperboloid). Der Fortfall des doppelten Vorzeichens von k in der Gleichung der Fläche zeigt zugleich, daß die Fläche zwei Scharen von Geraden enthält, die Spiegelbilder voneinander in Beziehung auf die Meridianebenen durch die z-Achse sind.

§ 18.

Die Gleichung der Ebene durch drei Punkte. Flächeninhalt des Dreiecks und Volumen des Tetraeders.

Soll die Ebene:

(1) $$Ax + By + Cz = D$$

den Anfangspunkt O sowie die beiden Punkte $P_1\ (x_1\ y_1\ z_1)$ und $P_2\ (x_2\ y_2\ z_2)$ enthalten, so muß erstens $D = 0$ sein und zweitens:

$$(2)\qquad \begin{cases} Ax_1 + By_1 + Cz_1 = 0, \\ Ax_2 + By_2 + Cz_2 = 0, \end{cases}$$

so daß die Verhältnisse der Größen A, B, C bestimmt sind durch:

$$(3)\qquad A : B : C = y_1z_2 - z_1y_2 : z_1x_2 - x_1z_2 : x_1y_2 - y_1x_2 .$$

Die Gleichung der gesuchten Ebene ist demnach:

$$(4)\qquad x(y_1z_2 - z_1y_2) + y(z_1x_2 - x_1z_2) + z(x_1y_2 - y_1x_2) = 0,$$

deren Form unmittelbar zeigt, daß die Ebene die Punkte P_1 und P_2 enthält. Die Koeffizienten dieser Gleichung sind offenbar die doppelten Inhalte der orthogonalen Projektionen der Dreiecksfläche $O P_1 P_2$ auf die drei Koordinatenebenen. Der doppelte Inhalt 2Δ dieser Dreiecksfläche selbst ist offenbar $d \times \overline{P_1 P_2}$, wenn d der Abstand des Anfangspunktes von der Geraden $P_1 P_2$ ist. Den Wert von d erhalten wir aus Formel (II) (S. 143) des vorigen Paragraphen, wenn wir darin $x_1 = y_1 = z_1 = 0$; $l = x_1$, $m = y_1$, $n = z_1$, $\cos\lambda = \frac{x_2 - x_1}{P_1 P_2}$, usw. setzen. Dann ergibt sich (Identität (V^a) auf S. 136):

$$(5)\qquad d = \frac{1}{P_1 P_2}\sqrt{(x_1^2 + y_1^2 + z_1^2)\left((x_2 - x_1)^2 + y_2 - y_1)^2 + (z_2 - z_1)^2\right) - \left(x_1(x_2 - x_1) + y_1(y_2 - y_1) + z_1(z_2 - z_1)\right)^2}$$
$$= \frac{1}{P_1 P_2}\sqrt{(y_1 z_2 - z_1 y_2)^2 + (z_1 x_2 - x_1 z_2)^2 + (x_1 y_2 - y_1 x_2)^2}.$$

Es ist demnach:

$$(6)\qquad 2\Delta = \sqrt{(y_1 z_2 - z_1 y_2)^2 + (z_1 x_2 - x_1 z_2)^2 + (x_1 y_2 - y_1 x_2)^2}.$$

Nun ist doch, falls α, β, γ die Winkel bedeuten, die eine noch näher zu bestimmende Seite $O N$ der Normale zur Ebene $O P_1 P_2$ mit den Koordinatenachsen bildet, vom Vorzeichen abgesehen:

$$(7)\qquad \begin{cases} \cos\alpha = \frac{1}{2\Delta}(y_1 z_2 - z_1 y_2), \quad \cos\beta = \frac{1}{2\Delta}(z_1 x_2 - x_1 z_2), \\ \cos\gamma = \frac{1}{2\Delta}(x_1 y_2 - y_1 x_2). \end{cases}$$

Es fragt sich nur, welche Seite der Normale $O N$ gemeint ist, wenn wir festsetzen, daß Δ in diesen Formeln das positive Zeichen haben soll. Zur Entscheidung dieser Frage müssen wir den positiven Drehungssinn einer gerichteten Achse $O N$ definieren. Handelt es sich um die Achse $O Z$ selbst, so werden wir in Übereinstimmung mit unsern Festsetzungen in § 2 denjenigen Sinn als positiv betrachten, in dem sich $O X$ um 90^0 drehen muß, um mit $O Y$ zusammen zu fallen. Nun können wir doch das rechtwinklige Dreibein $O X Y Z$ so mit ihm selbst kongruent bewegen, daß in der Endlage $O Z$ auf $O N$ fällt. Geht hierbei $O X Y$ in $O L M$ über (Fig. 63), so wird hierdurch auch für ON ein positiver Drehungssinn bestimmt sein, derjenige nämlich, in welchem OL um 90^0 gedreht werden muß, um mit OM zusammenzufallen. Dabei wird es offenbar gleichgültig sein, in welche der auf ON senkrechten Halbgeraden OX übergeht, weil man durch eine positive Drehung um ON jede derselben in jede andere überführen kann, wodurch dann OM von selbst in diejenige Endlage übergeht, in welche sie durch eine positive Drehung von 90^0 verwandelt wird. Hiernach stellen wir die folgenden Definitionen auf:

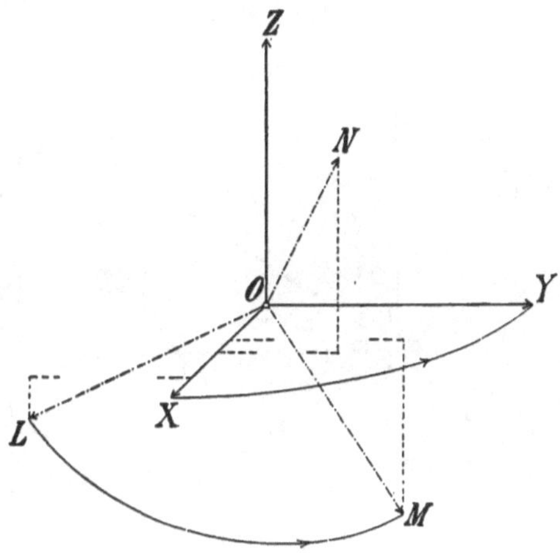

Fig. 63.

1. Definition. *Zwei rechtwinkelige Koordinatensysteme heißen gleich orientiert, wenn das eine in das andere (mit den positiven Richtungen der Achsen) durch Bewegung übergeführt werden kann.*

Eine solche Überführung ist in der Tat, wenn $OXYZ$ und $O'X'Y'Z'$ beliebig gegeben sind, nicht in jedem Falle möglich. Denn denken wir uns das erste Dreibein so bewegt, daß OZ auf $O'Z'$ fällt, und dann um $O'Z'$ gedreht, bis OX nach $O'X'$ gelangt, so wird OY entweder in $O'Y'$ übergehen, in welchem Falle eben die Systeme gleich orientiert sind, oder in das Spiegelbild von $O'Y'$ in bezug auf die Ebene $O'X'Z'$. Nun definieren wir weiter:

2. Definition. *Der positive Drehungssinn einer gerichteten Achse $O'Z'$ ist derjenige, in welchem die Achse $O'X'$ eines mit dem gegebenen rechtwinkeligen Koordinatensystem $OXYZ$ gleich orientierten Systems $O'X'Y'Z'$ sich um 90^0 drehen muß, um mit $O'Y'$ zusammenzufallen.*

Indem wir die Aufstellung der analytischen Kriterien dieser Definition für den nächsten Paragraphen, in welchem die Koordinatendrehungen systematisch behandelt werden, vorbehalten, wollen wir hier zuerst eine besondere Drehung ausführen, die das gegebene System $OXYZ$ in ein solches überführt, dessen Achse $OZ' = ON$ gegebene Richtungskosinus $\cos\alpha$, $\cos\beta$, $\cos\gamma$ besitzt. Wir erreichen dies durch zweimalige Anwendung der Formeln der ebenen Geometrie

(Satz 3a auf S. 23), in dem wir zuerst um OZ so drehen, daß OY in die orthogonale Projektion $O\mathfrak{Y}$ von OZ' auf die Ebene OXY (Fig. 64) fällt, und dann um die Achse OX, die nunmehr auf OZ und OZ' senkrecht steht, so, daß $OZ = O\mathfrak{Z}$ in OZ' übergeht. Die erste Drehung ist offenbar dargestellt durch die Formeln:

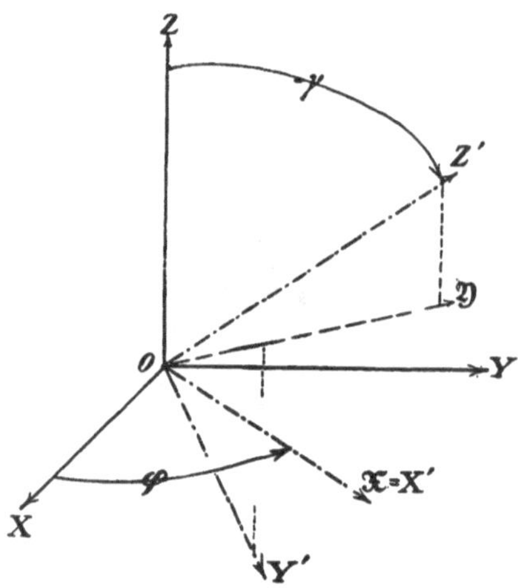

Fig. 64.

(8) $$\mathfrak{x} = x\cos\varphi + y\sin\varphi,\quad \mathfrak{y} = -x\sin\varphi + y\cos\varphi,\quad \mathfrak{z} = z,$$

wenn φ so bestimmt wird, daß der Punkt $(0, 1, 0)$ im neuen System im alten die Koordinaten $\frac{\cos\alpha}{\sin\gamma}$, $\frac{\cos\beta}{\sin\gamma}$, 0 hat, wo $\sin\gamma$ positiv sein muß. Daraus folgt $\cos\varphi = \frac{\cos\beta}{\sin\gamma}$, $\sin\varphi = -\frac{\cos\alpha}{\sin\gamma}$, so daß die Formeln der ersten Drehung lauten:

8a) $$\mathfrak{x} = x\frac{\cos\beta}{\sin\gamma} - y\frac{\cos\alpha}{\sin\gamma},\quad \mathfrak{y} = x\frac{\cos\alpha}{\sin\gamma} + y\frac{\cos\beta}{\sin\gamma},\quad \mathfrak{z} = z.$$

Diese Formeln drücken zwar ihrer Entstehung nach die Koordinaten eines Punktes im neuen System durch diejenigen desselben Punktes im alten System aus. Wir können sie aber auch als Ausdruck der Drehung des Dreibeins $OXYZ$ betrachten, indem wir $\mathfrak{x}, \mathfrak{y}, \mathfrak{z}$ als die Koordinaten eines Punktes P und $x\,y\,z$ als die Koordinaten des Punktes $\mathfrak{P}$ nach der Drehung ansehen (beide Koordinatentripel im alten System). Um dies einzusehen, brauchen wir nur die beiden kongruenten Figuren OP_xQP und $\mathfrak{O}\mathfrak{P}_x\mathfrak{Q}\mathfrak{P}$ zu betrachten. Setzen wir nämlich in den Umkehrungen von (8) oder in $x = \mathfrak{x}\cos\varphi - \mathfrak{y}\sin\varphi$, $y = \mathfrak{x}\sin\varphi + \mathfrak{y}\cos\varphi$, $z = \mathfrak{z}$ für die Koordinaten von $P: r\cos\omega$, $r\sin\omega$, $\mathfrak{z}$, so sind die von $\mathfrak{P}: r\cos(\omega + \varphi)$, $r\sin(\omega + \varphi)$, $\mathfrak{z}$, sodaß in der Tat jeder Punkt $\mathfrak{P}$ aus P durch Drehung um die Achse OZ entsteht, also auch ebenso die zweite Figur aus der ersten.

Da nunmehr der Punkt $(\cos\alpha, \cos\beta, \cos\gamma)$ im alten System im neuen die Koordinaten 0, $\sin\gamma$, $\cos\gamma$ hat, so haben wir in den Formeln der zweiten Drehung oder in $x' = \mathfrak{x}$, $y' = \mathfrak{y}\cos\psi + \mathfrak{z}\sin\psi$, $z' = -\mathfrak{y}\sin\psi + \mathfrak{z}\cos\psi$ die Amplitude ψ so zu bestimmen, daß der Punkt $\mathfrak{x} = 0$, $\mathfrak{y} = \sin\gamma$, $\mathfrak{z} = \cos\gamma$ die Koordinaten $x' = 0$, $y' = 0$, $z' = 1$ erhält. Demnach lauten die Formeln der zweiten Drehung:

(9) $x' = \mathfrak{x},\ y' = \mathfrak{y}\cos\gamma - \mathfrak{z}\sin\gamma,\ z' = \mathfrak{y}\sin\gamma + \mathfrak{z}\cos\gamma.$

Durch Zusammensetzung der beiden Drehungen entsteht daher die Koordinatentransformation:

(10) $$\begin{cases} x' = x\dfrac{\cos\beta}{\sin\gamma} - y\dfrac{\cos\alpha}{\sin\gamma}, \\ y' = x\dfrac{\cos\alpha\cos\gamma}{\sin\gamma} + y\dfrac{\cos\beta\cos\gamma}{\sin\gamma} - z\sin\gamma, \\ z' = x\cos\alpha + y\cos\beta + z\cos\gamma, \end{cases}$$

die wir aber nach dem eben Gesagten auch als eine aus zwei Drehungen zusammengesetzte Bewegung auffassen können, durch die jeder Punkt (x', y', z') in den Punkt (x, y, z) (beide Koordinatentripel im alten System) verwandelt wird. Da bei den beiden Drehungen $OXYZ$ in $O\mathfrak{X}\mathfrak{Y}\mathfrak{Z}$ und dieses in $OX'Y'Z'$ übergeht, so geht bei deren Aufeinanderfolge das erste Dreibein in das zweite über. Demnach wird wirklich der dem neuen Koordinatensystem $OX'Y'Z'$ gemäß zu $OZ' = ON$ gehörige positive Drehungssinn derjenige sein, welcher der Achse ON unserer Definition zufolge entspricht.

Nun ist doch nach Satz 13 auf S. 36 der doppelte Inhalt 2Δ des Dreiecks OP_1P_2 auch dem Vorzeichen nach dargestellt durch:

(11) $$2\Delta = x'_1y'_2 - y'_1x'_2,$$

nämlich positiv oder negativ, je nachdem der die Fläche des Dreiecks von OP_1 nach OP_2 überstreichende Drehungssinn in bezug auf ON positiv oder negativ ist. Nach (10) ist aber:

(12) $$\begin{cases} x'_1y'_2 - y'x'_2 = (x_1\dfrac{\cos\beta}{\sin\gamma} - y_1\dfrac{\cos\alpha}{\sin\gamma})(x_2\cos\alpha\cot\gamma + y_2\cos\beta\cot\gamma \\ \quad - z_2\sin\gamma) - (x_2\dfrac{\cos\beta}{\sin\gamma} - y_2\dfrac{\cos\alpha}{\sin\gamma})(x_1\cos\alpha\cot\gamma + y_1\cos\beta\cot\gamma \\ \quad - z_1\sin\gamma) = (y_1z_2 - z_1y_2)\cos\alpha + (z_1x_2 - x_1z_2)\cos\beta \\ \quad + (x_1y_2 - y_1x_2)\cos\gamma. \end{cases}$$

Vergleichen wir dies mit den Formeln (7), so finden wir, daß in diesen dem Δ das positive oder negative Zeichen zu geben ist, je nachdem der eben beschriebene Drehungssinn in bezug auf ON positiv oder negativ ist. Somit erhalten wir schließlich folgende Antwort auf unsre Frage:

Ist in den Formeln (7) die Größe 2Δ positiv, so sind α, β, γ die Winkel der Koordinatenachsen mit derjenigen Seite der Normale zur Ebene OP_1P_2, deren positiver Drehungssinn vom Strahle OP_1 nach dem Strahle OP_2 über das Dreieck OP_1P_2 hin führt.

Dieser Satz kann auch umgekehrt zur Bestimmung des positiven Drehungssinns einer Achse ON mit Hilfe von irgend zwei zu ihr senkrechten Strecken OP_1 und OP_2 benutzt werden. Haben z. B.

P_1 und P_2 die Koordinaten 0, 1, 0 und 0, 0, 1, so erhalten wir für $\Delta = +1$, daß $\cos\alpha = 1$, $\cos\beta = \cos\gamma = 0$ ist, daß also der positive Drehungssinn von OX die OY durch eine Drehung von 90^0 in OZ überführt. Haben aber P_1 und P_2 die Koordinaten 1, 0, 0 und 0, 0, 1, so müssen wir $\Delta = -1$, setzen, damit $\cos\alpha = 0$, $\cos\beta = 1$, $\cos\gamma = 0$ resultiere, so daß der positive Drehungssinn von OY die OZ durch eine Drehung von 90^0 in OX verwandelt.

Unsere Definition des positiven Drehungssinns einer gerichteten Achse haftet im Einklange mit der entsprechenden Definition der ebenen Geometrie (vergl. S. 18) an dem gegebenen Koordinatensysteme. In unseren Figuren haben wir das Achsenkreuz meist so orientiert, daß nach unserer Definition der Zeiger einer Uhr, deren Achse vom Deckel nach dem Zifferblatte gerechnet, auf $\overrightarrow{OZ}$ fällt, sich in dem negativen Drehungssinne der Achsen $\overrightarrow{OZ}$ bewegt. Für die analytische Geometrie ist die obige Definition geeigneter, zumal eine Abweichung von obiger Orientierung des Achsenkreuzes oft vorteilhaft ist.

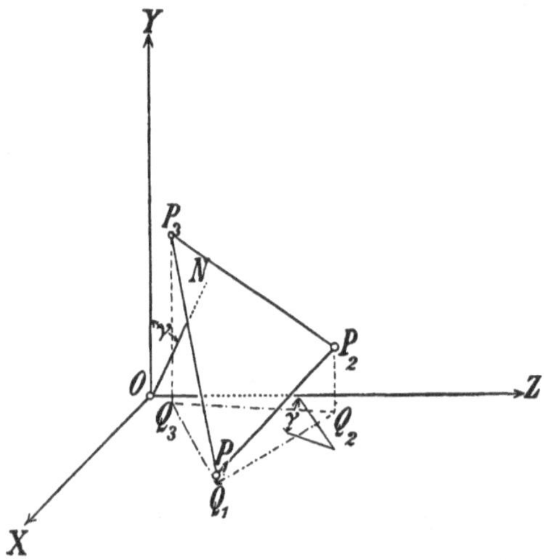

Fig. 65.

Gleichzeitig ist nun in den Formeln (7) der folgende Satz enthalten:

53. *Sind in zwei Ebenen diejenigen Drehungssinne als positiv festgesetzt, welche den positiven Drehungssinnen der als positiv festgesetzten Seiten ihrer Normalen entsprechen, so ist die orthogonale Projektion jeder Dreiecksfläche der einen Ebene auf die andere auch dem Vorzeichen nach gleich dem Produkte der Dreiecksfläche in den Kosinus des Winkels der positiven Seiten der beiden Normalen.*

Dieser Satz erlaubt uns unmittelbar (auch ohne Koordinatenverschiebung), die Kosinus der Winkel α, β, γ anzugeben, welche das Lot von O auf die Ebene irgend eines Dreiecks $P_1P_2P_3$ (Fig. 65) mit den Koordinatenachsen bildet. Es ist nämlich (vergl. Satz 14, S. 37):

$$(13)\quad \cos\alpha = \frac{1}{2\Delta}(y_1z_2 - z_1y_2 + y_2z_3 - z_2y_3 + y_3z_1 - z_3y_1),\ \text{usw.},$$

wo die beiden anderen Formeln aus dieser durch zyklische Vertauschung der Buchstaben α, β, γ einerseits und x, y, z andererseits entstehen, und der Flächeninhalt Δ des Dreiecks $P_1 P_2 P_3$ positiv oder negativ zu nehmen ist, je nachdem der Umlaufungssinn von P_1 über P_2 nach P_3 dem positiven oder negativen Drehungssinne der Normale entspricht. Der stets positiv zu rechnende Abstand d des Anfangspunktes O von der Ebene $P_1 P_2 P_3$ ist hiernach gegeben durch:

$$(14)\quad \begin{cases} d = x_1 \cos\alpha + y_1 \cos\beta + z_1 \cos\gamma \\ \quad = \frac{1}{2\Delta}\left\{x_1 (y_1 z_2 - z_1 y_2 + y_2 z_3 - z_2 y_3 + y_3 z_1 - z_3 y_1) + \ldots\right\} \\ \quad = \frac{1}{2\Delta}\Big(x_1 (y_2 z_3 - z_2 y_3) + y_1 (z_2 x_3 - x_2 z_3) + z_1 (x_2 y_3 - y_2 x_3)\Big) \end{cases}$$

Der letzte Klammerausdruck, den man auch in der Form:

$$\begin{vmatrix} x_1, & y_1, & z_1 \\ x_2, & y_2, & z_2 \\ x_3, & y_3, & z_3 \end{vmatrix}$$

schreiben kann, stellt demnach, je nachdem 2Δ positiv oder negativ ist, den positiven oder negativen sechsfachen Rauminhalt des Tetraeders $O P_1 P_2 P_3$ dar.[1]

Den Umstand, daß hiernach:

$$(\mathrm{I})\quad \begin{cases} x (y_1 z_2 - z_1 y_2 + y_2 z_3 - z_2 y_3 + y_3 z_1 - z_3 y_1) + y (z_1 x_2 - x_1 z_2 \\ + z_2 x_3 - x_2 z_3 + z_3 x_1 - x_3 z_1) + z (x_1 y_2 - y_1 x_2 + x_2 y_3 - y_2 x_3 \\ + x_3 y_1 - y_3 x_1) = x_1 (y_2 z_3 - z_2 y_3) + y_1 (z_2 x_3 - x_2 z_3) + z_1 (x_2 y_3 - y_2 x_3) \end{cases}$$

die Gleichung der Ebene $P_1 P_2 P_3$ ist, können wir in den folgenden Satz kleiden:

54. *In der Gleichung:*

$$(15)\qquad A x + B y + C z = D$$

der Ebene $P_1 P_2 P_3$ bedeuten A, B, C die orthogonalen Projektionen des Flächeninhaltes des Dreiecks $P_1 P_2 P_3$ auf die Ebene OYZ, OZX, OXY resp. und:

$$(\mathrm{II})\quad D = \tfrac{1}{2}\left(x_1 (y_2 z_3 - z_2 y_3) + y_1 (z_2 x_3 - x_2 z_3) + z_1 (x_2 y_3 - y_2 x_3)\right)$$

den dreifachen Rauminhalt des Tetraeders $O P_1 P_2 P_3$, wo D positiv oder negativ ist, je nachdem der positive Drehungssinn der Normale von O auf die Ebene $P_1 P_2 P_3$ einen Umlaufssinn von P_1 über P_2 nach P_3 oder umgekehrt ergibt.

[1] Da es nicht möglich ist, irgend zwei Tetraeder von gleicher Grundfläche und Höhe in eine endliche Anzahl entsprechend kongruenter oder symmetrischer Teile zu zerlegen, so kann man sich den Rauminhalt eines Tetraeders durch obige Formel definiert denken und beweisen, daß der Wert dieses Ausdruckes vom Koordinatensystem unabhängig ist (vergl. auch § 19).

Der letzte Teil des Satzes gibt uns offenbar ein allgemeineres Kriterium für den Drehungssinn eines Strahles, der mit den Koordinatenachsen die Winkel α, β, γ bildet, mit Hilfe der Umlaufungsrichtung irgend eines Dreiecks in einer auf dem Strahle senkrechten Ebene

$$x \cos \alpha + y \cos \beta + z \cos \gamma = d, \tag{16}$$

wo d positiv sein muß; in unserer Definition hatte das Dreieck einen rechten Winkel, dessen Scheitel auf dem Strahle lag.

Aus den Formeln (13) ergibt sich noch der Satz:

55. *Das Quadrat des Flächeninhaltes eines Dreiecks ist gleich der Summe der Quadrate der Flächeninhalte der orthogonalen Projektionen des Dreiecks auf die drei Koordinatenebenen.*

Durch Parallelverschiebung des Koordinatensystems nach irgend einem Punkte P_4 ist es natürlich leicht, aus Formel (II) eine solche für den Rauminhalt irgend eines Tetraeders $P_1 P_2 P_3 P_4$ herzuleiten, dieselbe ist jedoch zu lang, als das ihre wirkliche Entwickelung von Interesse wäre.

---

1. Aufgabe. Man bestimme die Gleichung der Ebene und den Flächeninhalt des Dreiecks durch die drei Punkte (1, 2, 3), (1, 1, 1) und (5, 4, 3).

2. Aufgabe. Man suche die Gleichung einer Ebene, die durch einen Punkt P_1 geht und zu zwei Geraden mit den Richtungskosinus l_2, m_2, n_2 und l_3, m_3, n_3 parallel ist.

Man nehme auf den Geraden durch P_1 in den gegebenen Richtungen je einen Punkt an.

3. Aufgabe. Schneiden sich die Lote von den Ecken O und P_3 des Tetraeders $O P_1 P_2 P_3$ auf die gegenüberliegenden Seitenflächen, so steht die Kante $O P_3$ auf der gegenüberliegenden Kante $P_1 P_2$ senkrecht und umgekehrt, so daß sich dann auch die beiden anderen Höhen des Tetraeders schneiden (aber im allgemeinen in einem anderen Punkte).

Man bringe es unter Benutzung der Gleichungsformen (IV) in § 14 S. 127 zum Ausdruck, daß die beiden Lote einen Punkt gemein haben, und multipliziere beide Seiten der so erhaltenen drei Gleichungen mit x_1, y_1, z_1 resp. x_2, y_2, z_2 und addiere sie; man erhält so zwei Ausdrücke für den Radiusvektor des gemeinsamen Punktes, deren Gleichungen den Satz ergibt.

4. Aufgabe. Man beweise, daß die algebraische Summe der orthogonalen Projektionen der Inhalte der Seitenflächen eines Tetraeders verschwindet.

5. Aufgabe. Man beweise, daß das sechsfache Volumen eines Tetraeders gleich dem Produkte aus zwei gegenüberliegenden Kanten und der kürzesten Entfernung derselben in den Sinus des von ihnen eingeschlossenen Winkels ist.

6. Aufgabe. Man bestimme das Vorzeichen des Drehungssinnes jedes Radiusvektors mit Hilfe des Vorzeichens des Rauminhaltes des Tetraeders $OX_1 Y_2 Z_3$, das auf den Koordinatenachsen durch eine Ebene abgegrenzt wird, die im Endpunkte des Radiusvektors auf diesem senkrecht steht.

§ 19.

Übergang von einem rechtwinkligen Koordinatensystem zu einem anderen mit demselben Anfangspunkte. Drehung des Koordinatenkreuzes um eine Achse, Spiegelung. Drehung der Koordinatenachsen. Der Kosinus- und Sinussatz der sphärischen Trigonometrie. Die Hauptformeln für schiefwinklige Parallelkoordinaten.

Gehen wir, wie bisher immer, von drei zueinander rechtwinkligen Koordinatenachsen OX, OY OZ aus, so betrachten wir jetzt daneben drei andere Achsen OX', OY', OZ' mit demselben Anfangspunkte (Fig. 66), deren Lage und Sinn gegeben ist durch die Gleichung:

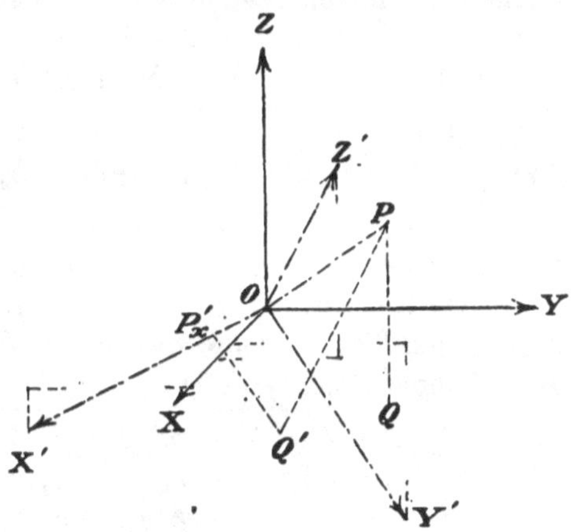

Fig. 66.

$$(1)\quad \begin{cases} \cos(x', x) = f_1, \\ \cos(x', y) = g_1, \\ \cos(x', z) = h_1; \end{cases}$$

$$(2)\quad \begin{cases} \cos(y', x) = f_2, \\ \cos(y', y) = g_2, \\ \cos(y', z) = h_2; \end{cases}$$

$$(3)\qquad \cos(z', x) = f_3,\ \cos(z', y) = g_3,\ \cos(z', z) = h_3,$$

wo $(x', x) = \sphericalangle X'OX$ usw. Hat nun der Punkt P in Beziehung auf das ursprüngliche System die Koordinaten x, y, z und in Beziehung auf das neue System die Koordinaten $OP_x'(\parallel OX') = x'$, $P_x'Q'(\parallel OY') = y'$, $Q'P(\parallel OZ') = z'$, so folgt durch Gleichsetzung der Projektionen von OP und $OP_x'Q'P$ auf die drei Achsen OX, OY, OZ daß:

$$\text{(I)}\qquad \left\{\begin{aligned} x &= f_1 x' + f_2 y' + f_3 z',\\ y &= g_1 x' + g_2 y' + g_3 z',\\ z &= h_2 x' + h_2 y' + h_3 z'. \end{aligned}\right.$$

Die Koeffizienten dieser Substitution erfüllen dann zunächst den Definitionsgleichungen (1), (2), (3) zufolge die Relationen:

$$\text{(II)}\qquad f_1^2 + g^2 + h_1^2 = f_2^2 + g_2^2 + h_2^2 = f_3^2 + g_3^2 + h_3^2 = 1.$$

Beschränken wir uns des weiteren zunächst auf den praktisch hauptsächlich in Betracht kommenden Fall, daß auch das neue System ein rechtwinkliges sei, so gelten außerdem die Gleichungen:

$$\text{(III)}\qquad f_2 f_3 + g_2 g_3 + h_2 h_3 = f_3 f_1 + g_3 g_1 + h_3 h_1 = f_1 f_2 + g_1 g_2 + h_1 h_2 = 0.$$

Aus den ersten beiden dieser Gleichungen folgt:

$$\text{(4)}\qquad \varepsilon f_3 = g_1 h_2 - h_1 g_2,\quad \varepsilon g_3 = h_1 f_2 - f_1 h_2,\quad \varepsilon h_3 = f_1 g_2 - g_1 f_2,$$

wo ε nach (II), (III) und der Identität (V^a) auf S. 136 den Wert ± 1 hat und zwar gilt nach den Definitionen des vorigen Paragraphen (Formel (7) auf S. 148 für das Dreieck $O'X'Y'$ und Satz auf S. 151) das obere oder untere Vorzeichen, je nachdem der positive oder negative Drehungssinn von OZ' durch eine Drehung von 90^0 die OX' in OY' überführt, je nachdem also das neue System mit dem alten gleich orientiert ist oder nicht. Demnach erhalten wir das Formelsystem:

$$\text{(IV)}\qquad \left\{\begin{aligned} \pm f_1 &= g_2 h_3 - h_2 g_3, & \pm g_1 &= h_2 f_3 - f_2 h_3, & \pm h_1 &= f_2 g_3 - g_2 f_3;\\ \pm f_2 &= g_3 h_1 - h_3 g_1, & \pm g_2 &= h_3 f_1 - f_3 h_1, & \pm h_2 &= f_3 g_1 - g_3 f_1;\\ \pm f_3 &= g_1 h_2 - h_1 g_2, & \pm g_3 &= h_1 f_2 - f_1 h_2, & \pm h_3 &= f_1 g_2 - g_1 f_2, \end{aligned}\right.$$

wo das obere oder untere Vorzeichen gilt, je nachdem das neue System mit dem alten gleich orientiert ist oder nicht. Daß in der Tat entweder das obere oder das untere Vorzeichen in den drei Reihen gleichzeitig gilt, folgt aus den Identitäten:

$$\text{(V)}\qquad \left\{\begin{aligned} T &= f_1(g_2 h_3 - h_2 g_3) + g_1(h_2 f_3 - f_2 h_3) + h_1(f_2 g_3 - g_2 f_3)\\ &= f_2(g_3 h_1 - h_3 g_1) + g_2(h_3 f_1 - f_3 h_1) + h_2(f_3 g_1 - g_3 f_1)\\ &= f_3(g_1 h_2 - h_1 g_2) + g_3(h_1 f_2 - f_1 h_2) + h_3(f_1 g_2 - g_1 f_2) \end{aligned}\right.$$

$$= \begin{vmatrix} f_1, & g_1, & h_1,\\ f_2, & g_2, & h_2,\\ f_3, & g_3, & h_3, \end{vmatrix} = \pm 1.$$

Auf die hiermit zusammenhängende Möglichkeit der Überführung des einen Kreuzes in das andere durch Bewegung werden wir sogleich noch näher eingehen.

Zuvor erwähnen wir noch diejenigen Formeln, die sich einerseits durch Umkehrung der Beziehungen der beiden Koordinatenkreuze gegeneinander ergeben, andererseits aber auch als Folge aus den Formeln (I) bis (IV). Multiplizieren wir nämlich die Gleichungen (I) erstens der Reihe nach mit f_1, g_1, h_1, zweitens mit f_2, g_2, h_2 und drittens mit f_3, g_3, h_3 und addieren sie jedesmal, so folgt nach (II) und (III):

$$
(\mathrm{I^a}) \qquad \begin{cases} f_1 x + g_1 y + h_1 z = x', \\ f_2 x + g_2 y + h_2 z = y', \\ f_3 x + g_3 y + h_3 z = z'; \end{cases}
$$

diese Formeln vermitteln den Übergang vom neuen System zum alten und hätten natürlich entsprechend wie oben aus der Figur abgeleitet werden können. Multiplizieren wir ebenso die Gleichungen (IV) erstens der Reihe nach mit f_1, f_2, f_3, zweitens mit g_1, g_2, g_3, drittens mit h_1, h_2, h_3 und addieren sie jedesmal, so ergeben sich teils wegen $T = \pm 1$, teils als Identitäten (Determinanten mit zwei gleichen Reihen) die Formeln:

$$
(\mathrm{II^a}) \quad f_1^2 + f_2^2 + f_3^2 = g_1^2 + g_2^2 + g_3^2 = h_1^2 + h_2^2 + h_3^2 = 1;
$$

$$
(\mathrm{III^a}) \quad g_1 h_1 + g_2 h_2 + g_3 h_3 = h_1 f_1 + h_2 f_2 + h_3 f_3 = f_1 g_1 + f_2 g_2 + f_3 g_3 = 0,
$$

die einerseits zum Ausdruck bringen, daß f_1, f_2, f_3 usw. die Richtungskosinus der alten Achsen im neuen System sind, andererseits, daß auch die alten Achsen senkrecht aufeinander stehen.

Um die Bedeutung des doppelten Vorzeichens von T oder ε deutlich zu erkennen, untersuchen wir die Überführbarkeit des einen Kreuzes in das andere durch eine Bewegung. Wir bemerken zuerst, daß für die durch die Formeln (10) auf S. 151 dargestellte Koordinatentranformation, die durch zwei Drehungen entstanden war, in der Tat, wie eine kleine Rechnung ergibt, $T = +1$ ist. Nun konnten wir zwar durch die beiden Drehungen die Achse OZ in eine beliebige Lage OZ' bringen, aber die Lage von OX', in die OX dabei übergeht, ist nicht irgend eine Senkrechte zu OZ', sondern, weil $f_3 = 0$ ist, auch $\perp OZ$. Aber eine dritte Drehung um die Achse OZ' führt auch da zum Ziel. Setzen wir in der Tat die Ausdrücke $x' \cos\delta + y' \sin\delta$ und $-x' \sin\delta + y' \cos\delta$ (zur Vermeidung neuer Bezeichnungen) wieder gleich x' und y' (vergl. Formel (8) auf S. 150), so erhalten wir die Koordinatentransformation:

$$
(5) \qquad \begin{cases} x' = \dfrac{x}{\sin\gamma}(\cos\beta\cos\delta + \cos\alpha\cos\gamma\sin\delta) + \dfrac{y}{\sin\gamma}(-\cos\alpha\cos\delta \\ \qquad\qquad + \cos\beta\cos\gamma\sin\delta) - z\sin\gamma\sin\delta, \\ y' = \dfrac{x}{\sin\gamma}(-\cos\beta\sin\delta + \cos\alpha\cos\gamma\cos\delta) + \dfrac{y}{\sin\gamma}(\cos\alpha\sin\delta \\ \qquad\qquad + \cos\beta\cos\gamma\sin\delta) - z\sin\gamma\sin\delta, \\ z' = x\cos\alpha + y\cos\beta + z\cos\gamma. \end{cases}
$$

Auch hier zeigt eine leichte Rechnung, daß $\varepsilon = +1$ wird. Aber wir erhalten dasselbe Resultat bei dem Versuche, diese Formeln mit (I^a) zur Übereinstimmung zu bringen. Dann folgt nämlich zuerst durch Vergleichung der Koeffizienten von x, y, z in der dritten Gleichung und derjenigen von z in der ersten und zweiten:

$$(6)\qquad \cos\alpha = f_3,\ \cos\beta = g_3,\ \cos\gamma = h_3,\ \sin\gamma = +\sqrt{1-h_3^2},$$
$$\cos\delta = -\frac{h_2}{\sqrt{1-h_3^2}},\ \sin\delta = -\frac{h_1}{\sqrt{1-h_3^2}}.$$

Setzen wir diese Werte in die Koeffizienten x und y ein und setzen diese gleich f_1, usw., so folgt:

$$(7)\qquad -g_3 h_2 - f_3 h_3 h_1 = f_1(1-h_3^2),$$

usw. oder auf Grund von (II) und (III):

$$8)\qquad \begin{cases} g_3(g_1 f_3 - f_1 g_3 - h_2) = 0, & f_3(h_2 - g_1 f_3 + f_1 g_3) = 0 \\ g_3(h_1 - f_2 g_3 + g_2 f_3) = 0, & f_3(f_2 g_3 - g_2 f_3 - h_1) = 0. \end{cases}$$

Sehen wir also von dem besonderen Falle ab, daß $f_3 = g_3 = 0$ sei, so ergibt sich, daß die geforderte Übereinstimmung dann und nur dann mög- ist, wenn in den Formeln (IV) das obere Vorzeichen gilt. Ist $f_3 = g_3 = 0$, also auch $h_1 = h_2 = 0$, so nehmen die Gleichungen (5) zwar eine unbestimmte Form an, aber man sieht dann leicht, daß, wofern das alte System überhaupt durch Bewegung in das neue übergeführt werden kann, dies entweder durch eine einfache Drehung um OZ oder durch eine solche und eine darauf folgende Umwendung um OX' (Drehung um 180°) erreicht werden kann, oder daß die Transformation (I^a) entweder die Form: $x' = x\cos\delta + y\sin\delta$, $y' = -x\sin\delta + y\sin\delta$, $z' = z$ oder die andere $x' = x\cos\delta + y\sin\delta$, $y' = x\sin\delta - y\cos\delta$, $z' = -z$ hat; jedenfalls gilt auch in den Formeln (IV) das obere Vorzeichen. Ist $T = \varepsilon = -1$, so erreicht man die gewünschte Übereinstimmung, wenn man noch die Spiegelung an der Ebene $OX'Z'$ hinzufügt, also in (5) y' durch $-y'$ ersetzt, was ebenso ausgeführt werden kann.

Die Überführung der beiden Achsenkreuze haben wir im allgemeinen durch mehr als eine Drehung bewerkstelligt, und es fragt sich daher, ob dies nicht durch eine einzige Drehung möglich sei. Soll die Drehung um die Achse mit den Richtungskosinus $f_3 = \cos\alpha$, $g_3 = \cos\beta$, $h_3 = \cos\gamma$ geschehen, so transformieren wir zuerst auf Grund der Formeln:

$$(9)\qquad \xi = f_1 x + g_1 y + h_1 z,\ \eta = f_2 x + g_2 y + h_2 z,\ \zeta = f_3 x + g_3 y + h_3 z$$

auf ein dem gegebenen System gleich orientiertes System $O\Xi HZ$, dessen Achse OZ mit der Drehungsachse zusammenfällt. Ist dann δ

die Amplitude der Drehung, so ist sie dargestellt durch die Formeln (da es sich um eine Bewegung, keine Koordinatentransformation handelt):

$$(10)\qquad \xi' = \xi\cos\delta - \eta\sin\delta\,,\quad \eta' = \xi\sin\delta + \eta\cos\delta\,,\quad \zeta' = \zeta\,,$$

oder:

$$(11)\qquad \begin{cases} x' = f_1(\xi\cos\delta - \eta\sin\delta) + f_2(\xi\sin\delta + \eta\cos\delta) + f_3\zeta \\ \quad = (x - f_3\zeta)\cos\delta + (-h_3 y + g_3 z)\sin\delta + f_3\zeta, \end{cases}$$

weil in den Formeln (IV) das obere Vorzeichen gilt. Somit ergibt sich:

$$(12)\qquad \begin{cases} x' = x\cos\delta + (x\cos\alpha + y\cos\beta + z\cos\gamma)\cos\alpha(1-\cos\delta) \\ \qquad\qquad + \sin\delta(-y\cos\gamma + z\cos\beta),\ \text{usw.} \end{cases}$$

Hiernach erhalten wir *die Koordinaten* x', y', z' *des Punktes* P', *in welchen der Punkt* P (x, y, z) *bei der Rotation um die Achse* $\cos\alpha$,

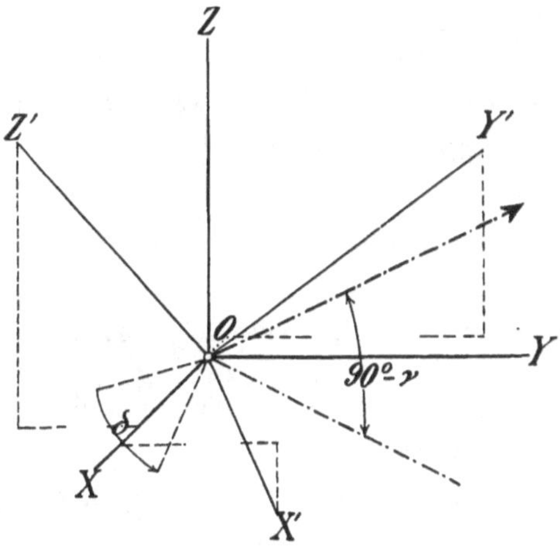

Fig. 67.

$\cos\beta$, $\cos\gamma$) *durch den Anfangspunkt O um die Amplitude* δ *(im positiven Drehungssinne der Achse) übergeht, in folgender Form* (Fig. 67):

$$(\text{VI})\qquad \begin{cases} x' = x\left(\cos^2\alpha(1-\cos\delta) + \cos\delta\right) + y\left(\cos\alpha\cos\beta(1-\cos\delta)\right. \\ \qquad \left.- \cos\gamma\sin\delta\right) + z\left(\cos\alpha\cos\gamma(1-\cos\delta) + \cos\beta\sin\delta\right), \\ y' = x\left(\cos\beta\cos\alpha(1-\cos\delta) + \cos\gamma\sin\delta\right) + y\left(\cos^2\beta(1-\cos\delta)\right. \\ \qquad \left.+ \cos\delta\right) + z\left(\cos\beta\cos\gamma(1-\cos\delta) - \cos\alpha\sin\delta\right), \\ z' = x\left(\cos\gamma\cos\alpha(1-\cos\delta) - \cos\beta\sin\delta\right) + y\left(\cos\gamma\cos\beta(1-\cos\delta)\right. \\ \qquad \left.+ \cos\alpha\sin\delta\right) + z\left(\cos^2\gamma(1-\cos\delta) + \cos\delta\right), \end{cases}$$

wo die zweite und dritte Gleichung aus der ersten durch zyklische Vertauschung der Buchstaben x, y, z und α, β, γ entstehen. Da nun der Punkt P in bezug auf dasjenige Koordinatenkreuz, das in das gegebene durch diese Rotation übergeht, also aus dem gegebenen durch Drehung um die Amplitude $-\delta$ entsteht, ebenfalls die Koordinaten x', y', z' hat, so drücken diese Formeln auch den Übergang von dem gegebenen Koordinatensystem zu dem beschriebenen aus, und es fragt sich, in welchen Fällen die Koeffizienten der Substitution (VI) durch geeignete Wahl von α, β, γ und δ den entsprechenden Koeffizienten der Substitution (I[a]) gleich gesetzt werden können.

Ehe wir in diese Untersuchung eintreten, bemerken wir, daß aus den Formeln (II), (III), (IV), wenn wir den linken Seiten der letzteren statt des doppelten Vorzeichens den Faktor ε hinzufügen, der ± 1 bedeuten soll, die folgenden leicht zu verifizierenden Identitäten folgen:

$$(13)\quad (g_3-h_2)^2+(h_1-f_3)^2+(f_2-g_1)^2=4-(1-\varepsilon F)^2=(3-\varepsilon F)(1+\varepsilon F),$$

$$(14)\quad (g_3-h_2)^2=(1+\varepsilon F)(1-\varepsilon F+2\varepsilon f_1),\ \text{usw.},$$

$$(15)\quad (g_3-h_2)(h_1-f_3)=(\varepsilon+F)(g_1+f_2),\ \text{usw.},$$

wo:

$$(16)\quad F=f_1+g_2+h_3,$$

und die noch fehlenden 2×2 Gleichungen aus (14) und (15) durch zyklische Vertauschung der Buchstaben f, g, h und der Indices 1, 2, 3 entstehen.

Aus der Gleichsetzung der Koeffizienten der Substitutionen (I[a]) und (VI) ergibt sich zunächst:

$$(17)\quad g_3-h_2=2\cos\alpha\sin\delta,\quad h_1-f_3=2\cos\beta\sin\delta,\quad f_2-g_1=2\cos\gamma\sin\delta,$$

also:

$$(18)\quad \begin{cases} 4\sin^2\delta=(g_3-h_2)^2+(h_1-f_3)^2+(f_2-g_1)^2=4-(1-\varepsilon F)^2\\ \qquad\qquad=(3-\varepsilon F)(1+\varepsilon F).\end{cases}$$

Andererseits aber folgt:

$$(19)\quad f_1+g_2+h_3=1+2\cos\delta,$$

also:

$$(20)\quad \cos\delta=\frac{F-1}{2}.$$

Demnach ist die Gleichsetzung der Koeffizienten nur dann möglich, wenn $\varepsilon=+1$ ist. Aus den Gleichungen (18) und (19) folgt nämlich, daß $F(\varepsilon-1)=0$ sein muß. Nehmen wir also an, daß ε nicht $+1$ wäre, so müßte $F=0$ sein, also $\cos\delta=-\frac{1}{2}$, $\sin^2\delta=\frac{3}{4}$. Dann nehmen die Gleichungen (15) die Form $(1-\varepsilon)\cos\alpha\cos\beta=0$, usw., so daß etwa $\cos\alpha = \cos\beta = 0$ und $\cos^2\gamma = 1$ sein müßte. Hieraus folgt, daß die Gleichungen (VI) die Form $x' = -\frac{x}{2} \pm y\frac{\sqrt{3}}{2}$, $y' = \mp x\frac{\sqrt{3}}{2} - \frac{y}{2}$, $z' = z$ besitzen, so daß jedenfalls $F = \varepsilon = +1$ ist. Dann ist aber auch leicht zu sehen, daß bei Erfüllung der Gleichungen (17) und (20) die entsprechenden Koeffizienten der beiden Substitutionen ($\mathrm{I^a}$) und (VI) identisch sind. Darnach ist nämlich wegen der Identitäten (14) erstens:

$$(21)\qquad \cos\delta + \cos^2\alpha(1-\cos\delta) = \frac{F-1}{2} + \frac{(g_3-h_2)^2}{(3-F)(1+F)}\,\frac{3-F}{2} = f_1, \text{ usw.}$$

und zweitens wegen der Identitäten (15):

$$(22)\qquad \begin{cases} \cos\alpha\cos\beta(1-\cos\delta) \pm \cos\gamma\sin\delta = \dfrac{(g_3-h_2)(h_1-f_3)}{(3-F)(1+F)}\,\dfrac{3-F}{2} \\ \qquad \pm \frac{1}{2}(f_2-g_1) = \frac{1}{2}(f_2+g_1 \pm (f_2-g_1)), \text{ usw.} \end{cases}$$

Geben wir in der Formel:

$$(23)\qquad \sin\delta = \pm\tfrac{1}{2}\sqrt{(3-F)(1+F)}$$

der Wurzel ein bestimmtes Vorzeichen, so ist zugleich durch die Gleichungen (17), (20) und (23) die Achse der durch die Substitution (I) dargestellten Rotation samt einem positiven Drehungssinne und die in diesem zu rechnende Amplitude δ bestimmt, um welche zu drehen ist. Gleichung (18) lehrt außerdem, daß $\sin\delta$ stets reell ist; da nämlich $\cos^2\delta$ und $\sin^2\delta$ positiv sind ($-3 \leqq F \leqq 3$), so darf keins derselben > 1 sein.

Um auch in dem Falle, daß ε oder $T = -1$ ist, eine analoge geometrische Interpretation der Substitution ($\mathrm{I^a}$) zu haben, verbinden wir mit der durch die Formeln (11) dargestellten **Rotation** eine **Spiegelung an der Ebene** $\zeta = 0$, d. h. wir verwandeln in Gleichung (10) noch ζ in $-\zeta$, sodaß (11) übergeht in:

$$(24)\qquad x' = (x - f_3\zeta)\cos\delta + (-h_3y + g_3z)\sin\delta - f_3\zeta;$$

wir erhalten daher die Transformation:

$$(25)\qquad \begin{cases} x' = x\cos\delta - (x\cos\alpha + y\cos\beta + z\cos\gamma)\cos\alpha(1+\cos\delta) \\ \qquad\qquad + \sin\delta(-y\cos\gamma + z\cos\beta), \text{ usw.} \end{cases}$$

Statt der Formeln (VI) haben wir demnach die folgenden:

$$(\mathrm{VI^a})\qquad \begin{cases} x' = x\,(-\cos^2\alpha(1+\cos\delta) + \cos\delta) + y\,(-\cos\alpha\cos\beta(1+\cos\delta) \\ \qquad -\cos\gamma\sin\delta) + z\,(-\cos\alpha\cos\gamma(1+\cos\delta) + \cos\beta\sin\delta), \\ y' = x\,(-\cos\beta\cos\alpha(1+\cos\delta) + \cos\gamma\sin\delta) + y\,(-\cos^2\beta(1+\cos\delta) \\ \qquad + \cos\delta) + z\,(-\cos\beta\cos\gamma(1+\cos\delta) - \cos\alpha\sin\delta), \\ z' = x\,(-\cos\gamma\cos\alpha(1+\cos\delta) - \cos\beta\sin\delta) \\ \qquad + y\,(-\cos\gamma\cos\beta(1+\cos\delta) + \cos\alpha\sin\delta) \\ \qquad + z\,(-\cos^2\gamma(1+\cos\delta) + \cos\delta). \end{cases}$$

Aus der Gleichsetzung der Koeffizienten dieser Substitution und derjenigen von (I^a) ergeben sich wiederum die Gleichungen (17) und (18) zur Bestimmung der Achse und des Drehungswinkels. Statt der Gleichung (19) erhalten wir aber die folgende:

$$f_1 + g_2 + h_3 = -1 + 2\cos\delta, \tag{19a}$$

also:

$$\cos\delta = \frac{F+1}{2}. \tag{20a}$$

Demnach ist die Gleichsetzung der Koeffizienten, wie eine entsprechende Untersuchung zeigt, gerade dann und nur dann möglich, wenn $\varepsilon = -1$ ist. Daß dann bei Erfüllung der Gleichungen (17) und (18) die Koeffizienten der beiden Substitutionen (I) und (VI^a) entsprechend gleich sind, kann man genau wie oben beweisen.

Mit Hilfe der Formeln (VI) und (VI^a) kann man nun auch die Koeffizienten der (sogenannten **orthogonalen**) Substitution (I^a) **rational** durch drei Größen λ, μ, ν ausdrücken, indem man entweder:

$$\lambda = \cos\alpha \operatorname{tg}\frac{\delta}{2}, \quad \mu = \cos\beta \operatorname{tg}\frac{\delta}{2}, \quad \nu = \cos\gamma \operatorname{tg}\frac{\delta}{2} \tag{21}$$

oder:

$$\lambda = \cos\alpha \operatorname{ctg}\frac{\delta}{2}, \quad \mu = \cos\beta \operatorname{ctg}\frac{\delta}{2}, \quad \nu = \cos\gamma \operatorname{ctg}\frac{\delta}{2} \tag{21a}$$

setzt. Die genannten Koeffizienten werden dann rationale Funktionen mit dem gemeinsamen Nenner $1 + \lambda^2 + \mu^2 + \nu^2$, während die Zähler im ersten Falle:

$$\text{(VII)} \quad \begin{cases} 1 + \lambda^2 - \mu^2 - \nu^2, & 2(\lambda\mu - \nu), & 2(\lambda\nu + \mu), \\ 2(\lambda\mu + \nu), & 1 - \lambda^2 + \mu^2 - \nu^2, & 2(\mu\nu - \lambda), \\ 2(\lambda\nu - \mu), & 2(\mu\nu + \lambda), & 1 - \lambda^2 - \mu^2 + \nu^2 \end{cases}$$

sind und im zweiten Falle:

$$\text{(VII}^a) \quad \begin{cases} -1 - \lambda^2 + \mu^2 + \nu^2, & -2(\lambda\mu + \nu), & -2(\lambda\nu - \mu), \\ -2(\lambda\mu - \nu), & -1 + \lambda^2 - \mu^2 + \nu^2, & -2(\mu\nu + \lambda), \\ -2(\lambda\nu + \mu), & -2(\mu\nu - \lambda), & -1 + \lambda^2 + \mu^2 - \nu^2. \end{cases}$$

Wir können die Resultate unserer Untersuchungen in den folgenden Satz zusammenfassen:

56. *Hat ein Punkt P in Beziehung auf zueinander rechtwinkeligen Achsen OX, OY, OZ die Koordinaten x, y, z und für die ebenfalls zueinander rechtwinkeligen Achsen OX', OY', OZ', deren Richtungskosinus in Beziehung auf die ersten Achsen* f_1, g_1, h_1; f_2, g_2, h_2; f_3, g_3, h_3 *resp. sind, die Koordinaten* x', y', z', *so ist:*

$$\text{(I)} \quad \begin{cases} x = f_1 x' + f_2 y' + f_3 z', \\ y = g_1 x' + g_2 y' + g_3 z', \\ z = h_1 x' + h_2 y' + h_3 z \end{cases}$$

und:

$$(\mathrm{I^a})\qquad \begin{cases} x' = f_1 x + g_1 y + h_1 z\,, \\ y' = f_2 x + g_2 y + h_2 z\,, \\ z' = f_3 x + g_3 y + h_3 z\,, \end{cases}$$

wo zwischen den Koeffizienten dieser Substitutionen die Relationen (II) (IIᵃ), (III), (IIIᵃ) *und* (IV) *bestehen, und in den letzteren das positive oder negative Vorzeichen gilt, je nachdem der positive Drehungssinn jeder neuen Achse in Beziehung auf das alte System mit demjenigen in Beziehung auf das neue System übereinstimmt oder nicht. Im ersten Falle können die positiven Seiten der Achsen des neuen Systems in diejenigen des alten durch eine Rotation übergeführt werden, für die die Richtungswinkel* α, β, γ *der Achse und der Rotationswinkel* δ *den Gleichungen:*

$$(\mathrm{VIII})\quad 2\cos\alpha\sin\delta = g_3 - h_2,\quad 2\cos\beta\sin\delta = h_1 - f_3,\quad 2\cos\gamma\sin\delta = f_2 - g_1$$

genügen, während im zweiten Falle zu dieser Überführung neben obiger Rotation noch eine Spiegelung an der zu der Rotationsachse senkrechten Ebene durch O nötig ist; ist dann mit dem Vorzeichen von $\sin\delta$ *auch die positive Seite der Rotationsachse und ihr positiver Drehungssinn festgelegt, so bestimmt sich* δ *den beiden Fällen entsprechend vollends durch die Gleichung:*

$$(\mathrm{IX})\qquad \cos\delta = \tfrac{1}{2}(f_1 + g_2 + h_3 \mp 1).$$

Sehen wir nunmehr davon ab, daß die neuen Koordinatenachsen senkrecht aufeinander stehen, und setzen:

$$\sphericalangle Y'OZ' = \eta_1,\quad \sphericalangle Z'OX' = \eta_2,\quad \sphericalangle X'OY' = \eta_3,$$

so treten an Stelle der Formeln (III) die folgenden:

$$(\mathrm{III^b})\qquad \begin{cases} f_2 f_3 + g_2 g_3 + h_2 h_3 = \cos\eta_1, \\ f_3 f_1 + g_3 g_1 + h_3 h_1 = \cos\eta_2, \\ f_1 f_2 + g_1 g_2 + h_1 h_2 = \cos\eta_3, \end{cases}$$

und η_1, η_2, η_3 sind, wie im allgemeinen, Winkel, die $< 180^0$ sind. Bezeichnen wir weiter mit OX'', OY'', OZ'' die positiven Seiten der Normalen auf den neuen Koordinatenebenen $OY'Z'$, $OZ'X'$, $OX'Y'$ und zwar so, daß die positiven Drehungsrichtungen dieser Normalen OY' in OZ', OZ' in OX', OX' in OY' über die Winkel η_1, η_2, η_3 resp. führen, und setzen:

$$(22)\qquad \cos(x'', x) = l_1,\quad \cos(x'', y) = m_1,\quad \cos(x'', z) = n_1;$$

$$(23)\qquad \cos(y'', x) = l_2,\quad \cos(y'', y) = m_2,\quad \cos(y'', z) = n_2;$$

$$(24)\qquad \cos(z'', x) = l_3,\quad \cos(z'', y) = m_3,\quad \cos(z'', z) = n_3,$$

so gelten die Formeln:

$$(25)\qquad \begin{cases} f_3 = f_2 \cos\eta_1 + (m_1 h_2 - g_2 n_1)\sin\eta_1, \\ g_3 = g_2 \cos\eta_1 + (n_1 f_2 - h_2 l_1)\sin\eta_1, \\ h_3 = h_2 \cos\eta_1 + (l_1 g_2 - f_2 m_1)\sin\eta_1. \end{cases}$$

Ist nämlich das System $OX''Y'\mathfrak{Z}$ mit $OXYZ$ gleich orientiert, so hat $O\mathfrak{Z}$ nach den Formeln (IV) die Richtungskosinus $m_1 h_2 - g_2 n_1$, usw., und der Punkt Z' (f_3, g_3, h_3) hat in diesem System die Koordinaten 0, $\cos\eta_1$, $\sin\eta_1$, da OZ' innerhalb der Ebene $OY'Z'$ in Beziehung auf OY' als Polarachse die Amplitude $+\eta_1$ besitzt. Ferner folgt aus den Bedingungen:

$$(26)\qquad l_1 f_2 + m_1 g_2 + n_1 h_2 = 0 \text{ und } l_1 f_3 + m_1 g_3 + n_1 h_3 = 0,$$

wenn λ_1 ein sogleich zu bestimmender Faktor ist, daß:

$$(27)\qquad l_1 = \lambda_1 (g_2 h_3 - h_2 g_3),\ m_1 = \lambda_1 (h_2 f_3 - f_2 h_3),\ n_1 = \lambda_1 (f_2 g_3 - g_2 f_3).$$

Setzen wir diese Werte in die Gleichungen (25) ein, so folgt:

$$(28)\qquad \begin{cases} f_3 - f_2 \cos\eta_1 = \lambda_1 \sin\eta_1 \left(f_3 (g_2^2 + h_2^2) - f_2 (g_2 g_3 + h_2 h_3)\right) \\ \qquad = \lambda_1 \sin\eta_1 (f_3 - f_2 \cos\eta_1), \text{ usw.} \end{cases}$$

Nun können die Größen $f_3 - f_2 \cos\eta_1$, $g_3 - g_2 \cos\eta_1$, $h_3 - h_2 \cos\eta_1$ nicht gleichzeitig verschwinden, da die Summe ihrer Quadrate den Wert $\sin^2\eta_1$ hat, wir $\sin\eta_1$ aber notwendig als von Null verschieden annehmen müssen. Es ist demnach $\lambda_1 = \frac{1}{\sin\eta_1}$, und wir finden, indem wir die analogen Betrachtungen für die Achsen OY'' und OZ'' durchführen, statt des Formelsystems (IV) das folgende:

$$(\text{IV}^b)\qquad \begin{cases} l_1 \sin\eta_1 = g_2 h_3 - h_2 g_3,\ m_1 \sin\eta_1 = h_2 f_3 - f_2 h_3,\ n_1 \sin\eta_1 = f_2 g_3 - g_2 f_3; \\ l_2 \sin\eta_2 = g_3 h_1 - h_3 g_1,\ m_2 \sin\eta_2 = h_3 f_1 - f_3 h_1,\ n_2 \sin\eta_2 = f_3 g_1 - g_3 f_1; \\ l_3 \sin\eta_3 = g_1 h_2 - h_1 g_2,\ m_3 \sin\eta_3 = h_1 f_2 - f_1 h_2,\ n_3 \sin\eta_3 = f_1 g_2 - g_1 f_2. \end{cases}$$

Setzen wir in analoger Weise $\sphericalangle Y''OZ'' = \varepsilon_1$, $Z''OX'' = \varepsilon_2$, $X''OY'' = \varepsilon_3$, so werden die Formeln:

$$(29)\qquad \begin{cases} l_3 = l_2 \cos\varepsilon_1 \pm (g_1 n_2 - m_2 h_1)\sin\varepsilon_1, \\ m_3 = m_2 \cos\varepsilon_1 \pm (h_1 l_2 - n_2 f_1)\sin\varepsilon_1, \\ n_3 = n_2 \cos\varepsilon_1 \pm (f_1 m_2 - l_2 g_1)\sin\varepsilon_1 \end{cases}$$

mit dem oberen oder unteren Vorzeichen gelten, je nachdem der positive Drehungssinn der Achse OX' von OY'' nach OZ'' führt oder umgekehrt. Um hierüber zu entscheiden, multiplizieren wir beide Seiten der Gleichungen (29) mit f_3, g_3, h_3 und addieren sie. Dann folgt, wenn wir unter T dieselbe Größe verstehen wie in (V), also nach Satz 54 auf S. 153 den positiven oder negativen sechsfachen Rauminhalt des Tetraeders $OX'Y'Z'$, weil OZ' auf OY'' senkrecht steht:

$$(30)\quad \begin{cases} \frac{T}{\sin\eta_3} = \pm \sin\varepsilon_1 \{l_2(g_3h_1 - h_3g_1) + m_2(h_3f_1 - f_3h_1) \\ \qquad + n_2(f_3g_1 - g_3f_1)\} = \pm \sin\varepsilon_1 \sin\eta_2, \end{cases}$$

oder:

$$(31)\quad \pm T = \sin\varepsilon_1 \sin\eta_2 \sin\eta_3 = \sin\varepsilon_2 \sin\eta_3 \sin\eta_1 = \sin\varepsilon_3 \sin\eta_1 \sin\eta_2;$$

hier gilt offenbar, da die Sinus alle positiv sind, das obere oder untere Vorzeichen, je nachdem T positiv oder negativ ist.

In den Formeln (31) haben wir zugleich den Sinussatz der sphärischen Trigonometrie für das Dreieck $X'Y'Z'$ (auf der Kugelfläche um O mit dem Radius 1).

Multiplizieren wir beide Seiten der Formeln (25) der Reihe nach mit f_1, g_1, h_1 und addieren sie, so folgt:

$$(32)\quad \begin{cases} \cos\eta_2 = \cos\eta_3\cos\eta_1 + \sin\eta_1 \big(l_1(g_2h_1 - h_2g_1) + m_1(h_2f_1 - f_2h_1) \\ \qquad + n_1(f_2g_1 - g_2f_1)\big) = \cos\eta_3\cos\eta_1 - \sin\eta_3\sin\eta_1\cos\varepsilon_2; \end{cases}$$

bedenken wir, daß $\varepsilon_1, \varepsilon_2, \varepsilon_3$ die Nebenwinkel derjenigen Winkel sind, die man gewöhnlich als die Winkel des sphärischen Dreiecks bezeichnet, so ist klar, daß wir in der Gleichung (32) den Kosinussatz der sphärischen Trigonometrie haben. Eine analoge Formel für $\cos\varepsilon_2$ erhält man aus den Formeln (29), wenn man sich der den Formeln (IV^b) entsprechenden Formeln:

$$(\text{IV}^c)\qquad \pm f_1 \sin\varepsilon_1 = m_2n_3 - n_2m_3, \text{ usw.}$$

bedient. Aus ihnen ergibt sich auch:

$$(33)\quad \begin{cases} l_1(m_2n_3 - n_2m_3) + m_1(n_2l_3 - l_2n_3) + n_1(l_2m_3 - m_2l_3) \\ \qquad = \pm \sin\varepsilon_1 (f_1l_1 + g_1m_1 + h_1n_1) = \frac{T^2}{\sin\eta_1\sin\eta_2\sin\eta_3}. \end{cases}$$

Was nun den Übergang von den rechtwinkeligen Koordinaten x, y, z zu den schiefwinkeligen Koordinaten x', y', z' betrifft, so gelten zunächst wieder die Formeln (I). Ihre Umkehrung aber erhalten wir, wenn wir beide Seiten dieser Gleichungen der Reihe nach mit l_1, m_1, n_1; l_2, m_2, n_2; l_3, m_3, n_3 resp. multiplizieren und sie addieren, dem Formelsystem (IV^b) zufolge in folgender Form:

$$(\text{I}^b)\quad \begin{cases} Tx' = (l_1x + m_1y + n_1z)\sin\eta_1, \\ Ty' = (l_2x + m_2y + n_2z)\sin\eta_2, \\ Tz' = (l_3x + m_3y + n_3z)\sin\eta_3. \end{cases}$$

Es ist hiernach nicht schwer, die Hauptformeln der Raumgeometrie in schiefwinkelige Koordinaten umzusetzen. Wir tun dies nur insoweit, als die Komplikation und Unbequemlichkeit der geometrischen Deutung der betreffenden Formeln nicht von selbst die Anwendung schiefwinkeliger Koordinaten als ungeeignet erscheinen läßt. Da ergibt sich denn zuerst, wie wir auch dort schon fanden, aus den Formeln (I^b), daß die Sätze 43, 43ª auf S. 127 und 48 auf S. 133 auch für schiefwinkelige Koordinaten gelten. Dasselbe folgt auf Grund der Formeln (I) für den Satz 47 auf S. 132; denn die Ebene:

$$\frac{x}{a} + \frac{y}{b} + \frac{z}{c} = 1 \tag{34}$$

macht ja auf den Achsen OX', OY', OZ' die Abschnitte a', b', c', die sich aus den Gleichungen:

$$\frac{1}{a'} = \frac{f_1}{a} + \frac{g_1}{b} + \frac{h_1}{c} \text{ usw.} \tag{35}$$

ergeben. Natürlich stellt nun auch die Gleichung:

$$A'x' + B'y' + C'z' = D' \tag{36}$$

eine Ebene dar, die auf den Achsen OX', OY', OZ' die Abschnitte $\frac{D'}{A'}$, $\frac{D'}{B'}$, $\frac{D'}{C'}$ macht. Unverändert gilt endlich auch Satz 45 auf S. 130, d. h:

$$x'\cos\alpha' + y'\cos\beta' + z'\cos\gamma' = d \tag{37}$$

ist die Gleichung einer Ebene, für welche das Lot $ON = d$ vom Anfangspunkte mit den Achsen OX', OY', OZ' die Winkel α', β', γ' bildet. Indessen führt schon der Übergang von der allgemeinen Form (36) der Gleichung der Ebene auf die Form (37) zu komplizierten Formeln, insofern die Gleichung, der $\cos\alpha'$, $\cos\beta'$, $\cos\gamma'$ zu genügen haben, nicht einfach genug ist; wir verzichten deshalb auf diese Entwickelungen. Auch der Ausdruck für das Quadrat des Radiusvektors $r = OP$ durch die schiefwinkeligen Koordinaten x', y', z', nämlich:

$$r^2 = x'^2 + y'^2 + z'^2 + 2y'z'\cos\eta_1 + 2z'x'\cos\eta_2 + 2x'y'\cos\eta_3, \tag{38}$$

ist schon zu kompliziert, als daß es sich empfiehlt, bei Aufgaben, in denen Entfernungen beliebiger Richtung auftreten, schiefwinkelige Koordinaten anzuwenden. Indem wir schließlich wegen der Formeln (I) auf S. 153 auf die letzte Aufgabe verweisen, bemerken wir, daß, von besonderen Fällen abgesehen, sich *die Anwendung schiefwinkeliger Koordinaten überall nur da empfehlen wird, wo nur die Verhältnisse von Strecken auftreten.*

---

1. Aufgabe. Man transformiere die Gleichungen der Geraden der 4. Aufgabe in § 17, S. 147 auf den Mittelpunkt der kürzesten Entfernung als Anfangspunkt, auf diese als z'-Achse und auf die Par-

allelen zu den Halbierungslinien der Winkel der beiden Geraden als x'- resp. y'-Achse.

Die Halbierungslinien des Winkels zweier Geraden mit den Richtungskosinus $\cos\alpha_1$, $\cos\beta_1$, $\cos\gamma_1$; $\cos\alpha_2$, $\cos\beta_2$, $\cos\gamma_2$ verhalten sich wie $\cos\alpha_1 \pm \cos\alpha_2 : \cos\beta_1 \pm \cos\beta_2 : \cos\gamma_1 \pm \cos\gamma_2$.

2. Aufgabe. Man beweise, daß der Ausdruck für das Quadrat der Entfernung zweier Punkte beim Übergange von einem rechtwinkligen Koordinatensysteme zu einem andern sich nicht ändert.

3. Aufgabe. Man bewerkstellige die Überführung des rechtwinkeligen Koordinatenkreuzes $OXYZ$ in das ihm kongruente Koordinatenkreuz $OX'Y'Z'$ dadurch, daß man das erste Kreuz zuerst um die Achse OZ um die Amplitude φ dreht, wo $\cos\varphi = \frac{f_1}{\sqrt{1-h_1^2}}$, $\sin\varphi = \frac{g_1}{\sqrt{1-h_1^2}}$, dann dieses um die neue y-Achse um die Amplitude ψ (immer in positivem Sinne, also von OZ nach OX), wo $\cos\psi = \sqrt{1-h_1^2}$, $\sin\psi = -h_1$, endlich dies um die letzte x-Achse um die Amplitude χ, wo $\cos\chi = \frac{h_3}{\sqrt{1-h_1^2}}$, $\sin\chi = \frac{h_2}{\sqrt{1-h_1^2}}$; man erhält dann die Formeln:

$$\begin{aligned}
x' &= x\cos\varphi\cos\psi + y\sin\varphi\cos\psi - z\sin\psi,\\
y' &= x(-\sin\varphi\cos\chi + \cos\varphi\sin\chi\sin\psi) + y(\cos\varphi\cos\chi + \sin\varphi\sin\chi\sin\psi)\\
&\quad + z\cos\psi\sin\chi,\\
z' &= x(\sin\varphi\sin\chi + \cos\varphi\cos\chi\sin\psi) + y(-\cos\varphi\sin\chi + \sin\varphi\cos\chi\sin\psi)\\
&\quad + z\cos\psi\cos\chi,
\end{aligned}$$

deren Identität mit den Formeln (I^a) für $T = +1$ nachzuweisen ist.

Die Amplituden φ, ψ, χ wurden hierbei dadurch bestimmt, daß der Punkt (f_1, g_1, h_1) in Beziehung auf das erste Zwischenkreuz die Koordinaten $\sqrt{1-h_1^2}, 0, h_1$ (d. h. OX' in der Ebene $O\mathfrak{Z}\mathfrak{X}$ liegt) und in Beziehung auf das zweite Zwischenkreuz die Koordinaten 1, 0, 0 (d. h. OX' mit $O\Xi$ zusammenfällt), daß endlich der Punkt (f_2, g_2, h_2) in Beziehung auf das letzte Kreuz die Koordinaten 0, 1, 0 haben muß; man beweist dann leicht, daß der Punkt (f_3, g_3, h_3) die Koordinaten 0, 0, 1 erhält.

4. Aufgabe. Eine Rotation um die Amplitude δ kann ersetzt werden durch die Aufeinanderfolge von zwei Spiegelungen an zwei Ebenen durch die Rotationsachse, von denen die zweite aus der ersten durch Rotation um die Amplitude $\frac{\delta}{2}$ entsteht.

Die Richtigkeit dieses Satzes, die ja für die z-Achse als Rotationsachse sehr leicht einzusehen ist, soll auch mit Hilfe der Formeln (VI) und (VI^a) für eine Achse beliebiger Richtung verifiziert werden; die

Formeln der Spiegelung an der Ebene $x \cos\lambda + y \cos\mu + z \cos\nu = 0$ sind dann nach (VI[a]):

$$x' = x - 2(x\cos\lambda + y\cos\mu + z\cos\nu)\cos\lambda \text{ usw.}$$

5. Aufgabe. Die Aufeinanderfolge zweier Rotationen (λ, μ, ν) und (λ', μ', ν') (vergl. die Formeln (VII)) um den Anfangspunkt O kann ersetzt werden durch die Rotation (λ'', μ'', ν''), wo:

$$\lambda'' = \frac{\lambda + \lambda' - \mu\nu' + \nu\mu'}{1 - \lambda\lambda' - \mu\mu' - \nu\nu'}, \text{ usw.}$$

Um hier die Rechnung übersichtlich zu gestalten, schreibe man die Drehungsformeln folgendermaßen:

$$\begin{aligned} x' + \nu y' - \mu z' &= x - \nu y + \mu z, \\ -\nu x' + y' + \lambda z' &= \nu x + y - \lambda z, \\ \mu x' - \lambda y' + z' &= -\mu x + \lambda y + z, \end{aligned}$$

die man leicht verifiziert, wenn man ihnen die Identität:

$$\lambda x' + \mu y' + \nu z' = \lambda x + \mu y + \nu z$$

hinzufügt, die ihrerseits unmittelbar aus den Gleichungen (12) folgt. Multipliziert man die entsprechenden Formeln:

$$x'' + \nu' y'' - \mu' z'' = x' - \nu' y' + \mu' z', \text{ usw.}$$

dann mit $1, \nu, -\mu, -\lambda$ und addiert sie usw., so erhält man die Gleichungen:

$$x'' + \nu'' y'' - \mu'' z'' = x - \nu'' y + \mu'' z, \text{ usw.}$$

(Multiplikation der Quaternionen).

6. Aufgabe. Man beweise aus den Formeln der vorhergehenden Aufgabe, daß: $\cos\frac{\delta''}{2} = \cos\frac{\delta}{2}\cos\frac{\delta'}{2} - \sin\frac{\delta}{2}\sin\frac{\delta'}{2}\cos\vartheta''$, wenn ϑ'' der Winkel der beiden gegebenen Rotationsachsen ist.

Es folgt dies aus der Identität:

$$\begin{aligned} &(1 + \lambda''^2 + \mu''^2 + \nu''^2)(1 - \lambda\lambda' - \mu\mu' - \nu\nu')^2 \\ &\quad = (1 + \lambda^2 + \mu^2 + \nu^2)(1 + \lambda'^2 + \mu'^2 + \nu'^2), \end{aligned}$$

kann aber auch aus dem Satze abgeleitet werden, daß die Rotationsachsen ein sphärisches Dreieck mit den halben Amplituden der Rotationen als Winkeln bestimmen; dieser Satz wiederum ergibt sich mit Hilfe der 4. Aufgabe dadurch, daß man die erste Rotation durch zwei Spiegelungen ersetzt, deren zweite die Ebene ϑ'' durch die beiden ersten Rotationsachsen zur spiegelnden Ebene hat, und die zweite Rotation durch zwei Spiegelungen, deren erste die Ebene ϑ'' zur spiegelnden Ebene hat.

7. Aufgabe. Jede Rotation kann ersetzt werden durch die Aufeinanderfolge einer Rotation um eine parallele Achse um dieselbe Amplitude und eine Translation in einer zur Rotationsachse senkrechten Richtung.

Ist die Rotation durch (I^a) dargestellt, so ist, falls (l, m, n) ein Punkt der parallelen Rotationsachse ist, $x'' - l = f_1(x-l) + g_1(y-m) + h_1(z-n)$ der Ausdruck der Rotation um diese, so daß $a = (f_1 - 1)l + g_1 m + h_1 n$, usw. die Komponenten der auf die Rotation folgende Schiebung sind. Man beweist leicht, daß $a(g_3 - h_2) + b(h_1 - f_3) + c(f_2 - g_1) = 0$ ist, und zwar für alle Werte von l, m, n. Ist (l, m, n) der Fußpunkt des Lotes vom Anfangspunkte O auf die neue Rotationsachse, so findet man umgekehrt: $4l\sin^2\frac{\delta}{2} = (f_1 - 1)a + f_2 b + f_3 c$ usw., wobei die Formeln $f_1 - 1 = (1-\cos\delta)(\cos^2\alpha - 1)$, $f_2 + g_1 = 2(1-\cos\delta) \times \cos\alpha\cos\beta$, usw. zu benutzen sind. Man findet so auch, daß die Translationsstrecke dem doppelten Produkte aus dem Abstande der beiden Achsen in $\sin\frac{\delta}{2}$ gleich ist und mit diesem die Amplitude $90^0 + \frac{\delta}{2}$ einschließt. Dies Resultat ergibt sich auch leicht mit Hilfe der 4. Aufgabe, wenn man zwischen die beiden Spiegelungen, welche die Rotation erzeugen, zweimal dieselbe Spiegelung an einer zur zweiten spiegelnden Ebene parallelen Ebene einschaltet.

8. Aufgabe. Die durch Aufeinanderfolge einer Rotation und einer Translation entstehende Bewegung:

$$x' = a + f_1 x + g_1 y + h_1 z, \text{ usw.}$$

kann ersetzt werden durch eine Rotation um eine parallele Achse und eine Translation längs dieser (Schraubenbewegung).

Man braucht nur zu setzen:

$$a + f_1 x + g_1 y + h_1 z = a + a' + l + f_1(x-l) + g_1(y-m) + h_1(z-n), \text{ usw.}$$

wo $a' = -a + (a\cos\alpha + b\cos\beta + c\cos\gamma)\cos\alpha$, usw., und $4l\sin^2\frac{\delta}{2} = -((f_1 - 1)a + f_2 b + f_3 c)$, usw. In der Tat folgt wie in der vorigen Aufgabe, daß $(f_1 - 1)l + g_1 m + h_1 n = a'$, usw. ist. Die neue Translationsstrecke, deren Komponenten $a + a'$, $b + b'$, $c + c'$ sind, ist demnach gleich der orthogonalen Projektion der alten auf die Rotationsachse, das Lot von (a, b, c) auf die alte Achse, dessen Richtungskosinus sich wie $a' : b' : c'$ verhalten, schließt mit dem Lote von O auf die neue Achse, dessen Komponenten l, m, n sind, die Amplitude $\frac{\delta}{2} + 90^0$ ein und ist gleich dem Produkte aus diesem mit $2\sin\frac{\delta}{2}$, wo beim Beweise dieselben Formeln zu benutzen sind wie in der vorigen Aufgabe.

9. Aufgabe. Man bestimme die Kosinus der Winkel, welche der Radiusvektor nach dem Punkte P mit den schiefwinkeligen Koordinaten x', y', z' mit den Achsen OX', OY', OZ' einschließt.

$$\cos \alpha' = \frac{1}{r} \, (x' + y' \cos \eta_3 + z' \cos \eta_2) \text{ usw.}$$

10. Aufgabe. Man zeige, daß die Gleichung (I) auf S. 153 der Ebene durch drei Punkte auch für schiefwinkelige Koordinaten gilt

Da nämlich:

$$y_1 z_2 - z_1 y_2 = \big(l_1(y_1' z_2' - z_1' y_2') + m_1(z_1' x_2' - x_1' z_2') + n_1(x_1' y_2' - y_1' x_2')\big) \sin \eta_1, \text{ usw.},$$

so verwandelt sich obige Gleichung bei Anwendung der Substitution (I) in eine derselben Form, multipliziert mit dem Faktor T; mit diesem ist also auch die rechte Seite von Formel (II) auf S. 153 zu multiplizieren, wenn man durch sie den dreifachen Rauminhalt des Tetraeders $OP_1 P_2 P_3$ in schiefwinkeligen Koordinaten darstellen will (vergl. hierzu auch S. 133).

§ 20.

Die Erzeugung von Flächen 2. Grades durch Kreise.

Die von uns bis dahin betrachteten nicht ebenen Flächen (Kugelfläche, gerader Kegel und Zylinder, einschaliges Rotationshyperboloid) hatten sämtlich die Eigenschaft, eine Schar von Kreisen in parallelen Ebenen zu enthalten.

Wir fragen demgemäß, um Flächen allgemeinerer Art zu erhalten, nach *dem Orte derjenigen Kreise, die über parallelen Sehnen eines Kegelschnittes als Durchmessern in zur Ebene des Kegelschnittes senkrechten Ebenen errichtet werden.*

Als Ebene des Kegelschnittes nehmen wir die Ebene OXY an und behandeln die beiden Fälle der Kegelschnitte mit und ohne Mittelpunkt gesondert. Im ersten Falle können wir die Gleichung des Kegelschnittes in der Form:

$$Ax^2 + By^2 = C \tag{1}$$

annehmen. Ziehen wir die parallelen Sehnen unter der Amplitude β gegen die Achse OX und sei α die Amplitude des konjugierten Durchmessers, so daß:

$$A \cos \alpha \cos \beta + B \sin \alpha \sin \beta = 0 \tag{2}$$

(vergl. Gl. (9) auf S. 104), so wird bei Transformation auf diese beiden konjugierten Durchmesser, wenn man also:

(3) $$x = x' \cos \alpha + y' \cos \beta, \quad y = x' \sin \alpha + y' \sin \beta$$

setzt (s. Satz 3, S. 22):

(4) $$Ax^2 + By^2 = A'x'^2 + B'y'^2$$

wo:

(5) $$A' = A \cos^2 \alpha + B \sin^2 \alpha, \quad B' = A \cos^2 \beta + B \sin^2 \beta.$$

Hat nun der Punkt P unseres Ortes (Fig. 68) die schiefwinkeligen Koordinaten $OP_{x'} = x'$, $P_{x'}Q = y'$, $QP = z$, und ist $P_{x'}R = P_{x'}P = \varrho$ die halbe Sehne durch $P_{x'}$ unter der Amplitude β, die ja auf die Verlängerung der Ordinate $P_{x'}Q$ fällt, so ist:

(6) $$y'^2 + z^2 = \varrho^2$$

und:

(7) $$A'x'^2 + B'\varrho^2 = C,$$

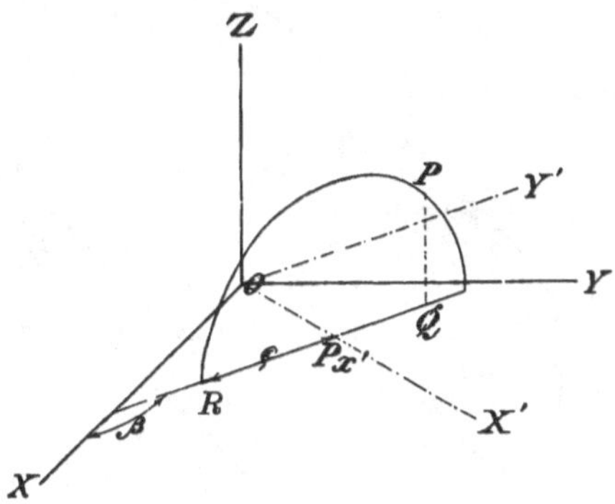

Fig. 68.

folglich:

(8) $$A'x'^2 + B'y'^2 + B'z^2 = C,$$

also schließlich nach (4):

(I) $$Ax^2 + By^2 + B'z^2 = C,$$

wo $B' = A \cos^2 \beta + B \sin^2 \beta$, *die Gleichung des gesuchten Ortes.* Setzt man in (8) $x' = l$, so sieht man umgekehrt, daß jede solche Ebene mit dem gesuchten Orte einen reellen oder imaginären Kreis gemein hat. Da man ferner, ohne B' zu ändern, β mit $-\beta$ vertauschen kann, so ist klar, daß derselbe Ort auch von den Spiegelbildern dieser Ebenen in bezug auf OXZ in Kreisen geschnitten wird.

Wir untersuchen nunmehr genauer die aus den einzelnen Mittelpunktskegelschnitten entstehenden Flächen:

a) Der Kegelschnitt bestehe aus zwei zur Achse OX parallelen Geraden, seine Gleichung sei also:

(9) $$y^2 = b^2;$$

dann geht (I) über in:

(I^a) $$\frac{y^2}{b^2} + \frac{z^2}{c^2} = 1,$$

wo $c^2 = \frac{b^2}{\sin^2 \beta}$, unsere Fläche ist demnach, da diese Gleichung von x unabhängig ist, der Ort einer zur Achse OX parallelen Geraden, deren Spurpunkte in der Ebene OYZ eine Ellipse mit den Halbachsen b und c beschreiben, d. h. ein elliptischer Zylinder (Fig. 69). Der Weg, auf dem wir zu diesem Zylinder gekommen sind, zeigt aber auch, daß jeder durch eine Gleichung von der Form (I^a) dargestellte elliptische Zylinder ($b < c$) zwei Scharen von Kreisen in Ebenen enthält, die zur z-Achse parallel sind und die x-Achse unter der Amplitude $\pm \beta$ schneiden, wo $\sin \beta = \frac{b}{c}$ ist; *jeder elliptische Zylinder ist also zugleich ein schiefer Kreiszylinder.*

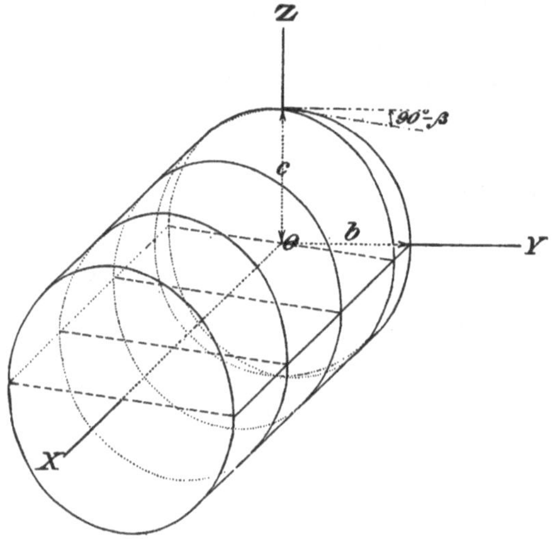

Fig. 69.

b) Der Kegelschnitt bestehe aus zwei Geraden durch den Anfangspunkt, so daß wir seine Gleichung in der Form:

$$\frac{x^2}{a^2} - \frac{y^2}{b^2} = 0 \tag{10}$$

annehmen können. Dann geht (I) über in:

$$\frac{x^2}{a^2} - \frac{y^2}{b^2} \pm \frac{z^2}{c^2} = 0, \tag{I^b}$$

wo:

$$\pm \frac{1}{c^2} = \frac{\cos^2 \beta}{a^2} - \frac{\sin^2 \beta}{b^2}, \tag{11}$$

und das obere oder untere Vorzeichen gilt, je nachdem $\operatorname{tg} \beta \lesseqgtr \frac{b}{a}$, je nachdem also β kleiner oder größer als die Amplitude γ der in den ersten Quadranten fallenden Halbgeraden unseres Geradenpaares ist. Wir können uns auf den zweiten Fall $\operatorname{tg} \beta > \frac{b}{a}$ beschränken, da der erste Fall aus diesem durch Vertauschung der x- mit der y-Achse hervorgeht. Dann besteht die durch (I^b) (mit dem unteren Vorzeichen) dargestellte Fläche aus den Geraden, welche den Anfangspunkt O mit den Punkten der in der Ebene $x = a$ gelegenen Ellipse: $\frac{y^2}{b^2} + \frac{z^2}{c^2} = 1$ verbinden, ist also ein elliptischer Kegel oder schiefer Kreiskegel (Fig. 70, der Kegel besitzt natürlich noch einen zweiten Mantel, das Spiegelbild des ersten in Beziehung auf die Ebene YOZ als Spiegel); denn die Fläche enthält alle Punkte, deren Koordinaten in der Form λa, $\lambda b \cos\psi$, $\lambda c \sin\psi$ enthalten sind, wenn ψ alle Werte von 0 bis 360° und λ alle Werte von $-\infty$ bis $+\infty$ durchlaufen. Bleibt ψ fest, so erhält man so alle Punkte einer Kegelkante.

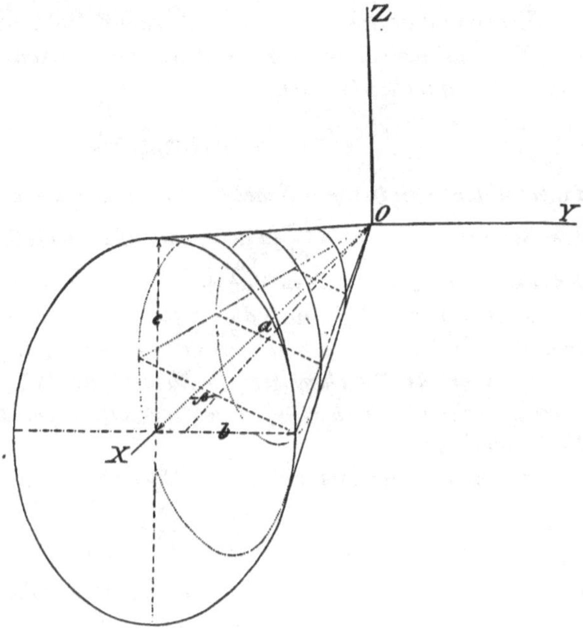

Fig. 70.

Denken wir uns umgekehrt a, b und c gegeben, so folgt aus:

$$(11^a) \quad \frac{\sin^2\beta}{b^2} - \frac{\cos^2\beta}{a^2} = \frac{1}{c^2}:$$

$$(12)\begin{cases} \sin\beta = \pm \frac{b}{c}\sqrt{\frac{a^2+c^2}{a^2+b^2}}, \\ \cos\beta = \pm \frac{a}{c}\sqrt{\frac{c^2-b^2}{a^2+b^2}}, \end{cases}$$

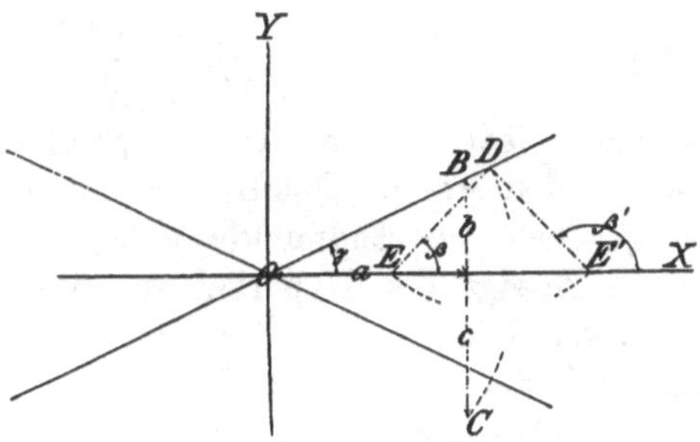

Fig. 71.

so daß $c > b$ sein muß. Ist diese Bedingung erfüllt, so finden wir die folgende Konstruktion der Amplitude β (Fig. 71): Ist D der Punkt des Geradenpaares mit der Amplitude γ und dem Radiusvektor $\sqrt{a^2 + c^2}$, so schneidet der um D mit dem Radius c geschlagene Kreis die Achse OX

in zwei Punkten E und E', für welche $\beta = \sphericalangle XED$ resp. $XE'D'$; denn es ist $\sin(XED) : \sin\gamma = \sqrt{a^2 + c^2} : c$, und man sieht zugleich, daß die Ordinate von D oder $\frac{b\sqrt{a^2+c^2}}{\sqrt{a^2+b^2}} < c$ sein muß, weil $b < c$ ist. Ist $b = c$, so fallen E und E' zusammen, und der Kegel wird ein gerader.

Hiernach können wir den folgenden Satz aussprechen:

57. *Sind drei Strecken $a, b < c$ gegeben, so konstruiert man folgendermaßen den durch die Gleichung:*

$$\frac{x^2}{a^2} - \frac{y^2}{b^2} - \frac{z^2}{c^2} = 0 \tag{I^b}$$

dargestellten elliptischen Kegel. Man konstruiere in der Ebene OXY das Geradenpaar $\frac{x^2}{a^2} - \frac{y^2}{b^2} = 0$, suche das Dreieck ODE resp. ODE', von dem eine Seite $OD = \sqrt{a^2 + c^2}$ auf eine der Geraden fällt, die zweite OE resp. OE' auf die Achse OX und die dritte die Länge c hat; die Kreise über den dieser dritten Seite parallelen Sehnen des Geradenpaares als Durchmessern in Ebenen parallel zur Achse OZ erfüllen dann den Kegel. Ist $b = c$, so geht der elliptische Kegel in einen geraden Kreiskegel über.

c) Ist der Kegelschnitt die Hyperbel:

$$\frac{x^2}{a^2} - \frac{y^2}{b^2} = 1 \tag{15}$$

und $\operatorname{tg}\beta > \frac{b}{a}$, so geht Gleichung (I) über in:

$$\frac{x^2}{a^2} - \frac{y^2}{b^2} - \frac{z^2}{c^2} = 1, \tag{I^c}$$

wo:

$$\frac{1}{c^2} = \frac{\sin^2\beta}{b^2} - \frac{\cos^2\beta}{a^2}, \tag{11^a}$$

so daß wieder $c > b$ ist. Da β hier größer ist als die Amplitude der in den ersten Quadranten fallenden Asymptote der Hyperbel, so gehören die Endpunkte jeder Sehne unter der Amplitude β je einem Zweige der Hyperbel an, unsere Fläche besteht also ebenso aus zwei Schalen, wie der aus dem Asymptotenpaar (10) nach derselben Regel entstehende Kegel, der sogenannte Asymptotenkegel (I^b) unseres zweischaligen Hyperboloids (Fig. 72),[1] aus zwei Mänteln. Während diese aber im Mittelpunkte aneinanderstoßen,

---

[1] In einigen der folgenden Figuren kommen größerer Anschaulichkeit wegen Abweichungen von den auf S. 120 aufgestellten Regeln für die Orientierung des Koordinatensystems oder die Verkürzung der einen Achse vor.

sind die beiden Schalen dieses Hyperboloids ebenso voneinander getrennt, wie die beiden Zweige der Hyperbel. Ist $\beta = 90^0$ oder $b = c$, stehen also die Ebenen der erzeugenden Kreise auf dem Orte ihrer Mittelpunkte, nämlich der Achse OX, senkrecht, so entsteht unsere Fläche durch Rotation der Hyperbel um deren schneidende Achse und heißt zweischaliges Rotationshyperboloid, während zugleich der Asymptotenkegel durch Rotation des Asymptotenpaares um dieselbe

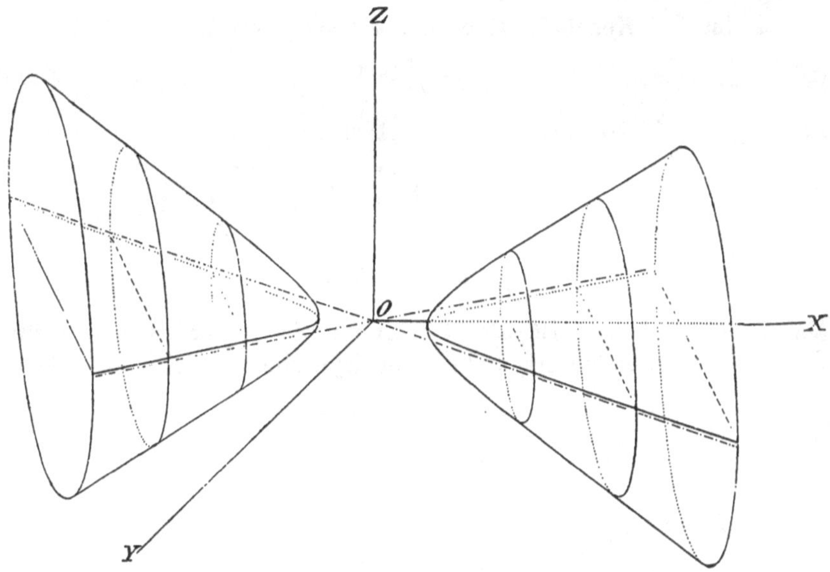

Fig. 72.

Achse entsteht. Die Bedeutung des Asymptotenkegels auch in dem allgemeinen Falle liegt unter anderem darin, daß die Richtungskosinus $\cos\alpha$, $\cos\beta$, $\cos\gamma$ jeder Kante desselben der Gleichung:

$$\frac{\cos^2\alpha}{a^2} - \frac{\cos^2\beta}{b^2} - \frac{\cos^2\gamma}{c^2} = 0 \tag{14}$$

genügen, die Kante das Hyperboloid also nur in unendlich fernen Punkten trifft.

Wir erhalten hiernach den folgenden Satz:

58. *Sind drei Strecken $a, b < c$ gegeben, so konstruiert man folgendermaßen das durch die Gleichung:*

$$\frac{x^2}{a^2} - \frac{y^2}{b^2} - \frac{z^2}{c^2} = 1 \tag{I^c}$$

dargestellte zweischalige Hyperboloid. Man konstruiere in der Ebene

OXY die Hyperbel $\frac{x^2}{a^2}-\frac{y^2}{b^2}=1$, suche das Dreieck ODE resp. ODE', von dem eine Seite $OD=\sqrt{a^2+c^2}$ auf eine Asymptote der Hyperbel fällt, die zweite OE resp. OE' auf die Achse OX, und die dritte die Länge c hat; die Kreise über den dieser dritten Seite parallelen Sehnen der Hyperbel als Durchmessern in Ebenen parallel zur Achse OZ erfüllen dann das Hyperboloid. Ist $b=c$, so ist die Fläche ein zweischaliges Rotationshyperboloid.

d) Ist der Kegelschnitt wieder die Hyperbel:

$$\frac{x^2}{a^2}-\frac{y^2}{b^2}=1, \tag{13}$$

aber $\operatorname{tg}\beta < \frac{b}{a}$, so geht Gleichung (I) über in:

$$\frac{x^2}{a^2}-\frac{y^2}{b^2}+\frac{z^2}{c^2}=1, \tag{I^d}$$

wo:

$$\frac{1}{c^2}=\frac{\cos^2\beta}{a^2}-\frac{\sin^2\beta}{b^2}. \tag{11^b}$$

Da β hier kleiner ist als die Amplitude γ der in den ersten Quadranten fallenden Asymptote der Hyperbel, so trifft jede Sehne

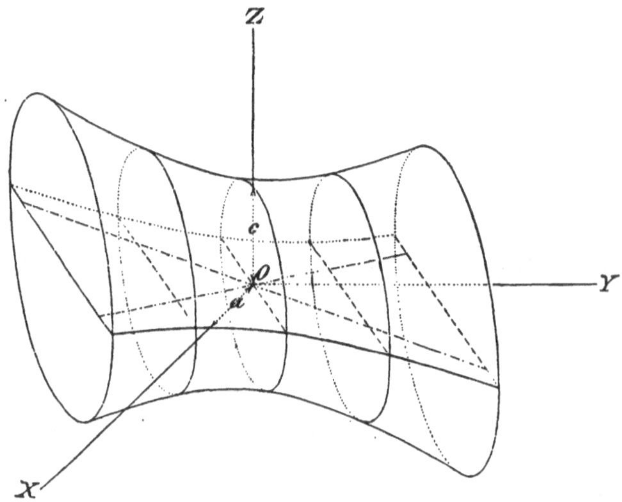

Fig. 73.

unter der Amplitude β beide Zweige der Hyperbel, c ist als der unter β gezogene Halbmesser der Hyperbel $> a$, und die durch (I^d) dargestellte Fläche besteht aus einer zusammenhängenden Schale, die längs der Ellipse $y = 0$, $\frac{x^2}{a^2} + \frac{z^2}{c^2} = 1$, der sogenannten **Kehlellipse**, zusammengeschnürt ist und heißt **einschaliges Hyperboloid** (Fig. 73). Auch dieser Fläche gehört ein Asymptotenkegel:

$$\frac{x^2}{a^2} - \frac{y^2}{b^2} + \frac{z^2}{c^2} = 0 \tag{14}$$

zu, der aus dem Asymptotenpaar der Hyperbel (13) ebenso entsteht, wie das Hyperboloid aus der Hyperbel; in Beziehung auf Satz 57 sind dann nur x mit y sowie a mit b zu vertauschen. Ist $\beta = 0$ oder $a = c$, so entsteht die Fläche durch Rotation der Hyperbel um deren nicht schneidende Achse und heißt ein einschaliges Rotationshyperboloid.

Wie können hiernach den folgenden Satz aussprechen:

59. *Sind drei Strecken $b, c > a$ gegeben, so findet man folgendermaßen das durch die Gleichung:*

$$\frac{x^2}{a^2} - \frac{y^2}{b^2} + \frac{z^2}{c^2} = 1 \tag{I^d}$$

dargestellte einschalige Hyperboloid. Man konstruiere zuerst in der Ebene OXY die Hyperbel $\frac{x^2}{a^2} - \frac{y^2}{b^2} = 1$, suche die Durchmesser derselben von der Länge $2c$ und errichte über den diesen Durchmessern parallelen Sehnen als Durchmessern Kreise in Ebenen parallel zur Achse OZ; ist $a = c$, so wird die Fläche ein einschaliges Rotationshyperboloid.

e) Ist der Kegelschnitt endlich die **Ellipse**:

$$\frac{x^2}{a^2} + \frac{y^2}{b^2} = 1, \tag{15}$$

so geht die Gleichung (I) über in:

$$\frac{x^2}{a^2} + \frac{y^2}{b^2} + \frac{z^2}{c^2} = 1, \tag{I^e}$$

wo:

$$\frac{1}{c^2} = \frac{\cos^2\beta}{a^2} + \frac{\sin^2\beta}{b^2}, \tag{16}$$

c also der zur Amplitude β gehörige Halbmesser der Ellipse ist, so daß c zwischen a und b liegen muß. Eine solche Fläche heißt ein **Ellipsoid** (Fig. 74) und hat eine eiförmige, ganz im Endlichen enthaltene Gestalt. Ist $a > b$ und $\beta = 0$, also $c = a$, so entsteht die Fläche durch Rotation der Ellipse um deren kleine Achse und heißt ein **abgeplattetes Rotationsellipsoid**. Ist $\beta = 90^0$ oder $c = b$, so entsteht die Fläche durch Rotation der Ellipse um deren große Achse und heißt ein **verlängertes Rotationsellipsoid**. Für

$a = b = c$ geht endlich die Fläche in eine Kugel über. Hiernach ergibt sich:

60. *Sind drei Strecken $a > c > b$ gegeben, so findet man folgendermaßen das durch die Gleichung:*

(I^e) $$\frac{x^2}{a^2} + \frac{y^2}{b^2} + \frac{z^2}{c^2} = 1$$

dargestellte Ellipsoid. Man konstruiere zuerst in der Ebene OXY die Ellipse $\frac{x^2}{a^2} + \frac{y^2}{b^2} = 1$, suche die Durchmesser derselben von der Länge $2c$ und errichte über den diesen Durchmessern parallelen Sehnen der

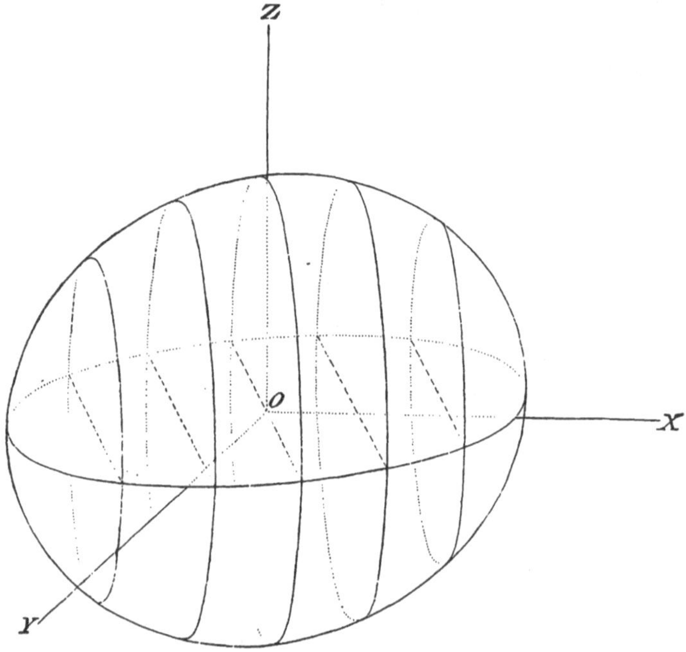

Fig. 74.

Ellipse als Durchmessern Kreise in Ebenen parallel zur Achse OZ; je nachdem $c = a$ oder $= b$, ist die Fläche ein abgeplattetes oder ein verlängertes Rotationsellipsoid, für $a = b = c$ ist sie eine Kugel.

Es bleibt nur noch der Fall der Parabel:

(17) $$y^2 - 2px = 0$$

übrig. Machen wir hier die durch die Formeln (vergl. (17) auf S. 104):

(18) $$x = a + x' + y' \cos\beta, \quad y = b + y' \sin\beta$$

ausgedrückte Koordinatentransformation, so wird:

$$y^2 - 2px = y'^2 \sin^2\beta - 2px', \tag{19}$$

falls $b^2 - 2ap = 0$ und $\operatorname{tg}\beta = \frac{p}{b}$, der Punkt (a, b) also der Schnittpunkt O' der Parabel mit dem Orte der Mittelpunkte der unter der Amplitude β gezogenen Sehnen ist, und die Achse $O'Y'$ die Tangente in diesem Punkte wird (vergl. Gl. (13), S. 79 und Formel (III), S. 108). Hat nun wieder der Punkt P (Fig. 75) unseres Ortes die schiefwinkeligen Koordinaten $O'P_{x'} = x'$, $P_{x'}Q = y'$, $QP = z$ und ist $P_{x'}R = P_{x'}P = \varrho$ die halbe Sehne durch $P_{x'}$ unter der Amplitude β gegen OX, so ist:

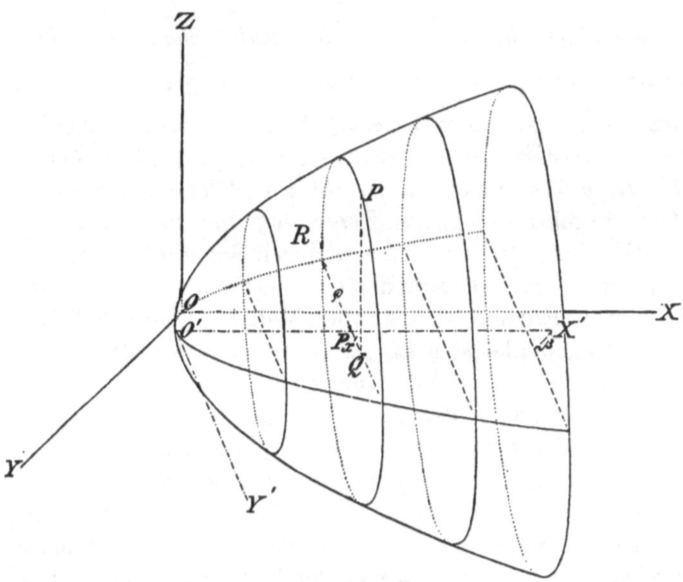

Fig. 75.

$$y'^2 + z^2 = \varrho^2 \tag{20}$$

und:

$$\varrho^2 \sin^2\beta - 2px' = 0, \tag{21}$$

folglich:

$$y'^2 \sin^2\beta - 2px' + z^2 \sin^2\beta = 0, \tag{22}$$

also schließlich nach (19):

$$y^2 + z^2 \sin^2\beta - 2px = 0 \tag{23}$$

die Gleichung des gesuchten Ortes. Setzen wir $q = \frac{p}{\sin^2 \beta}$, so können wir sie schreiben in der Form:

$$\text{(II)} \qquad \frac{y^2}{p} + \frac{z^2}{q} = 2x.$$

Diese Fläche heißt elliptisches Paraboloid, der Punkt O ihr Scheitelpunkt; sie kann hiernach dem folgenden Satze gemäß gefunden werden.

61. *Sind $p < q$ zwei positive Strecken, so konstruiert man folgendermaßen das durch die Gleichung:*

$$\text{(II)} \qquad \frac{y^2}{p} + \frac{z^2}{q} = 2x$$

dargestellte elliptische Paraboloid. Konstruiert man zuerst in der Ebene OXY die Parabel $y^2 = 2px$ und ist $\sin^2 \beta = \frac{p}{q}$, so erfüllen die Kreise über den unter den Amplituden $\pm \beta$ gegen die Achse OX geneigten Sehnen als Durchmessern in Ebenen parallel zur Achse OZ das Paraboloid. Ist $p = q$, so ist die Fläche ein Rotationsparaboloid.

Die dargelegte doppelte Erzeugung der durch die Gleichungen (I) und (II) dargestellten Flächen durch Scharen von Kreisen, deren Durchmesser parallele Sehnen eines Kegelschnittes sind, ist zur Konstruktion von Karton- und Drahtmodellen[1] dieser Flächen benutzt worden. Man denke sich in der Ebene des Kegelschnittes (1) oder (17) eine Anzahl von Sehnen unter den Amplituden $+\beta$ und $-\beta$ in gleichen Abständen gezogen und schneide aus Karton kreisförmige Scheiben aus, deren Durchmesser diese Sehnen sind. Auf den Sehnen markiere man die Schnittpunkte mit den Sehnen der anderen Schar und errichte in ihnen Lote zu den Sehnen. Macht man längs dieser Lote geeignete Einschnitte in die Kartonscheiben, so kann man diese so durcheinander stecken, wie es der Lage der Kreise auf der Fläche entspricht, und erhält so ein anschauliches Modell der Fläche. (Entsprechend mit den Kreislinien aus Draht.) Dies Modell ist aber nicht starr, kann vielmehr um jene Lote so bewegt werden, daß die Kreisscheiben einander parallel bleiben und, wie wir sofort sehen werden, stets eine Fläche derselben Art ergeben (vergl. Aufg. 7 in § 11 auf S. 110). Beziehen wir nämlich die Kegelschnitte (1) oder

[1] Kartonmodelle von Flächen 2. Ordnung konstruiert nach Angabe von A. Brill, Verlag von M. Schilling in Leipzig, Pr. 16 M. H. Wiener, Sechs bewegliche Drahtmodelle der Flächen 2. Ordnung in Kreisschnitten, Verlag von B. G. Teubner, Pr. 255 M.

(17) auf zwei Achsen OX' und OY' mit den Amplituden $+\beta$ und $-\beta$, setzen also:

$$x = (x' + y')\cos\beta,\quad y = (x' - y')\sin\beta, \tag{24}$$

so gehen die Gleichungen der Kegelschnitte in:

$$A(x' + y')^2\cos^2\alpha + B(x' - y')^2\sin^2\beta = C \tag{25}$$

und:

$$(x' - y')^2\sin^2\beta - 2p(x' + y')\cos\beta = 0 \tag{26}$$

über. Geht nun bei der Drehung des Modells 2β in $2\beta'$ über, so gelten für die neuen Kegelschnitte dieselben Gleichungen in Beziehung auf die gedrehten Achsen OX' und OY', in Beziehung auf die Halbierungslinien OX und OY des Winkels $2\beta'$ also die Gleichungen:

$$Ax^2\frac{\cos^2\beta}{\cos^2\beta'} + By^2\frac{\sin^2\beta}{\sin^2\beta'} = C \tag{27}$$

und:

$$y^2\frac{\sin^2\beta}{\sin^2\beta'} - 2px\frac{\cos\beta}{\cos\beta'} = 0. \tag{28}$$

Die Gleichung der neuen Fläche ist daher:

$$Ax^2\frac{\cos^2\beta}{\cos^2\beta'} + By^2\frac{\sin^2\beta}{\sin^2\beta'} + B'z^2 = C \tag{29}$$

resp.:

$$y^2\frac{\sin^2\beta}{\sin^2\beta'} + z^2\sin^2\beta - 2px\frac{\cos\beta}{\cos\beta'} = 0, \tag{30}$$

womit unsere Behauptung bewiesen ist, da B' denselben Wert hat wie oben (vergl. Gl. (5)).

---

1. Aufgabe. Man zeige, daß man jede der in diesem Paragraphen erzeugten Flächen dadurch aus einer Rotationsfläche derselben Art herleiten kann, daß man jedem Punkte $P(x, y, z)$ der Rotationsfläche den Punkt P' mit den Koordinaten $x' = x$, $y' = y$, $z' = \lambda z$ zuordnet, vorausgesetzt, daß OX oder OY die Rotationsachse ist (Affinität mit der Ebene OXY als fester Ebene und den Parallelen zu OZ als Verbindungslinien affiner Punkte).

Man untersuche, welche Ellipsen der Rotationsfläche (in Ebenen parallel zu OZ) hierbei in Kreise übergehen.

2. Aufgabe. Nach den Erläuterungen zur 5. Aufgabe in § 17 auf S. 147 erhält man als Gleichung der Rotationsfläche einer Geraden, die von der Achse OZ den in der Ebene OXY gelegenen kürzesten Abstand k hat und mit ihr den Winkel ϑ bildet, um OZ als Rotationsachse: $\frac{x^2 + y^2}{k^2} - \frac{z^2}{k^2 \operatorname{ctg}^2\vartheta} = 1$; man zeige durch Ausführung

einer in der vorigen Aufgabe besprochenen Affinität ($x = x'$, $y = \lambda y'$, $z = z'$), daß jedes einschalige Hyperboloid zwei Scharen von geraden Linien enthält.

Bei einer solchen affinen Transformation entspricht nämlich jeder Ebene wieder eine Ebene, also auch jeder Geraden wieder eine Gerade.

3. Aufgabe. Es sind gegeben zwei windschiefe gerade Linien und eine Ebene durch die kürzeste Entfernung derselben; man suche den Ort derjenigen Kreise, welche in Ebenen liegen, die parallel zur gegebenen Ebene sind, und deren Durchmesser jedesmal die Verbindungslinie der Schnittpunkte der betreffenden Ebene mit den gegebenen Geraden (einschaliges Hyperboloid).

Man mache den kürzesten Abstand der Geraden zur Achse OZ, dessen Mittelpunkt zum Anfangspunkt und die Halbierungslinien des Winkels der beiden Geraden zu OX und OY; der Kreis wird jedesmal dargestellt als Schnitt seiner Ebene mit einer Kugel über seinem Durchmesser, und die Gleichung des Ortes entsteht durch Elimination des konstanten Gliedes der Gleichung der Ebene.

4. Aufgabe. Es sind gegeben die beiden kongruenten Kreise: $(x-l)^2+(y-m)^2+z^2=d^2$, $x\sin\beta - y\cos\beta = l\sin\beta - m\cos\beta$ und: $(x+l)^2+(y+m)^2+z^2=d^2$, $x\sin\beta - y\cos\beta = -l\sin\beta + m\cos\beta$

in parallelen Ebenen; man bestimme den Ort der Kreise durch die jedesmaligen vier Schnittpunkte dieser beiden Kreise mit den Ebenen der Parallelschar: $x\sin\beta + y\cos\beta = u$.

Man erhält die Gleichung:

$$-mx^2\sin\beta + ly^2\cos\beta + z^2(l\sin\beta - m\cos\beta)\sin\beta\cos\beta$$
$$= (d^2\sin\beta\cos\beta - lm)(l\sin\beta - m\cos\beta).$$

Setzt man $l\sin\beta - m\cos\beta = L$, so sind $\frac{ul}{L}$, $-\frac{um}{L}$, 0 die Koordinaten des Mittelpunktes jedes Kreises und der Radius gegeben durch:

$$r^2 = d^2 + \frac{lm(u^2-L^2)}{L^2\cos\beta\sin\beta},$$

woraus obige Gleichung nach einiger Rechnung folgt. Man kann aber auch mit Hilfe der Formeln am Anfange des Paragraphen zeigen, daß die genannten Ebenen jene Fläche in Kreisen schneiden und im besonderen die ersten beiden Ebenen in Kreisen mit den Mittelpunkten $(l, m, 0)$ und $(-l, -m, 0)$ und dem Radius d $(\operatorname{tg}\alpha = \frac{m}{l})$. Man untersuche, wie man hieraus, nachdem etwa β zwischen 0 und

90^0 angenommen ist, durch geeignete Wahl von l, m und d alle betrachteten Flächen erhält.

5. Aufgabe. Auf einer Geraden sind gegeben drei feste Punkte; welchen Ort beschreibt irgend ein anderer fester Punkt derselben, wenn die Gerade sich so bewegt, daß die drei festen Punkte sich in den drei Koordinatenebenen bewegen.

Man denke sich die bewegliche Gerade durch den Ortspunkt und ihre Richtungskosinus gegeben und drücke aus, daß die drei Punkte mit den gegebenen Abständen vom Ortspunkte in den drei Koordinatenebenen liegen; die Elimination der Richtungskosinus ergibt dann die gesuchte Gleichung.

6. Aufgabe. Man untersuche die Schnitte der Flächen (I^a) bis (I^e) und (II) mit den Koordinatenebenen und den diesen parallelen Ebenen.

§ 21.

Die Gleichungen der Flächen 2. Grades bezogen auf Koordinatenebenen, die deren Symmetrieebenen parallel sind.

Die Gleichungen (I) und (II) des vorigen Paragraphen sind offenbar enthalten in der allgemeineren Form:

$$\text{(I)}\qquad Ax^2 + By^2 + Cz^2 + 2Dx + 2Ey + 2Fz + G = 0.$$

Diese Gleichung wollen wir in analoger Weise untersuchen wie in § 7 die entsprechende Gleichung in der Ebene. Wir werden also die durch eine solche Gleichung etwa dargestellte Fläche zuerst mit der Geraden:

$$\text{(1)}\qquad x = l + u\cos\alpha,\quad y = m + u\cos\beta,\quad z = n + u\cos\gamma$$

zum Durchschnitt bringen. Wir erhalten dann für u die quadratische Gleichung:

$$\text{(II)}\qquad \begin{cases} u^2(A\cos^2\alpha + B\cos^2\beta + C\cos^2\gamma) \\ \qquad + 2u\big((Al + D)\cos\alpha + (Bm + E)\cos\beta + (Cn + F)\cos\gamma\big) \\ \qquad + Al^2 + Bm^2 + Cn^2 + 2Dl + 2Em + 2Fn + G = 0, \end{cases}$$

deren Wurzeln die Abstände der gesuchten Schnittpunkte vom Punkte (l, m, n) der Geraden (1) auch dem Vorzeichen nach liefern; die Anzahl dieser Schnittpunkte ist also i. A. zwei. Gehört der Punkt (l, m, n) selbst der Fläche an, verschwindet also das konstante Glied in Gleichung (II), so hat diese eine verschwindende Wurzel. Es wird daher auch die zweite Wurzel verschwinden, oder die Gerade (1) wird eine Tangente der Fläche im Punkte (l, m, n) sein, wenn ihre Richtungskosinus der Gleichung:

$$(2) \qquad (Al + D)\cos\alpha + (Bm + E)\cos\beta + (Cn + F)\cos\gamma = 0$$

genügen; eliminieren wir daher diese Richtungskosinus auf Grund von (1), so folgt, daß die Gerade der Ebene:

$$(3) \quad (x - l)(Al + D) + (y - m)(Bm + E) + (z - n)(Cn + F) = 0$$

angehören muß, welche Gleichung, weil (l, m, n) der Fläche angehören soll, weil also:

$$(4) \quad (Al + D)l + (Bm + E)m + (Cn + F)n + Dl + Em + Fn + G = 0$$

ist, übergeht in:

$$(\mathrm{III}) \quad (Al + D)x + (Bm + E)y + (Cn + F)z + Dl + Em + Fn + G = 0.$$

Gehört umgekehrt die Gerade (1) dieser Ebene an und ist zugleich (l, m, n) ein Punkt der Fläche, so folgt daraus Gleichung (2), d. h. die Gerade hat in (l, m, n) zwei zusammenfallende Punkte mit der Fläche gemein, ist also eine Tangente. Diese Ebene heißt deshalb Tangentialebene. Gehört (l, m, n) nicht der Fläche an, so ist dies die Gleichung der Polarebene von (l, m, n) in bezug auf die Fläche, d. h. des Ortes der Punkte, die von (l, m, n) durch Punktepaare der Fläche harmonisch getrennt sind; denn setzt man in Gleichung (I) für x, y, z (wie in § 12) $\frac{l + \lambda x}{1 + \lambda}$, $\frac{m + \lambda y}{1 + \lambda}$, $\frac{n + \lambda z}{1 + \lambda}$, so erhält man für λ eine quadratische Gleichung, für die der Koeffizient von 2λ gerade die linke Seite von (III) ist.

Gleichung (III) wird offenbar dann und nur dann keine Ebene darstellen, wenn die Koordinaten l, m, n der Fläche gleichzeitig die drei Gleichungen:

$$(5) \qquad Al + D = Bm + E = Cn + F = 0$$

befriedigen können; dann ist Gleichung (2) für die Richtungskosinus aller Geraden durch diesen Punkt erfüllt, und es können die in der Form (1) dargestellten Koordinaten x, y, z eines von (l, m, n) verschiedenen Punktes nur dann der Gleichung der Fläche genügen, wenn:

$$(6) \qquad A\cos^2\alpha + B\cos^2\beta + C\cos^2\gamma = 0$$

ist. Dann ist also Gleichung (II) für jeden Wert von u befriedigt, oder die Gerade ist ganz in der Fläche enthalten, d. h. diese ist eine Kegelfläche mit der Spitze im Punkte (l, m, n).

Ist (l, m, n) nicht die Spitze einer solchen Kegelfläche, stellt also Gleichung (III) die Tangentialebene im Punkte (l, m, n) dar, so kann diese dann und nur dann einen von (l, m, n) verschiedenen Punkt (x, y, z) der Fläche enthalten, wenn die Gerade (1) der Fläche angehört. Denn stellen wir x, y, z wieder in der Form

(1) dar, so kann der Punkt nur dann in (III) liegen, wenn Gleichung (2) gilt, Gleichung (II) sich also auf $u^2(A\cos^2\alpha + B\cos^2\beta + C\cos^2\gamma) = 0$ reduziert; folglich liegt der Punkt nur dann auch auf der Fläche, wenn Gleichung (6) gilt. Um darüber zu entscheiden, ob diese Gleichung durch reelle Werte von α, β, γ, die zugleich Gleichung (2) befriedigen, erfüllt werden kann, eliminieren wir $\cos\gamma$ aus (2) und (6), indem wir annehmen, was ja nur Sache der Bezeichnung ist, daß $Cn + F$ von Null verschieden sei. Dann erhalten wir die folgende Gleichung für $\cos\alpha$ und $\cos\beta$:

$$(7)\left\{\begin{aligned} &\cos^2\alpha\{A(Cn+F)^2 + C(Al+D)^2\} + \cos^2\beta\{B(Cn+F)^2 + C(Bm+E)^2\} \\ &\qquad + 2\,C(Al+D)(Bm+E)\cos\alpha\cos\beta = 0; \end{aligned}\right.$$

diese quadratische Gleichung für $\cos\alpha : \cos\beta$ hat dann und nur dann reelle Wurzeln, wenn:

$$(8)\quad\left\{\begin{aligned} &\{A(Cn+F)^2 + C(Al+D)^2\}\{B(Cn+F)^2 + C(Bm+E)^2\} \\ &\qquad - C^2(Al+D)^2(Bm+E)^2 \leqq 0. \end{aligned}\right.$$

Die Ausrechnung der linken Seite ergibt:

$$(9)\quad\left\{\begin{aligned} &(Cn+F)^2\{ABC(Al^2 + Bm^2 + Cn^2 + 2\,Dl + 2\,Em + 2\,Fn) \\ &\qquad + BCD^2 + CAE^2 + ABF^2\} \leqq 0. \end{aligned}\right.$$

Setzen wir also:

$$(\mathrm{IV})\qquad BCD^2 + CAE^2 + ABF^2 - ABCG = \Delta,$$

so erhalten wir wegen (4) die Bedingung, daß $\Delta \leqq 0$ sein muß, die also unabhängig von der Wahl des Punktes (l, m, n) auf der Fläche ist.

Wir erhalten hiernach das Resultat:

62. *Eine durch Gleichung* (I) *dargestellte Fläche besitzt in jedem Punkte* (l, m, n), *wenn sie nicht eine Kegelfläche mit der Spitze* (l, m, n) *ist, als Ort der Tangenten des Punktes an die Fläche eine Tangentialebene, deren Gleichung* (III) *ist; ist* $\Delta > 0$, *so hat diese Tangentialebene mit der Fläche nur den Berührungspunkt gemein, für* $\Delta = 0$ *zwei zusammenfallende und für* $\Delta < 0$ *zwei getrennte gerade Linien.*

In dem letzten Falle wird offenbar jede der beiden Geraden einer Tangentialebene je eine der beiden Geraden jeder anderen Tangentialebene schneiden müssen, da die Schnittpunkte der Schnittgeraden der beiden Ebenen mit den vier Geraden sich auf die beiden Schnittpunkte der Schnittgeraden mit der Fläche verteilen müssen. Hieraus folgt leicht, daß eine solche Fläche zwei Scharen von Geraden enthält, von denen jede jede Gerade der anderen Schar trifft. Den analytischen Beweis hiervon geben wir in den einzelnen Fällen.

Setzen wir nun nicht mehr voraus, daß (l, m, n) ein Punkt der Fläche (I) sei, sehen also von dem Bestehen der Gleichung (4) ab, so drückt Gleichung (2) aus, daß (l, m, n) der Mittelpunkt der Sehne mit den Richtungswinkeln α, β, γ ist. Es ist daher:

(V) $$(Ax + D)\cos\alpha + (By + E)\cos\beta + (Cz + F)\cos\gamma = 0$$

die Gleichung des Ortes der Mittelpunkte der unter den Richtungswinkeln α, β, γ gezogenen Sehnen der Fläche; dieser Ort ist also eine Ebene, eine sogenannte Durchmesserebene. Sie wird eine Symmetrieebene der Fläche, wenn ihre Normale ebenfalls die Richtungswinkel α, β, γ besitzt, wenn also:

(9) $$\cos\alpha = \frac{A\cos\alpha}{N}, \quad \cos\beta = \frac{B\cos\beta}{N}, \quad \cos\gamma = \frac{C\cos\gamma}{N},$$

wo:

(10) $$N = \pm\sqrt{A^2\cos^2\alpha + B^2\cos^2\beta + C^2\cos^2\gamma}.$$

Die Durchmesserebene wird also sicher eine Symmetrieebene, sobald die Sehnen einer derjenigen Koordinatenachsen parallel sind, für welche das entsprechende quadratische Glied in der Gleichung der Fläche einen von Null verschiedenen Koeffizienten hat; denn ist z. B. $A \gtrless 0$, so werden die Gleichungen (9) durch $\cos\alpha = 1$, $\cos\beta = \cos\gamma = 0$ befriedigt. Ist hingegen $A = 0$, so verschwindet in Gleichung (II) für die zu OX parallelen Geraden der Koeffizient von u^2, so daß diese mit der Fläche nur je einen (im Endlichen gelegenen) Punkt gemein haben. In der Tat verliert dann die Gleichung (V) der Durchmesserebene ihre Bedeutung. Sind die Sehnen nicht einer der Koordinatenachsen, wohl aber einer der Koordinatenebenen, z. B. der Ebene OXY parallel, so daß $\cos\gamma = 0$, $\cos\alpha$ und $\cos\beta$ hingegen von Null verschieden sind, so kann die zugehörige Durchmesserebene nur dann Symmetrieebene werden, wenn $A = B \lesseqgtr 0$; dann ist jede zu einer der Ebene OXY parallelen Sehnenrichtung gehörige Durchmesserebene zugleich Symmetrieebene, der Fläche wird von jeder Ebene $z = v$ in einem reellen oder imaginären Kreise mit dem Mittelpunkte $\left(-\frac{D}{A}, -\frac{E}{A}, v\right)$ geschnitten, ist also eine Rotationsfläche mit der zu OZ parallelen Achse durch $\left(-\frac{D}{A}, -\frac{E}{A}, 0\right)$. Ist die Sehnenrichtung auch keiner der Koordinatenebenen parallel, so kann die Durchmesserebene nur dann Symmetrieebene werden, wenn $A = B = C \lesseqgtr 0$; dann ist die Fläche für $\Delta > 0$ eine Kugel mit dem Mittelpunkte $\left(-\frac{D}{A}, -\frac{E}{A}, -\frac{F}{A}\right)$ und dem Radius $\sqrt{\frac{\Delta}{A^2}}$, und es ist jede Durchmesserebene Symmetrieebene. Wir erhalten so den Satz:

63. *Der Ort der Mittelpunkte paralleler Sehnen einer durch Gleichung* (I) *dargestellten Fläche ist eine sogenannte Durchmesserebene. Eine solche ist Symmetrieebene der Fläche, sobald die Sehnen einer derjenigen Koordinatenachsen parallel sind, für welche das entsprechende quadratische Glied in* (I) *einen von Null verschiedenen Koeffizienten hat, außerdem für alle zur Rotationsachse senkrechten Sehnenrichtungen, falls durch* (I) *eine Rotationsfläche dargestellt ist, von den erwähnten Koeffizienten also zwei einander gleich und von Null verschieden sind, endlich für alle Sehnenrichtungen, falls diese Koeffizienten sämtlich einander gleich und von Null verschieden sind, die Fläche also eine Kugel ist.*

Um Genaueres über die Art der durch Gleichnng (I) dargestellten Flächen zu erfahren, werden wir offenbar am besten ihre Symmetrieebenen zu Koordinatenebenen machen. Wir gehen dabei von dem ungünstigsten Falle aus, daß nur eine solche Symmetrieebene existiert, daß also nur eine von den drei Größen A, B, C von Null verschieden sei, nämlich C. Dann sind die sämtlichen Durchmesserebenen der einen Symmetrieebene unter ihnen, der Ebene $Cz + F = 0$, parallel, und wir werden diese durch die Parallelverschiebung $Cz + F = Cz'$ zur neuen Ebene $O'X'Y'$ machen. Weiter finden wir, daß $\Delta = 0$, daß also die Fläche von jeder Tangentialebene längs je einer Geraden berührt wird, und daß die Richtungskosinus dieser Geraden den Gleichungen (2) und (6) zufolge durch $\cos\gamma = 0$ und $D\cos\alpha + E\cos\beta = 0$ bestimmt sind. Wir werden daher die neue Achse $O'X'$ diesen Geraden parallel machen und schließlich die folgende Koordinatentransformation ausführen, die aus Drehung und OZ und Verschiebung längs dieser zusammengesetzt ist:

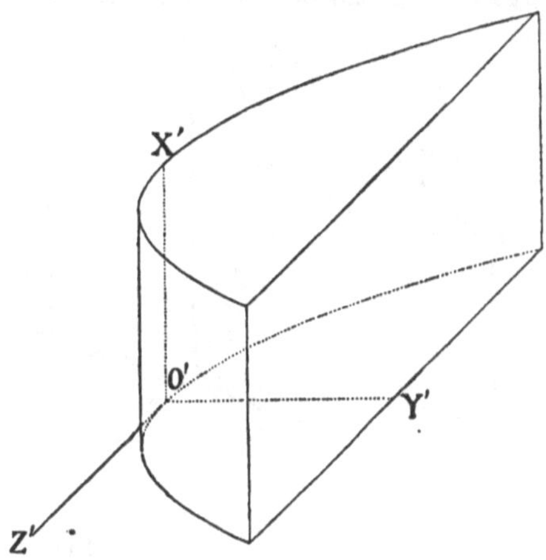

Fig. 76.

$$(11)\quad x' = \frac{E}{\sqrt{D^2+E^2}}x - \frac{D}{\sqrt{D^2+E^2}}y,\; y' = \frac{D}{\sqrt{D^2+E^2}}x + \frac{E}{\sqrt{D^2+E^2}}y,\; Cz' = Cz + F,$$

wodurch Gleichung (I) nach Multiplikation mit C übergeht in:

$$(12)\qquad C^2z'^2 + 2C\sqrt{D^2 + E^2}\,y' + CG - F^2 = 0,$$

d. i., falls D und E nicht gleichzeitig verschwinden, die Gleichung eines parabolischen Zylinders (Fig. 76), dessen Kanten die Richtungskosinus: $\frac{E}{\sqrt{D^2+E^2}}, -\frac{D}{\sqrt{D^2+E^2}}$, 0 im alten Systeme haben. Da Gleichung (12) von y' unabhängig ist, also sich nicht ändert, wenn man y' mit $-y'$ vertauscht, so ist eigentlich auch jede Ebene $y' =$ const. oder jede zur Zylinderkante senkrechte Ebene eine Symmetrieebene der Fläche; diese Symmetrieebenen, die jede Zylinderfläche besitzt, wollen wir nicht besonders hervorheben, da sie keine Durchmesserebenen in obigem Sinne sind. Wir erhalten also hier schon eine Fläche, die nicht zu den im vorigen Paragraphen erzeugten gehört. Ist $D = E = 0$, so handelt es sich um ein Paar paralleler Ebenen, die auch zusammenfallen oder imaginär sein können.

Betrachten wir zweitens den Fall, daß nur zwei Symmetrieebenen existieren, welche auf Koordinatenachsen senkrecht stehen,

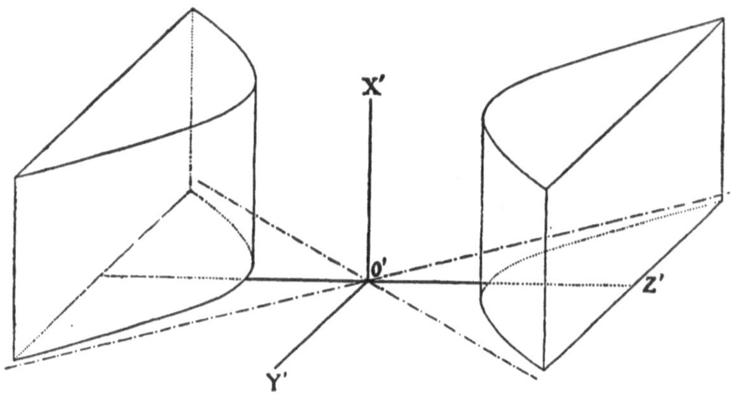

Fig. 77.

daß also etwa $A = 0$, B und C hingegen von Null verschieden sind. Verlegen wir dann die Achse $O'X'$ in die Schnittlinie der beiden Symmetrieebenen: $By + E = 0$, $Cz + F = 0$, machen also die Parallelverschiebung: $By + E = By'$ und $Cz + F = Cz'$, so geht die Gleichung (I) über in:

$$(13) \qquad By'^2 + Cz'^2 + 2Dx + G - \frac{E^2}{B} - \frac{F^2}{C} = 0.$$

Hier ist nun zuvörderst der Fall besonders zu behandeln, daß auch $D = 0$ ist; dann verschwindet auch $\Delta = BCD^2$, und die durch (I) dargestellte Fläche ist, wofern sie überhaupt reell ist, ein Zylinder. Derselbe ist, falls $BC > 0$, elliptisch (s. Gl. (I[a]) auf S. 171), falls $BC < 0$, ein Ebenenpaar oder ein hyperbolischer Zylinder

(Fig. 77); auch die letzte Fläche konnten wir im vorigen Paragraphen nicht erhalten. Hier gehen offenbar alle Durchmesserebenen durch die Schnittlinien der beiden Symmetrieebenen, welche Achse des Zylinders heißt; *jeder Punkt der Achse halbiert jede ihn enthaltende Sehne des Zylinders und ist folglich ein Mittelpunkt desselben*, weil für jeden solchen Punkt (l, m, n) und jeden Wert von $\cos\alpha$, $\cos\beta$, $\cos\gamma$ der Koeffizient von $2u$ in Gleichung (II) verschwindet.

Ist nunmehr D von Null verschieden, so verschieben wir den Anfangspunkt auf der Achse $O'X'$ so, daß das konstante Glied in (13) fortfällt, setzen also:

(14) $$2Dx + G - \frac{E^2}{B} - \frac{F^2}{C} = 2Dx',$$

wonach die Gleichung unserer Fläche die Form:

(15) $$By'^2 + Cz'^2 + 2Dx' = 0$$

annimmt. Sind hier B und C von demselben Zeichen, oder $\Delta > 0$, und etwa $B:C > 1$, so können wir $\frac{C}{B} = \sin^2\beta$ und $\frac{D}{B} = -p$ setzen, die Fläche ist also ein elliptisches Paraboloid, das wir nach

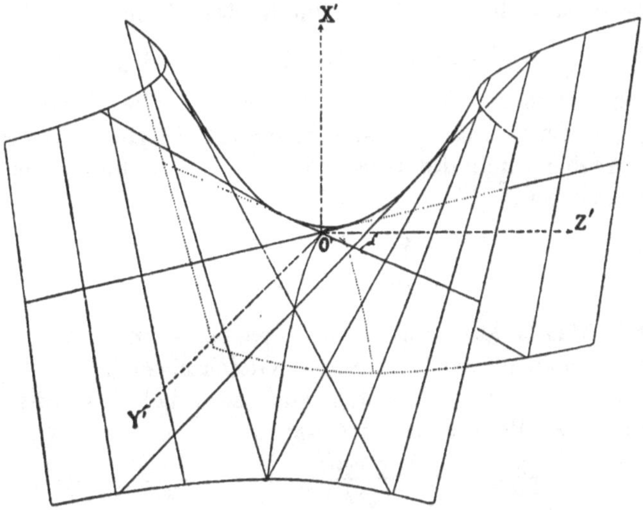

Fig. 78.

der Vorschrift des Satzes 61 konstruieren können. Das elliptische Paraboloid wird nach Satz 62, weil $\Delta > 0$ ist, von jeder Tangentialebene in einem Punkte berührt, enthält also keine geraden Linien.

Sind aber B und C von verschiedenem Zeichen oder $\Delta < 0$, so haben wir eine Fläche, deren Gleichung keine der im vorigen Paragraphen behandelten Formen besitzt. Setzen wir: $-\frac{C}{B} = \operatorname{tg}^2\alpha$ und $-\frac{D}{B} = p$, so nimmt sie die Form:

$$\text{(VI)} \qquad y'^2 - z'^2 \operatorname{tg}^2\alpha - 2px' = 0$$

an, nach welcher direkt diejenigen beiden Scharen von Geraden dargestellt werden können, welche die Fläche nach Satz 62 enthalten muß. Die Tangentialebene im Anfangspunkte O' oder im Scheitelpunkte der Fläche (Fig. 78), d. h. die Ebene $x' = 0$ (vergl. (III) auf S. 184), schneidet nämlich die Fläche in zwei geraden Linien, die zugleich in den Ebenen $y' + z' \operatorname{tg}\alpha = 0$ resp. $y' - z' \operatorname{tg}\alpha = 0$ liegen, und es muß offenbar jede Ebene durch eine solche Gerade (außer den letzten beiden Ebenen selbst), also z. B. die Ebene:

$$(16) \qquad \lambda x' + y' + z' \operatorname{tg}\alpha = 0$$

die Fläche noch in einer zweiten Geraden schneiden; diese Gerade liegt zugleich in der Ebene:

$$(17) \qquad \frac{2p}{\lambda} + y' - z' \operatorname{tg}\alpha = 0.$$

Denn die linke Seite von (VI) kann in der Form:

$$(\lambda x' + y' + z' \operatorname{tg}\alpha)(y' - z' \operatorname{tg}\alpha) - \lambda x'\left(\frac{2p}{\lambda} + y' - z' \operatorname{tg}\alpha\right)$$

geschrieben werden. Gibt man also dem λ alle Werte von $-\infty$ bis $+\infty$, so erhält man die eine Schar von Geraden unserer Fläche. Ebenso ergeben sich die Geraden der zweiten Schar als Schnittlinien der Ebenen:

$$(16^a) \qquad \mu x' + y' - z' \operatorname{tg}\alpha = 0 \quad \text{und:}$$

$$(17^a) \qquad \frac{2p}{\mu} + y' + z' \operatorname{tg}\alpha = 0,$$

wenn man dem μ alle Werte von $-\infty$ bis $+\infty$ gibt.

Drückt man y' und z' aus den Gleichungen (17) und (17^a) und danach auch x' durch λ und μ aus, so erhält man die folgende Darstellung der Punkte der Fläche:

$$(\text{VI}^a) \qquad x' = \frac{2p}{\lambda\mu},\; y' = -\frac{(\lambda+\mu)p}{\lambda\mu},\; z' = -\frac{(\lambda-\mu)}{\lambda\mu} p \operatorname{ctg}\alpha,$$

deren Entstehung zeigt, daß der irgend einem Wertsysteme λ, μ entsprechende Punkt sowohl in den beiden Ebenen (16) und (17) als in den Ebenen (16^a) und (17^a) liegt, also sowohl einer Geraden der ersten als einer Geraden der zweiten Schar angehört. Hieraus folgt zugleich, daß jede Gerade der ersten Schar mit jeder der zweiten einen Punkt gemein hat. Zwei Geraden derselben Schar können aber niemals in derselben Ebene liegen oder einen Punkt gemein haben; denn ein gemeinsamer Punkt oder eine gemeinsame Richtung (gegebene Verhältnisse der Koordinaten) zweier Geraden derselben Schar würde das betreffende λ oder μ vollkommen bestimmen. Daß jeder in der Form (VI^a) dargestellte Punkt der Fläche angehört, kann auch leicht direkt verifiziert werden.

Durch die Gleichung (17) oder (17^a) ist offenbar je eine Schar von parallelen Ebenen dargestellt, so daß die Geraden jeder Schar in parallelen Ebenen liegen, die mit der Fläche nur je eine Gerade gemein haben. Denn soll ein Punkt in der Ebene (17) liegen, so gehört er nach der obigen Form von Gleichung (VI) nur dann der Fläche an, wenn er auch in der Ebene (16) liegt. Gehen wir daher etwa von den beiden Geraden:

$$(18)\qquad x' + y' + z' \operatorname{tg} \alpha = 0, \quad y' - z' \operatorname{tg} \alpha + 2p = 0 \quad \text{und:}$$

$$(19)\qquad -x' + y' + z' \operatorname{tg} \alpha = 0, \quad y' - z' \operatorname{tg} \alpha - 2p = 0$$

der ersten Schar aus, so können wir die Fläche konstruieren als Ort derjenigen Geraden, welche diese beiden Geraden treffen und in den parallelen Ebenen der Schar:

$$(20)\qquad y' + z' \operatorname{tg} \alpha = \text{konst.}$$

liegen. Offenbar kann man sich auch von dieser Fläche ein Kartonmodell durch zwei Reihen paralleler Kartontrapeze, die durcheinander gesteckt sind, anfertigen; auch dies Modell wird beweglich sein und stets eine Fläche derselben Art darstellen. Die Fläche wird von jeder Ebene $x' = u$ in einer Hyperbel geschnitten, deren Asymptoten den beiden Scheitelgeraden parallel sind, aber die auf verschiedenen Seiten der Ebene $O'Y'Z'$ gelegenen Hyperbeln liegen wegen des verschiedenen Vorzeichens des konstanten Gliedes der Gleichung in Beziehung auf die beiden Ebenen: $y' + z' \operatorname{tg} \alpha = 0$ und $y' - z' \operatorname{tg} \alpha = 0$ in Nebenwinkeln. Ebenso haben die beiden Parabeln, in welchen die Fläche von den Ebenen $z' = 0$ und $y' = 0$ geschnitten wird, entgegengesetzte Richtung, so daß die Fläche eine sattelförmige Gestalt hat; sie heißt hyperbolisches Paraboloid.

Den ersten Teil unserer Untersuchung der durch Gleichung (I) dargestellten Flächen können wir in den folgenden Satz zusammenfassen:

64. *Wenn in Gleichung* (I) *die Koeffizienten A, B, C nicht sämtlich von Null verschieden sind, so stellt diese Gleichung für $\Delta = 0$ eine Zylinderfläche dar, deren ebene Schnitte Kegelschnitte derselben Art sind. Für $\Delta > 0$ stellt Gleichung* (I) *ein elliptisches und für $\Delta < 0$ ein hyperbolisches Paraboloid dar, dessen Gleichung auf die Form* (VI) *gebracht werden kann. Dies hyperbolische Paraboloid enthält zwei Scharen von Geraden in parallelen Ebenen und kann z. B. konstruiert werden als*

Ort derjenigen Geraden, welche die beiden Geraden (18) *und* (19) *treffen und in den Ebenen der Schar* (20) *liegen. Jede Gerade der einen Schar schneidet jede Gerade der anderen Schar, während zwei Geraden derselben Schar niemals in einer Ebene liegen.*

Nehmen wir nun drittens an, daß die Koeffizienten A, B, C sämtlich von Null verschieden seien, so besitzt eine durch Gleichung (I) dargestellte Fläche die drei Symmetrieebenen:

$$(21) \qquad Ax + D = 0, \quad By + E = 0, \quad Cz + F = 0,$$

durch deren Schnittpunkt $\left(-\frac{D}{A}, -\frac{E}{B}, -\frac{F}{C}\right)$, den Mittelpunkt der Fläche, alle Durchmesserebenen hindurchgehen. Verlegen wir den Koordinatenanfangspunkt nach diesem Mittelpunkte, setzen also:

$$(22) \qquad x = x' - \frac{D}{A}, \; y = y' - \frac{E}{B}, \; z = z' - \frac{F}{C},$$

so erhält Gleichung (I) die Form:

$$(23) \qquad Ax'^2 + By'^2 + Cz'^2 = \frac{\Delta}{ABC}.$$

Ist hier $\Delta = 0$ und sind zugleich A, B, C alle von demselben Zeichen, so kann die Gleichung nur durch das Wertsystem $x' = y' = z' = 0$ erfüllt werden, es ist dann folglich durch Gleichung (I) keine Fläche dargestellt. Sind aber A, B, C nicht alle von demselben Zeichen, so können wir eventuell nach Vertauschung der Vorzeichen aller Koeffizienten von Gleichung (I) die Bezeichnung so gewählt denken, daß man setzen kann: $A = \frac{1}{a^2}$, $B = -\frac{1}{b^2}$, $C = -\frac{1}{c^2}$, und daß $b < c$ ist; dann stellt Gleichung (I) einen elliptischen Kegel dar und kann nach Vorschrift des Satzes 57 konstruiert werden.

Ist ferner $\Delta > 0$ und sind zugleich A, B, C alle von demselben Zeichen, so kann man setzen:

$$(24) \qquad \frac{\Delta}{A^2BC} = a^2, \quad \frac{\Delta}{AB^2C} = b^2, \quad \frac{\Delta}{ABC^2} = c^2$$

und die Bezeichnung so gewählt denken, daß $a > c > b$, die durch Gleichung (I) dargestellte Fläche ist folglich ein Ellipsoid, das nach Vorschrift von Satz 60 konstruiert werden kann. Sind aber A, B, C nicht alle von demselben Vorzeichen, so können wir die Bezeichnung so gewählt denken, daß B, C von demselben, aber anderem Vorzeichen sind wie A; dann kann man setzen:

$$(25) \qquad \frac{\Delta}{A^2BC} = a^2, \quad \frac{\Delta}{AB^2C} = -b^2, \quad \frac{\Delta}{ABC^2} = -c^2$$

und außerdem $b < c$ annehmen; die durch Gleichung (I) dargestellte Fläche ist folglich ein zweischaliges Hyperboloid, das nach Vorschrift des Satzes 58 konstruiert werden kann. Die beiden letzten

Flächen werden nach Satz 62 von jeder Tangentialebene in einem Punkte berührt und enthalten keine geraden Linien.

Ist $\varDelta < 0$ und sind A, B, C alle von demselben Vorzeichen, so wird man in den Formeln (24) a^2, b^2, c^2 durch $-a^2, -b^2, -c^2$ zu ersetzen haben, es gibt folglich kein reelles Wertsystem von x, y, z, das der Gleichung (I) Genüge leistet. Sind hingegen A, B, C nicht alle von demselben Zeichen, so können wir die Bezeichnung so gewählt denken, daß A und C von demselben, aber anderem Vorzeichen sind wie B; dann kann man setzen:

$$(26) \qquad \frac{\varDelta}{A^2 B C} = a^2, \quad \frac{\varDelta}{A B^2 C} = -b^2, \quad \frac{\varDelta}{A B C^2} = c^2$$

und außerdem $c > a$ annehmen, die durch Gleichung (I) dargestellte Fläche ist folglich ein einschaliges Hyperboloid und kann nach Vorschrift des Satzes 59 konstruiert werden. Es ist nun wieder leicht, direkt die Geraden des einschaligen Hyperboloids darzustellen, die dasselbe nach Satz 62 enthalten muß. Die Tangentialebene im Punkte $(0, 0, c)$ oder die Ebene $z' = c$ schneidet nämlich das Hyperboloid in zwei Geraden, die zugleich in den Ebenen $\frac{x'}{a} + \frac{y'}{b} = 0$ und $\frac{x'}{a} - \frac{y'}{b} = 0$ liegen. Jede Ebene durch eine solche Gerade, also z. B. die Ebene:

$$(27) \qquad \frac{x'}{a} + \frac{y'}{b} + \lambda\left(\frac{z'}{c} - 1\right) = 0$$

schneidet daher das Hyperboloid noch in einer zweiten Geraden; diese liegt zugleich in der Ebene:

$$(28) \qquad \frac{x'}{a} - \frac{y'}{b} - \frac{1}{\lambda}\left(\frac{z'}{c} + 1\right) = 0,$$

wie sich ergibt, wenn man die Gleichung der Fläche in der Form:

$$\left(\frac{x'}{a} + \frac{y'}{b} + \lambda\left(\frac{z'}{c} - 1\right)\right)\left(\frac{x'}{a} - \frac{y'}{b}\right) - \lambda\left(\frac{z'}{c} - 1\right)\left(\frac{x'}{a} - \frac{y'}{b} - \frac{1}{\lambda}\left(\frac{z'}{c} - 1\right)\right) = 0$$

schreibt. Erteilt man dem λ alle Werte von $-\infty$ bis $+\infty$, so erhält man die eine Schar von Geraden. Ebenso erhält man für alle möglichen Werte von μ die zweite Schar von Geraden als die jedesmaligen Schnittlinien der beiden Ebenen:

$$(27^a) \qquad \frac{x'}{a} - \frac{y'}{b} + \mu\left(\frac{z'}{c} - 1\right) = 0$$

und:

$$(28^a) \qquad \frac{x'}{a} + \frac{y'}{b} - \frac{1}{\mu}\left(\frac{z'}{c} + 1\right) = 0.$$

Drückt man hieraus wieder die Koordinaten durch λ, μ in der Form:

$$\frac{x'}{a} = \frac{\lambda + \mu}{\lambda\mu + 1}, \quad \frac{y'}{b} = \frac{\lambda - \mu}{\lambda\mu + 1}, \quad \frac{z'}{c} = \frac{\lambda\mu - 1}{\lambda\mu + 1}$$

aus, so folgt ebenso wie auf S. 190, daß jede Gerade der einen Schar jede Gerade der anderen schneidet, und es folgt ebenso wie dort, daß zwei Geraden derselben Schar niemals derselben Ebene angehören dürfen (Fig. 79).

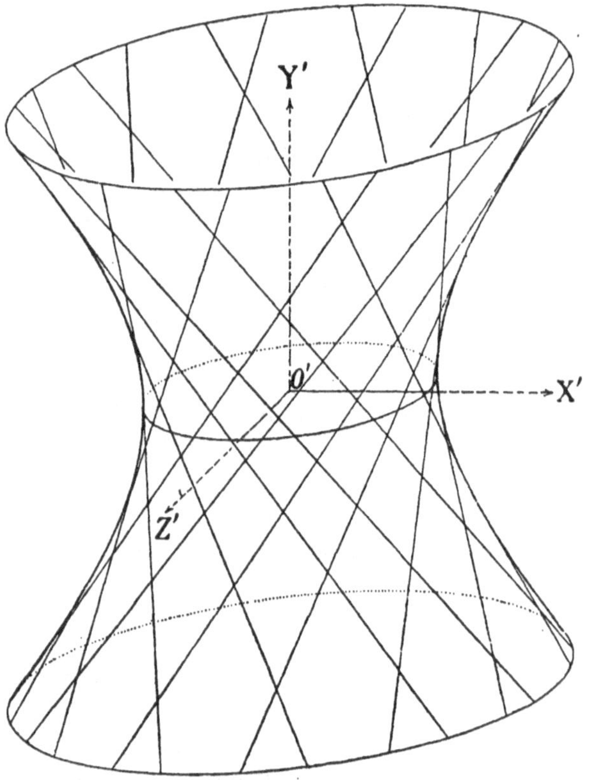

Fig. 79.

Wir können so für die Mittelpunktsflächen den folgenden Satz aussprechen:

65. *Sind die Koeffizienten A, B, C in Gleichung* (I) *sämtlich von Null verschieden, so besitzt eine durch Gleichung* (I) *dargestellte Fläche den Mittelpunkt* $\left(-\frac{D}{A}, -\frac{E}{B}, -\frac{F}{C}\right)$ *und drei den Koordinatenebenen parallele Symmetrieebenen. Sind dann A, B, C alle von demselben Vorzeichen, so stellt Gleichung* (I) *für* $\Delta \leqq 0$ *keine reelle Fläche dar, für*

$\Delta > 0$ aber ein Ellipsoid. Sind hingegen A, B, C nicht sämtlich von demselben Vorzeichen, so ist die durch (I) *dargestellte Fläche für $\Delta > 0$ ein zweischaliges Hyperboloid, für $\Delta = 0$ eine Kegelfläche und $\Delta < 0$ ein einschaliges Hyperbolied. Die letzte Fläche enthält zwei Scharen von Geraden von der Beschaffenheit, daß jede Gerade der einen Schar jede Gerade der anderen Schar trifft, während zwei Geraden derselben Schar niemals derselben Ebene angehören.*

Das einschalige Hyperboloid kann hiernach offenbar als der Ort derjenigen Geraden betrachtet werden, welche drei windschiefe Geraden gleichzeitig treffen (vergl. 7. Aufg. in § 25).

Unsere Diskussion der Gleichung (I) ergab also keine neuen Flächen mit einem Mittelpunkte, während zu den im vorigen Paragraphen erzeugten Flächen mit unendlich vielen Mittelpunkten resp. ohne Mittelpunkt der hyperbolische und parabolische Zylinder und das hyperbolische Paraboloid hinzutraten. Daß diese drei Flächen wirklich keine eigentlichen Kreise enthalten können, werden wir im nächsten Paragraphen systematisch erkennen.

---

1. Aufgabe. Man bestimme die Art, den Mittelpunkt, die Symmetrieebenen und eventuell die Kreisschnitte und geraden Linien der durch die Gleichungen:

$$25x^2 + 100y^2 + 52z^2 + 10x + 40y + 104z - 43 = 0,$$
$$20x^2 - 5y^2 + 4z^2 - 20x - 10y + 4z - 19 = 0$$

dargestellten Flächen 2. Grades.

2. Aufgabe. Auf einer Geraden sind gegeben drei feste Punkte; welchen Ort beschreibt irgend ein anderer fester Punkt derselben, wenn die Gerade sich so bewegt, daß die drei festen Punkte sich in drei Kugelflächen bewegen, deren Mittelpunkte in einer Geraden liegen?

Nimmt man die Mittelpunkte der drei Kugelflächen auf OZ an, so liefert derselbe Ansatz wie in der 5. Aufgabe auf S. 183, wenn α, β, γ die Richtungswinkel der beweglichen Geraden sind, drei homogene lineare Gleichungen für $1, \ x\cos\alpha + y\cos\beta + z\cos\gamma$ und $\cos\gamma$, durch deren Elimination (vergl. Satz auf S. 51) folgt, daß auch der vierte Punkt eine Kugelfläche beschreibt, deren Mittelpunkt mit den drei gegebenen in einer Geraden liegt.

3. Aufgabe. Man bestimme den Ort derjenigen Geraden, die auf einer gegebenen Geraden senkrecht stehen und eine andere zu ihr windschiefe Gerade schneiden (Ort der Normalen, d. h. zur Tangentialebene senkrechter Geraden eines Hyperboloids, das durch Rotation der ersten Geraden um die zweite als Achse entsteht, längs einer Erzeugenden desselben).

Man wähle die Ebene durch die erste Gerade und durch deren kürzesten Abstand von der zweiten zur Ebene OXY und zur Achse OX eine Halbierungslinie des Winkels des kürzesten Abstandes und der ersten Geraden. Die Gleichungen der beiden Geraden werden dann:

$$x = \frac{u}{\sqrt{2}}, \quad y = -\frac{u}{\sqrt{2}}, \quad z = 0$$

$$x = \frac{e}{\sqrt{2}} + \frac{v}{\sqrt{2}} \sin\gamma, \quad y = \frac{e}{\sqrt{2}} - \frac{v}{\sqrt{2}} \sin\gamma, \quad z = v\cos\gamma,$$

wo e der kürzeste Abstand ist.

4. Aufgabe. Man suche den Ort der Durchschnittslinien derjenigen zwei Ebenen, die sich um zwei feste Achsen so bewegen, daß sie stets senkrecht aufeinander stehen (orthogonales Hyperboloid, Ebene der Kreisschnitte senkrecht zu den Achsen der beiden Ebenenbüschel).

Man wähle das Koordinatensystem wie in der 3. Aufgabe des vorigen Paragraphen auf S. 182 und stelle die beiden Ebenenbüschel. nach Formel (13) in § 16 auf S. 138 dar. Es ist $\frac{1}{c^2} = \frac{1}{a^2} - \frac{1}{b^2}$ (s. Gl. (I^d) auf S. 177).

5. Aufgabe. Man suche den Ort der Schnittpunkte jeder Ebene durch den Anfangspunkt mit dem Lote durch irgend einen Punkt (a, b, c) auf diejenige Ebene durch den Anfangspunkt, welche aus jener Ebene durch eine Rotation von der Amplitude δ um die Achse OZ entsteht (Erzeugnis zweier reziproker gleichwinkeliger Strahlenbündel).

Durch Bildung von Δ findet man, daß man, wenn δ von 0 bis 180^0 läuft, der Reihe nach eine Kugelfläche, ein abgeplattetes Rotationsellipsoid, einen parabolischen Zylinder, ein einschaliges Rotationshyperboloid, und, falls $a^2 + b^2 \gtreqless c^2$ ist, auch einen Rotationskegel resp. ein zweischaliges Rotationshyperboloid erhalten kann.

6. Aufgabe. Man bestimme den Ort derjenigen Punkte, für welche das Verhältnis der Entfernungen von einem festen Punkte und von einer festen Ebene konstant ist.

Man erhält das verlängerte Rotationsellipsoid, das elliptische Rotationsparaboloid und das zweischalige Rotationshyperboloid.

7. Aufgabe. Man bestimme den Ort derjenigen Punkte, für welche das Verhältnis der Entfernungen von einem festen Punkte und einer festen Geraden konstant ist.

Man erhält den parabolischen Zylinder, das abgeplattete Rotationsellipsoid und das einschalige Rotationshyperboloid.

8. Aufgabe. Nach Analogie der in § 9 angestellten Untersuchung bestimme man diejenigen Flächen 2. Grades, für die der Pol eines Polarkoordinatensystems so gewählt werden kann, daß der

Radiusvektor jedes Flächenpunktes eine rationale Funktion der Richtungskosinus desselben ist.

Man findet die Rotationsflächen der Kegelschnitte um ihre Brennpunktsachsen und die Zylinderflächen.

9. Aufgabe. Wenn man die Erzeugenden eines einschaligen Hyperboloids als starre Geraden betrachtet, die überall, wo sie sich treffen, fest verbunden sind, aber so, daß an jedem Schnittpunkte eine freie Bewegung der einen um die andere möglich bleibt, so ist das Hyperboloid nicht starr, sondern erlaubt noch eine Deformation in eine einfach unendliche Anzahl anderer Hyperboloide (Henrici).

Ist $\frac{x^2}{a^2} + \frac{y^2}{b^2} - \frac{z^2}{c^2} = 1$ die Gleichung des gegebenen Hyperboloids, so gehen die anderen Hyperboloide aus diesem hervor durch die affine Verwandtschaft:

$$x\sqrt{a^2 \pm d^2} = x'a, \quad y\sqrt{b^2 \pm d^2} = y'b, \quad z\sqrt{c^2 \mp d^2} = z'c;$$

dann beweist man leicht, daß die Entfernung jedes Punktes des ersten Hyperboloids von einem Punkte einer Erzeugenden durch den Punkt gleich der Entfernung der entsprechenden Punkte eines anderen Hyperboloids ist (vgl. Satz 62 auf 185). Drückt man dann aus, daß zwei Punkte P und P_1 einerseits auf dem gegebenen Hyperboloid liegen und andrerseits der eine in der Tangentialebene des andern, so ergeben diese Bedingungen, daß $\overline{P'P'_1}^2 = \overline{PP_1}^2$ ist.

§ 22.

Die ebenen Schnitte der Flächen 2. Grades.

Soll die Fläche 2. Grades, deren Gleichung:

$$\text{(I)} \qquad Ax^2 + By^2 + Cz^2 + 2Dx + 2Ey + 2Fz + G = 0,$$

mit der Ebene zum Durchschnitt gebracht werden, deren Gleichung in der Hesse'schen Normalform:

$$\text{(II)} \qquad ux + vy + wz = d$$

ist, wo $\cos\alpha = u$, $\cos\beta = v$, $\cos\gamma = w$ gesetzt wurde, so machen wir eine Koordinatentransformation, bei welcher ein Punkt $\mathfrak{O}$ (l, m, n) der Ebene (II), also z. B. der Punkt (du, dv, dw) Anfangspunkt und zwei aufeinander senkrechte Halbgeraden $\mathfrak{O}\mathfrak{X}$ und $\mathfrak{O}\mathfrak{Y}$ der Ebene (II) mit den Richtungskosinus f_1, g_1, h_1 und f_2, g_2, h_2 die neue Abszissen- und Ordinatenachse werden. Setzen wir dann noch den Bezeichnungen des § 19 entsprechend $f_3 = u$, $g_3 = v$, $h_3 = w$, so denken wir uns das neue System so gewählt, daß in den Formeln (IV) jenes Paragraphen das obere Vorzeichen gelte, daß also das System $OXYZ$ in das System $\mathfrak{O}\mathfrak{X}\mathfrak{Y}\mathfrak{Z}$ durch Bewegung übergeführt werden könne. Dann erhalten wir offenbar die Gleichung der gesuchten Schnittlinie in Beziehung auf die Achsen $\mathfrak{O}\mathfrak{X}$ und $\mathfrak{O}\mathfrak{Y}$, wenn wir setzen:

$$(1)\qquad \begin{cases} x = l + f_1\mathfrak{x} + f_2\mathfrak{y}, \\ y = m + g_1\mathfrak{x} + g_2\mathfrak{y}, \\ z = n + h_1\mathfrak{x} + h_2\mathfrak{y}. \end{cases}$$

Die Gleichung der Schnittlinie nimmt dann die Form an:

$$(\mathrm{III})\qquad \mathfrak{A}\mathfrak{x}^2 + \mathfrak{B}\mathfrak{y}^2 + 2\mathfrak{C}\mathfrak{x}\mathfrak{y} + 2\mathfrak{D}\mathfrak{x} + 2\mathfrak{E}\mathfrak{y} + \mathfrak{F} = 0$$

wo:

$$(2)\qquad \begin{cases} \mathfrak{A} = Af_1^2 + Bg_1^2 + Ch_1^2, \qquad \mathfrak{B} = Af_2^2 + Bg_2^2 + Ch_2^2, \\ \mathfrak{C} = Af_1f_2 + Bg_1g_2 + Ch_1h_2; \end{cases}$$

$$(3)\qquad \begin{cases} \mathfrak{D} = (Al + D)f_1 + (Bm + E)g_1 + (Cn + F)h_1, \\ \mathfrak{E} = (Al + D)f_2 + (Bm + E)g_2 + (Cn + F)h_2, \end{cases}$$

$$(4)\qquad \mathfrak{F} = Al^2 + Bm^2 + Cn^2 + 2Dl + 2Em + 2Fn + G.$$

Diese Schnittlinie ist daher nach Satz 32 in § 10 auf S. 95, wofern sie überhaupt reell ist, ein Kegelschnitt.

Diejenigen Größen, aus denen die Elemente des Kegelschnittes zu berechnen sind, drücken sich nach den Formeln (II) und (IV) in § 19, S. 156 folgendermaßen durch u, v, w und l, m, n aus:

$$(\mathrm{IV})\qquad \begin{cases} \mathfrak{A} + \mathfrak{B} = A(f_1^2 + f_2^2) + B(g_1^2 + g_2^2) + C(h_1^2 + h_2^2) \\ \qquad = A(1 - u^2) + B(1 - v^2) + C(1 - w^2), \end{cases}$$

$$(\mathrm{V})\qquad \begin{cases} \Gamma = \mathfrak{A}\mathfrak{B} - \mathfrak{C}^2 = BC(g_1h_2 - h_1g_2)^2 + CA(h_1f_2 - f_1h_2)^2 \\ \qquad + AB(f_1g_2 - g_1f_2)^2 = BCu^2 + CAv^2 + ABw^2, \end{cases}$$

$$(\mathrm{VI})\qquad \begin{cases} \delta = \mathfrak{A}\mathfrak{E}^2 + \mathfrak{B}\mathfrak{D}^2 - 2\mathfrak{C}\mathfrak{D}\mathfrak{E} - \mathfrak{F}\Gamma \\ \quad = A(f_1\mathfrak{E} - f_2\mathfrak{D})^2 + B(g_1\mathfrak{E} - g_2\mathfrak{D})^2 + C(h_1\mathfrak{E} - h_2\mathfrak{D})^2 - \mathfrak{F}\Gamma \\ \quad = A\{(Bm + E)w - (Cn + F)v\}^2 \\ \qquad + B\{(Cn + F)u - (Al + D)w\}^2 \\ \qquad + C\{(Al + D)v - (Bm + E)u\}^2 - \mathfrak{F}\Gamma. \end{cases}$$

Wir fragen hier zuerst nach den parabolischen Schnitten und werden dabei dieselben drei Fälle unterscheiden wie im vorigen Paragraphen. Ist erstens von den drei Koëffizienten A, B, C nur C von Null verschieden, so ist Γ stets $= 0$, der Schnitt also stets eine Parabel, die im besonderen für $\delta = 0$ in ein Paar paralleler oder zusammenfallender Geraden oder auch in eine einfache Gerade ($w = 1$) ausarten kann (vergl. Satz 34 auf S. 100). Da in unserem Falle $\delta = C(Dv - Eu)^2$ wird, so finden wir hier eine Bestätigung des früher erhaltenen Resultates, daß durch Gleichung (I) ein parabolischer Zylinder dargestellt ist, dessen Kanten die Richtungskosinus $\frac{E}{\sqrt{D^2+E^2}}, -\frac{D}{\sqrt{D^2+E^2}}, 0$ besitzen. Denn nach jenem Satze verhalten sich diese Richtungskosinus im neuen Systeme wie $\mathfrak{C} : -\mathfrak{A} : 0 = h_2 : -h_1 : 0$, also im alten Systeme wie $v : -u : 0 = E : -D : 0$, weil $\delta = 0$ ist.

Ist zweitens $A = 0$ und sind B und C von Null verschieden, so wird $\Gamma = BCu^2$, kann also nur verschwinden, wenn die schneidende Ebene zur Achse OX parallel ist. Ist dann gleichzeitig $D = 0$, so wird auch $\delta = 0$, d. h. der elliptische und der hyperbolische Zylinder kann nicht in eigentlichen Parabeln geschnitten werden, diese sind vielmehr Paare zusammenfallender oder paralleler Geraden, von denen beim hyperbolischen Zylinder je eine ins Unendliche rücken kann, wenn die Ebene dessen Asymptotenebenen parallel oder $Bw^2 + Cv^2 = 0$ ist. Weil $u = 0$ ist, so wird nämlich $Bw^2 + Cv^2 = B(1 - v^2) + C(1 - w^2) = \mathfrak{A} + \mathfrak{B}$, es verschwinden folglich wegen $\Gamma = 0$ auch $\mathfrak{A}$, $\mathfrak{B}$ und $\mathfrak{C}$, so daß der Schnitt eine einfache Gerade wird. Ist D von Null verschieden, haben wir es also mit einem der beiden Paraboloide zu tun, so ist $\delta = D^2(Bw^2 + Cv^2)$. Das elliptische Paraboloid wird folglich von jeder seiner Achse parallelen Ebene in einer eigentlichen Parabel geschnitten. Handelt es sich aber um ein hyperbolisches Paraboloid, so verschwindet δ mit $Bw^2 + Cv^2$. Da dann, wie eben gezeigt wurde, $\mathfrak{A} + \mathfrak{B}$, also auch $\mathfrak{A}$, $\mathfrak{B}$ und $\mathfrak{C}$ verschwinden, so ist der ebene Schnitt eine einfache Gerade; in der Tat wird nun $w^2 : v^2 = -C : B = \operatorname{tg}^2 \alpha$, so daß Gleichung (II) eine Formen: $y \cos\alpha \pm z \sin\alpha = \pm d$ haben muß, die wir im vorigen Paragraphen schon in den Gleichungen (17) und (17ª) als zu denjenigen Ebenen gehörig kennen gelernt haben, welche das hyperbolische Paraboloid in je einer Geraden schneiden.

Sind endlich A, B, C sämtlich von Null verschieden, so kann Γ natürlich nur dann verschwinden, wenn A, B, C nicht alle desselben Vorzeichens sind, die Fläche also ein Kegel oder eins der Hyperboloide ist. Eine solche Fläche wird also von der Ebene (II) in einer Parabel geschnitten, wenn:

$$BCu^2 + CAv^2 + ABw^2 = 0 \tag{5}$$

und nicht gleichzeitig $\delta = 0$ ist. Auf Grund von Gleichung (5) nimmt aber δ die Form an:

$$\delta = -\frac{1}{ABC}\{BC(Al + D)u + CA(Bm + E)v + AB(Cn + F)w\}^2. \tag{6}$$

Denn rechnet man sowohl in (VI) als in (6) die Quadrate aus, so erweisen sich die doppelten Produkte unmittelbar als gleich, während die Gleichsetzung der Koeffizienten von $(Al + D)^2$ usw. dreimal Gleichung (5) ergibt.

Demnach kann δ nur verschwinden, wenn:

$$\left(l + \frac{D}{A}\right) u + \left(m + \frac{E}{B}\right) v + \left(n + \frac{F}{C}\right) w = 0, \tag{7}$$

wenn also die schneidende Ebene durch den Mittelpunkt der Fläche geht. Dann können wir den Punkt (l, m, n) in diesen Mittelpunkt verlegen, so daß die Gleichung (III) des Schnittes nach Multiplikation mit $\mathfrak{A}$ die Form (vgl. Formel (23), S. 192):

$$(\mathfrak{A}\mathfrak{x} + \mathfrak{C}\mathfrak{y})^2 = \frac{\mathfrak{A}}{ABC}\Delta \tag{8}$$

annimmt. Denn f_1, g_1, h_1 können immer so gewählt werden, daß $\mathfrak{A}$ von Null verschieden ist; sind etwa B und C von demselben Vorzeichen, so ist $\mathfrak{A}$ z. B. sicher dann von Null verschieden, wenn man $f_1 = 0$ annimmt. Da dann zugleich $\frac{\mathfrak{A}}{ABC}$ negativ ist, so ist die Schnittlinie imaginär für $\Delta > 0$, ein Paar zusammenfallender Geraden für $\Delta = 0$ und ein Paar paralleler Geraden für $\Delta < 0$. In den beiden letzten Fällen verhalten sich die Richtungskosinus dieser Geraden im neuen System wie $\mathfrak{C} : -\mathfrak{A} : 0$; also im alten System:

$$f : g : h = \mathfrak{C} f_1 - \mathfrak{A} f_2 : \mathfrak{C} g_1 - \mathfrak{A} g_2 : \mathfrak{C} h_1 - \mathfrak{A} h_2 . \tag{9}$$

Demnach gelten teils identisch teils wegen $\Gamma = 0$ die beiden Gleichungen:

$$A f f_1 + B g g_1 + C h h_1 = 0, \tag{10}$$

$$A f f_2 + B g g_2 + C h h_2 = 0. \tag{11}$$

Es ist folglich:

$$Af = uN, \quad Bg = vN, \quad Ch = wN, \tag{12}$$

wo:

$$\frac{1}{N^2} = \frac{u^2}{A^2} + \frac{v^2}{B^2} + \frac{w^2}{C^2}. \tag{13}$$

Die Geraden dieser Richtung durch den Mittelpunkt besitzen folglich Gleichungen der Form:

$$Ax + D = \varrho u, \quad By + E = \varrho v, \quad Cz + F = \varrho w, \tag{14}$$

wo ϱ alle Werte von $-\infty$ bis $+\infty$ annehmen kann. Diese Geraden erfüllen demnach einen Kegel, dessen Gleichung:

(15) $0 = \varrho^2 \Gamma = BC(Ax + D)^2 + CA(By + E)^2 + AB(Cz + F)^2$

$$= ABC(Ax^2 + By^2 + Cz^2 + 2Dx + 2Ey + 2Fz + G) + \Delta.$$

Für $\Delta = 0$ bilden also jene Geraden, wie auch ohne die Rechnung klar ist, den durch Gleichung (I) dargestellten Kegel, dessen Tangentialebenen die Ebenen (II) sind. Für ein von Null verschiedenes Δ ist dieser Kegel der sogenannte Asymptotenkegel, weil seine Kanten mit dem durch Gleichung (I) dargestellten Hyperboloide nur zwei zusammenfallende unendlich ferne Punkte gemein haben; in der Tat verschwindet, wenn (l, m, n) der Mittelpunkt ist, und $\cos\alpha = f$, $\cos\beta = g$, $\cos\gamma = h$ gesetzt wird, in Gleichung (II) des vorigen Paragraphen auf S. 183 der Koeffizient von $2u$ und wegen $\Gamma = 0$ auch der von u^2. Auch dieser Asymptotenkegel wird von den Ebenen (II) berührt, da in den Gleichungen (5) und (7) das konstante Glied, durch das allein die durch ABC dividierte Gleichung (15) sich von (I) unterscheidet, nicht vorkommt, also durch (5) und (7) auch die Berührung der Ebenen (II) mit dem Asymptotenkegel ausgedrückt wird.

Wir können hiernach unsere Untersuchungen über die parabolischen Schnitte in den folgenden Satz zusammenfassen:

66. *Ein parabolischer Zylinder wird von jeder Ebene, die seinen Kanten nicht parallel ist, in einer Parabel geschnitten, ebenso ein Paraboloid von jeder seiner Hauptachse parallelen Ebene; ist das Paraboloid ein hyperbolisches, so geht diese Parabel in eine einfache Gerade über, wenn die Ebene zugleich einer der Geraden des Paraboloids durch den Scheitelpunkt parallel ist. Jeder Kegel resp. jedes Hyperboloid wird in einer Parabel von jeder Ebene geschnitten, die einer Tangentialebene des Kegels resp. des Asymptotenkegels des Hyperboloids parallel ist; die Tangentialebenen des Asymptotenkegels treffen das zweischalige Hyperboloid gar nicht, das einschalige hingegen in je zwei parallelen Geraden.*

Fragen wir jetzt nach denjenigen ebenen Schnitten, welche einen und nur einen Mittelpunkt besitzen, so können wir von dem parabolischen Zylinder absehen und den Punkt (l, m, n) in diesen Mittelpunkt verlegen. Dann müssen offenbar die Größen $\mathfrak{D}$ und $\mathfrak{E}$ verschwinden, so daß wir zur Bestimmung von l, m, n die folgenden Gleichungen erhalten:

(16) $$Al + D = uM,\quad Bm + E = vM,\quad Cn + F = wM;$$

multiplizieren wir diese Gleichungen der Reihe nach mit uBC, vCA, wAB und addieren sie, so folgt auf Grund von (II):

(17) $$M\Gamma = ABCd + BCDu + CAEv + ABFw,$$

wodurch die Koordinaten des Mittelpunktes des Schnittes bestimmt sind. Verschieben wir also die Ebene (II) parallel mit ihr selbst, so beschreibt der Mittelpunkt ihres Schnittes mit der Fläche (I) eine Gerade, die für die beiden Zylinder ($C = F = 0$, also auch $M = 0$) mit deren Achse zusammenfällt, für die Paraboloide $\left(C = 0,\ M = \frac{F}{w}\right)$ der Hauptachse parallel ist und für die Mittelpunktsflächen den Mittelpunkt enthält und die Richtungskosinus $\frac{uN}{A}$, $\frac{vN}{B}$, $\frac{wN}{C}$ besitzt; der Ort der Mittelpunkte der in der Richtung dieses Durchmessers gezogenen Sehnen einer Mittelpunktsfläche hat daher nach Formel (V), S. 183 des vorigen Paragraphen die Gleichung:

(18) $$(Ax + D)\frac{u}{A} + (By + E)\frac{v}{B} + (Cz + F)\frac{w}{C} = 0,$$

ist also die der Ebene (II) parallele Durchmesserebene. *Der Durchmesser* (16) *und die Durchmesserebene* (18) *sind also in analogem Sinne konjugiert wie zwei konjugierte Durchmesser eines Kegelschnittes* (vergl. Satz 35 auf S. 105 und § 25).

Die Formeln (16) und (17) ergeben leicht eine bemerkenswerte Form von δ für den Fall, daß A, B, C von Null verschieden sind. Aus (16) folgt nämlich in jedem Falle:

(19) $$M^2\Gamma = BC(Al + D)^2 + CA(Bm + E)^2 + AB(Cn + F)^2 = ABC\mathfrak{F} + \Delta,$$

folglich nach (VI) und (17):

(20) $$\begin{aligned} ABC\delta &= -ABC\mathfrak{F}\Gamma = \Delta\Gamma - M^2\Gamma^2 \\ &= \Delta\Gamma - (ABCd + BCDu + CAEv + ABFw)^2. \end{aligned}$$

Für $A = 0$ beschränken wir uns zur Vermeidung einer längeren Rechnung[1] auf den Fall, daß $E = F = 0$ sei. Dann wird:

(21) $$m = \frac{vD}{uB},\quad n = \frac{wD}{uB},\quad l = \frac{d}{u} - \frac{D}{u^2}\left(\frac{v^2}{B} + \frac{w^2}{C}\right),$$

also:

(22) $$\left\{\begin{aligned} \delta &= -BCu^2(Bm^2 + Cn^2 + 2Dl + G) \\ &= D^2(Cv^2 + Bw^2) - 2BCDdu - BCGu^2. \end{aligned}\right.$$

Diese Ausdrücke für δ, die zwar für Mittelpunktsschnitte abgeleitet sind, aber auch für parabolische Schnitte gelten (s. Anm.), zeigen nach Gleichung (41) auf 108, daß der **Parameter von Parabeln** der Fläche, die in parallelen Ebenen liegen, für die Zylinder und

[1] Eine Ausrechnung von Formel (VI) ergibt den in jedem Falle gültigen Ausdruck:

$$\begin{aligned} \delta = {} & A(Ew - Fv)^2 + B(Fu - Dw)^2 + C(Dv - Eu)^2 - G\Gamma \\ & - 2d(BCDu + CAEv + ABFw) - ABCd^2. \end{aligned}$$

Paraboloide von d unabhängig und für die Mittelpunktsflächen eine lineare Funktion von d ist.

Fragen wir nunmehr nach den hyperbolischen Schnitten einer Fläche (I), so kommen für $A = 0$, weil dann $\Gamma = BCu^2$ ist, nur der hyperbolische Zylinder und das hyperbolische Paraboloid in Betracht. Da für den hyperbolischen Zylinder unserer Annahme gemäß $\delta = -BCGu^2$ ist, so wird derselbe von jeder Ebene, die seiner Achse nicht parallel ist, in einer Hyperbel geschnitten, bei dem hyperbolischen Paraboloid gibt es hingegen nach (22) in jeder der Hauptachse nicht parallelen Ebenenrichtung eine Ebene, für die die Hyperbel in ein Paar sich schneidender Geraden übergeht. Von den Mittelpunktsflächen scheidet natürlich das Ellipsoid aus. Was dann weiter die Kegelfläche betrifft, so wird dieselbe nach Formel (20), weil dann $\Delta = 0$ ist, für ein negatives Γ stets in einer Hyperbel geschnitten, falls die schneidende Ebene nicht zugleich durch die Spitze des Kegels geht; in diesem Falle geht die Hyperbel in zwei Kanten des Kegels über (s. Satz 34 auf S. 100). Hieraus geht hervor, daß die der Ebene (II) parallele Ebene durch den Mittelpunkt eines durch Gleichung (I) dargestellten Hyperboloids dessen Asymptotenkegel durchschneiden wird, wenn Γ negativ ist. Ist dann die Fläche ein zweischaliges Hyperboloid, Δ also positiv, so ist die Schnittkurve nach Formel (20) stets eine eigentliche Hyperbel, da δ dann für keinen Wert von d verschwinden kann. Handelt es sich aber um ein einschaliges Hyperboloid, so gibt es zu jeder den Asymptotenkegel schneidenden Ebene durch den Mittelpunkt zwei dieser parallele, die das Hyperboloid in zwei sich schneidenden Geraden treffen. Wir erhalten so den Satz:

67. *Ein hyperbolischer Zylinder und ein hyperbolisches Paraboloid wird von jeder der Achse nicht parallelen Ebene, die keine Gerade der Fläche enthält, in einer Hyperbel geschnitten, ebenso eine Kegelfläche und ein Hyperboloid, wenn die der schneidenden parallele Ebene durch den Mittelpunkt den Kegel resp. den Asymptotenkegel durchschneidet.*

Handelt es sich schließlich um elliptische Schnitte, soll also Γ positiv sein, so kommen für $A = 0$ nur der elliptische Zylinder und das elliptische Paraboloid in Betracht. Da dann $\mathfrak{A}$ und $\mathfrak{B}$ von demselben Vorzeichen wie B und C sind, so ist für den Zylinder $(By^2 + Cz^2 + G = 0)$ $\delta = -BCGu^2$ von demselben Vorzeichen wie $-G$, also auch wie B und C und deshalb auch wie $\mathfrak{A}$ und $\mathfrak{B}$, der elliptische Zylinder wird folglich von jeder seiner Achse nicht parallelen Ebene in einer Ellipse geschnitten (s. Satz 32 auf S. 95).

Denken wir uns die Gleichung des elliptischen Paraboloids in ihrer Normalform:

$$\frac{y^2}{p} + \frac{z^2}{q} = 2x \tag{23}$$

gegeben, wo p und q positive Strecken bedeuten, so wird:

$$\delta = \frac{v^2}{q} + \frac{w^2}{p} + \frac{2du}{pq} = \frac{2(d-e)u}{pq}, \tag{24}$$

wenn:

$$e = -\frac{1}{2u}(v^2 p + w^2 q), \tag{25}$$

also e der in der Richtung (u, v, w) gemessene Abstand des Scheitelpunktes O des Paraboloids von der zur Ebene (II) parallelen Tangentialebene ist; denn für $d = e$ wird $\delta = 0$, die Ebene (II) also eine Tangentialebene. Hier ist für ein positives u die Größe δ stets positiv, für ein negatives u hingegen nur dann, wenn d kleiner als das dann positive e ist. Ein elliptisches Paraboloid wird demnach von jeder seiner Achse nicht parallelen Ebene in einer Ellipse geschnitten, wenn diese auf derselben Seite der ihr parallelen Tangentialebene liegt, wie der Scheitelpunkt (vgl. Fig. 80, Ebene durch OX und d); jede andere der Achse nicht parallele Ebene trifft das Paraboloid gar nicht (vgl. Satz 32, S. 95).

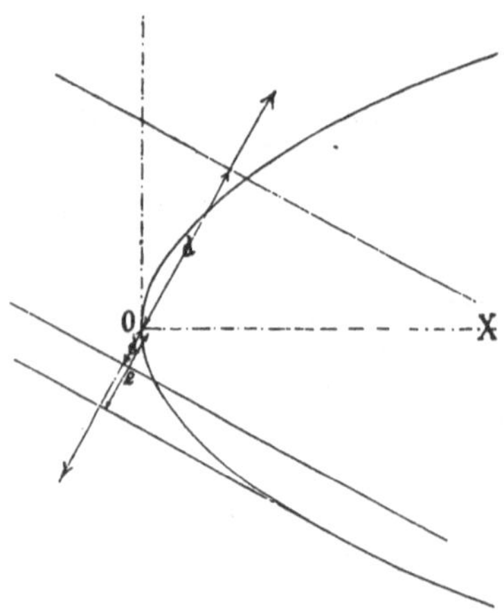

Fig. 80.

Handelt es sich um Mittelpunktsflächen, so bemerken wir zuerst, daß für die Kegelfläche und die Hyperboloide, für die A, B, C nicht alle von demselben Zeichen sein können, $\mathfrak{A}$ und $\mathfrak{B}$ von entgegengesetztem Vorzeichen sind wie A, B, C. Denn sind z. B. B und C von einerlei Vorzeichen, so ist unsere Behauptung für $\mathfrak{A}$ evident, wenn wir $f_1 = 0$ annehmen; weil Γ positiv sein soll, ist aber $\mathfrak{B}$ von demselben Vorzeichen wie $\mathfrak{A}$, und die Drehung des Systems $\mathfrak{O}\mathfrak{X}\mathfrak{Y}$ innerhalb der Ebene (II) kann das Vorzeichen von $\mathfrak{A}$ und $\mathfrak{B}$ nicht ändern (vgl. Formel (9) in § 10, S. 94). Formel (20) zeigt daher, daß die Ebene (II) für ein positives Γ das einschalige Hyperboloid ($\Delta < 0$) stets in einer Ellipse schneidet, ebenso aber auch die Kegelfläche, falls die Ebene nicht durch die Spitze des Kegels geht, in welchem Falle sie ihn außerdem überhaupt nicht trifft. Für ein positives Γ wird also jedenfalls die Parallelebene zur Ebene (II) durch den Mittelpunkt die Kegelfläche resp. den Asymptotenkegel eines Hyperboloids nicht treffen (s. Satz 67). Ist dann das Hyperboloid ein zweischaliges ($\Delta > 0$), so gibt es zwei der Ebene (II) parallele Tangentialebenen der Fläche. Ist e deren Abstand vom Mittelpunkte und verlegen wir den Anfangspunkt in diesen, so wird:

$$\delta = A B C(e^2 - d^2); \tag{26}$$

denn für $d = e = \frac{\pm\sqrt{\Delta \Gamma}}{A B C}$ wird dann $\delta = 0$, die Ebene (II) also eine Tangentialebene. Die Ebene (II) schneidet folglich für ein positives Γ das zweischalige Hyperboloid dann und nur dann in einer Ellipse, wenn $d > e$, wenn also die Ebene vom Mittelpunkt weiter absteht als die ihr parallelen Tangentialebenen, sonst gar nicht.

So bleibt schließlich nur noch das Ellipsoid übrig, für das Γ stets positiv ist, das also nur in Ellipsen geschnitten werden kann. Da hier $\mathfrak{A}$ und $\mathfrak{B}$ stets von demselben Zeichen sind wie $A . B . C$ und Formel (26) unter denselben Annahmen gilt wie oben, so schneidet jede Ebene das Ellipsoid dann in einer Ellipse, wenn sie dem Mittelpunkte näher liegt als die ihr parallelen Tangentialebenen, sonst gar nicht. Daß die letzteren stets reell sind, lehrt ja Formel (20), wenn man $\delta = 0$ setzt; denn Δ und Γ sind hier ebenfalls beide positiv.

Somit erhalten wir den dritten Satz:

68. *Ein elliptischer Zylinder wird von jeder der Achse nicht parallelen Ebene in einer Ellipse geschnitten, ebenso ein elliptisches Paraboloid, wenn die Ebene auf derselben Seite der ihr parallelen Tangentialebene des Paraboloids liegt wie der Scheitelpunkt, sonst nicht. Eine Kegelfläche oder ein einschaliges Hyperboloid wird von jeder Ebene in einer Ellipse geschnitten, deren Parallelebene durch den Mittelpunkt den Kegel resp. den Asymptotenkegel des Hyperboloids nicht trifft; für das zweischalige Hyperboloid muß die Ebene vom Mittelpunkte zugleich weiter abstehen als die ihr parallele Tangentialebene, sonst trifft die Ebene das Hyperboloid gar nicht. Ein Ellipsoid endlich wird von jeder Ebene in einer Ellipse geschnitten, die dem Mittelpunkte näher liegt als die ihr parallelen Tangentialebenen, sonst gar nicht.*

Wir haben bisher nur die Arten der ebenen Schnitte einer Fläche 2. Grades untersucht, wir können aber mit Hilfe der Formeln (III) bis (VI) auch die Aufgabe in Angriff nehmen, *die Fläche* (I) *durch die Ebene* (II) *in einem der Gestalt und Größe nach ge-*

gebenen Kegelschnitte zu schneiden. Wir können uns hierbei in Beziehung auf die parabolischen Schnitte kurz fassen, da die Richtung solcher Ebenen durch Satz 66 bekannt ist. Sind u, v, w dementsprechend gewählt, so kann d leicht so bestimmt werden, daß der Parameter der Parabel eine gegebene Größe habe, da mit u, v, w auch die Richtung der Hauptachse der Parabel unmittelbar gegeben ist (OX resp. f, g, h). Im Falle des parabolischen Zylinders muß u, v, w einer leicht anzugebenden Bedingung genügen, damit der Parameter des Schnittes eine gegebene Größe habe. Wir können die Ausführung dieses Teiles der Aufgabe dem Leser überlassen, da sie gar keine prinzipiellen Schwierigkeiten bietet (vergl. die Bemerkung über den Parameter der Parabel auf S. 202).

Soll aber der ebene Schnitt eine **Ellipse** von gegebenem Verhältnisse der Achsen $\frac{\mathfrak{b}}{\mathfrak{a}}$ sein, so gehen wir von der Formel:

$$(27)\qquad \frac{(\mathfrak{a}^2+\mathfrak{b}^2)^2}{\mathfrak{a}^2\mathfrak{b}^2} = \left(\frac{\mathfrak{a}}{\mathfrak{b}}+\frac{\mathfrak{b}}{\mathfrak{a}}\right)^2 = \frac{(\mathfrak{A}+\mathfrak{B})^2}{\Gamma} = 4\eta$$

aus (vergl. die Gleichungen (23) und (24) in § 10 auf S. 96). Ziehen wir hieraus die Quadratwurzel, so erhalten wir eine quadratische Gleichung für $\frac{\mathfrak{b}}{\mathfrak{a}}$, also, wenn dieses <1 sein soll:

$$(28)\qquad \frac{\mathfrak{b}}{\mathfrak{a}} = \sqrt{\eta}-\sqrt{\eta-1}, \quad \frac{\mathfrak{a}}{\mathfrak{b}} = \sqrt{\eta}+\sqrt{\eta-1};$$

somit ist η irgend eine positive Größe, die mindestens den Wert 1 hat, nämlich für den Kreis. Es ergibt sich daher für u, v, w die folgende Bedingung:

$$(29)\qquad \big(A(1-u^2)+B(1-v^2)+C(1-w^2)\big)^2 = 4\eta(BCu^2+CAv^2+ABw^2).$$

Setzen wir:

$$(30)\qquad Au^2+Bv^2+Cw^2 = A+B+C-2\lambda,$$

so wird diese Bedingung erfüllt sein, wenn:

$$(31)\qquad BCu^2+CAv^2+ABw^2 = \frac{\lambda^2}{\eta},$$

wo nun λ eine beliebige Größe sein kann, und es müssen offenbar umgekehrt für jedes Wertsystem u, v, w, das die Bedingung (29) erfüllt, zwei solche Gleichungen bestehen. Fügen wir ihnen noch die Identität:

$$(32)\qquad u^2+v^2+w^2 = 1$$

hinzu und multiplizieren wir beide Seiten dieser drei Gleichungen der Reihe nach mit: A, 1 und $-A(B+C)$ und addieren sie, so folgt:

$$(33)\qquad u^2\big(A^2+BC-A(B+C)\big) = (A-\lambda)^2-\lambda^2\left(1-\frac{1}{\eta}\right).$$

Setzen wir daher voraus, daß die A, B, C voneinander verschieden seien, daß wir es also mit keinem parabolischen Zylinder und keiner Rotationsfläche zu tun haben, so ist unsere Aufgabe gelöst, sobald:

$$(34)\qquad \begin{cases} u^2 = \dfrac{(A-\lambda)^2 - \lambda^2\left(1-\dfrac{1}{\eta}\right)}{(A-B)(A-C)}, \quad v^2 = \dfrac{(B-\lambda)^2 - \lambda^2\left(1-\dfrac{1}{\eta}\right)}{(B-C)(B-A)}, \\ w^2 = \dfrac{(C-\lambda)^2 - \lambda^2\left(1-\dfrac{1}{\eta}\right)}{(C-A)(C-B)}, \end{cases}$$

wo λ irgend eine Größe ist, für welche die Ausdrücke der rechten Seiten nicht negativ werden. Die Bestimmung der betreffenden Werte von λ ist sehr leicht, sobald es sich um die Kreisschnitte handelt, η also $=1$ ist. Dann folgt nämlich aus:

$$(35)\qquad u^2 v^2 w^2 = -\frac{(A-\lambda)^2 (B-\lambda)^2 (C-\lambda)^2}{(A-B)^2 (B-C)^2 (C-A)^2},$$

daß u^2, v^2, w^2 nur dann nicht negativ sein können, wenn $\lambda = A$, B oder C ist. Wendet man dies auf die in § 20 gegebenen Normalformen (I^a), (I^b), (I^c), (I^d), (I^e) und (II) der Gleichungen der dort konstruierten Flächen 2. Grades an, so erhält man immer in Berücksichtigung des Umstandes, daß u^2, v^2, w^2 nicht negativ sein dürfen, genau die dort ausgesprochenen Resultate ($\lambda = C$). Wir überlassen die Ausführung dem Leser; denn nachdem erkannt ist, daß die Kreise der Flächen 2. Grades in Scharen paralleler Ebenen liegen müssen, die auf einer der Symmetrieebenen senkrecht stehen, enthalten auch die Entwickelungen in § 20 schon den vollständigen Beweis unserer Behauptung. Daß die dort nicht aufgezählten Flächen 2. Grades keine Kreise enthalten, folgt zwar eben daraus, kann aber am schnellsten dadurch erkannt werden, daß für diese Flächen $\Gamma \leqq 0$ ist.

Indessen liefern die Formeln (34) auch deren uneigentliche Kreisebenen, als welche wir die Ebenen ansehen können, die die Fläche nur in je einer einfachen Geraden schneiden. Denn setzen wir für $A = 0$ und $C \gtreqless 0$ in (34) $\eta = 1$ und $\lambda = 0$, so folgt $u = 0$ und $v : w = \sqrt{B} : \sqrt{-C}$, was gerade für den parabolischen und hyperbolischen Zylinder und das hyperbolische Paraboloid reell wird. Setzt man dann $f_1 = 1$, $g_1 = h_1 = 0$ und $f_2 = 0$, $g_2 : h_2 = \sqrt{-C} : -\sqrt{B}$, so wird in der Tat $\mathfrak{A} = \mathfrak{B} = \mathfrak{C} = 0$, der Schnitt also eine einfache Gerade. Es läßt sich aber auch leicht umgekehrt zeigen, daß nur die drei genannten Flächen solche Schnitte besitzen. Denn aus $\mathfrak{A} = \mathfrak{B} = \mathfrak{C} = 0$ folgt, wenn k_1 und k_2 irgend welche Größen sind:

$$A(f_1 k_2 - k_1 f_2)^2 + B(g_1 k_2 - k_1 g_2)^2 + C(h_1 k_2 - k_1 h_2)^2 = 0.$$

Hieraus folgt, wenn man der Reihe nach $k_1 = f_1, g_1, h_1$ und zugleich $k_2 = f_2, g_2, h_2$ setzt, daß: $Bw^2 + Cv^2 = 0$, $Aw^2 + Cu^2 = 0$ und $Av^2 + Bu^2 = 0$ sein muß, und diese Gleichungen können nicht gleichzeitig bestehen, ohne daß eine der Größen A, B, C verschwindet ($\Gamma = 0$).

Auch für $\eta > 1$ wird die Untersuchung ausgehen müssen von denjenigen Werten von λ, für welche u^2, v^2 oder w^2 verschwindet, weil sie nur für diese ihr Vorzeichen wechseln können. Diese Werte sind $A\mu, B\mu, C\mu$, wo $\mu = \sqrt{\eta}\left(\sqrt{\eta} \pm (\sqrt{\eta - 1})\right) = \frac{1}{2}\left(1 + (\frac{\mathfrak{a}}{\mathfrak{b}})^2\right)$ oder $\frac{1}{2}\left(1 + (\frac{\mathfrak{b}}{\mathfrak{a}})^2\right)$, woraus z. B. für $\lambda = A\mu$ folgt:

$$(36) \qquad u^2 = 0, \; v^2 = \frac{A + B - 2A\mu}{B - C}, \; w^2 = \frac{A + C - 2A\mu}{C - B}.$$

Sind diese Größen nicht negativ, so kommt $A\mu$ als eine der Grenzen in Betracht, zwischen denen λ enthalten sein muß, damit die Formeln (34) eine reelle Lösung unserer Aufgabe liefern. Die Ausführung, die von bestimmten Annahmen über die Größenverhältnisse der A, B, C und $\frac{\mathfrak{b}}{\mathfrak{a}}$ ausgehen muß und sich deshalb nicht in Kürze darstellen läßt, überlassen wir dem Leser (vgl. die 3. Aufgabe).

Alle diese Formeln und Betrachtungen ändern sich kaum, wenn der Schnitt eine Hyperbel von gegebenem Asymptotenwinkel 2φ sein soll. Nur ist dann $\eta = -\cot^2 2\varphi$ eine Größe, die alle negativen Werte von 0 bis $-\infty$ annehmen kann und μ ist demgemäß durch $\sqrt{-\eta}(\sqrt{-\eta} \pm \sqrt{1 - \eta})$ zu ersetzen. Für die gleichseitige Hyperbel, also für $\eta = 0$ gelten allerdings die Formeln (34) nicht, dann haben aber nach Gleichung (29) die u, v, w nur der Gleichung:

$$(37) \qquad (B + C)u^2 + (C + A)v^2 + (A + B)w^2 = 0$$

zu genügen, brauchen also nur den Tangentialebenen des Kegels:

$$(38) \quad (A + B)(C + A)x^2 + (B + C)(A + B)y^2 + (C + A)(B + C)z^2 = 0$$

parallel zu sein; denn ist x_1, y_1, z_1 ein Punkt dieses Kegels, so sind die Richtungskoeffizienten seiner Tangentialebene bestimmt durch:

$$u : v : w = x_1 (A + B)(C + A) : y_1 (B + C)(A + B) : z_1 (C + A)(B + C),$$

genügen also der Gleichung (37).

Ist nun eine Ebenenrichtung (u, v, w) so gefunden, daß $\pm \frac{\mathfrak{b}^2}{\mathfrak{a}^2}$ einen gegebenen Wert, die Ellipse oder Hyperbel also eine gegebene Gestalt hat, so kann man aus den Formeln (23) oder (24) des § 10 auf S. 96 und mit Hilfe der in den Gleichungen (20) und (22) dieses Paragraphen gegebenen Darstellungen von δ leicht d so bestimmen, daß der Kegelschnitt auch eine gegebene Größe habe. Ist dann die Fläche ein Ellipsoid oder ein Hyperboloid, so muß die Untersuchung der Realität von d wieder von bestimmten Annahmen ausgehen.

Was nun die von uns ausgeschlossenen Rotationsflächen betrifft, so gestattet Gleichung (29), wenn wir etwa $B = C$ setzen, leicht u^2 direkt zu berechnen, nämlich:

$$(39) \qquad (A - B)(1 - u^2) = 2B\sqrt{\eta - 1}\,(\sqrt{\eta - 1} \pm \sqrt{\eta}),$$

während v und w dann nur noch die Identität (32) zu befriedigen haben. Eine solche Fläche kann also nur von den zur Rotationsachse senkrechten Ebenen in Kreisen geschnitten werden.

Obwohl hiermit unsere Aufgabe auch für diese Flächen gelöst ist, wollen wir sie doch für den besonderen Fall des Rotationskegels:

$$(40) \qquad y^2 + z^2 = x^2 \operatorname{tg}^2 \vartheta$$

vollständig durchführen, weil die Aufgabe, einen geraden Kegel in einem gegebenen Kegelschnitte zu schneiden, ein historisches Interesse hat. Verlegen wir $\mathfrak{O}$ in den Fußpunkt des Lotes von O auf die schneidende Ebene, setzen also: $l = ud$, $m = vd$, $n = wd$, und nehmen als $\mathfrak{O}\mathfrak{X}$ die orthogonale Projektion der Achse OX auf die Ebene, d. h. deren Schnittlinie mit der Ebene $-wy + vz = 0$, setzen also ($u = \cos\alpha$):

$$(41) \qquad \begin{cases} f_1 = +\sin\alpha, & g_1 = -v \operatorname{ctg}\alpha, \quad h_1 = -w \operatorname{ctg}\alpha, \\ f_2 = 0, & g_2 = +\dfrac{w}{\sin\alpha}, \quad h_2 = -\dfrac{v}{\sin\alpha}, \end{cases}$$

so nimmt Gleichung (III) des Kegelschnittes die Form:

$$(42) \qquad \mathfrak{x}^2(\cos^2\alpha - \sin^2\alpha \operatorname{tg}^2\vartheta) + \mathfrak{y}^2 - 2d\mathfrak{x}\frac{\sin\alpha\cos\alpha}{\cos^2\vartheta} + d^2\left(1 - \frac{\cos^2\alpha}{\cos^2\vartheta}\right) = 0$$

an; für den hier auszuschließenden Fall $\alpha = 0$ oder $x = d$ ergeben sich unmittelbar die Kreisschnitte.

Der Kegelschnitt (42) ist eine Parabel für $\alpha = 90^0 - \vartheta$; dieselbe besitzt den Halbparameter $p = d \operatorname{tg}\vartheta$, so daß $d = p \operatorname{ctg}\vartheta$ ist. Soll der Kegelschnitt eine Ellipse mit den Halbachsen $\mathfrak{a} > \mathfrak{b}$ sein, so folgt:

$$(43) \qquad \frac{\mathfrak{b}^2}{\mathfrak{a}^2} = \frac{\mathfrak{A}}{\mathfrak{B}} = \cos^2\alpha - \sin^2\alpha \operatorname{tg}^2\vartheta,$$

also:

$$(44) \qquad \cos^2\alpha = 1 - \varepsilon^2\cos^2\vartheta,$$

wo $\varepsilon = \dfrac{\sqrt{\mathfrak{a}^2 - \mathfrak{b}^2}}{\mathfrak{a}}$ die numerische Exzentrizität der Ellipse, so daß α

stets reell ist. Da nach Formel (20) $\delta = d^2 \operatorname{tg}^2 \vartheta$ wird, so folgt aus Gleichung (23) in § 10 auf S. 96:

$$(45) \qquad \mathfrak{a}^2 + \mathfrak{b}^2 = \delta \frac{\mathfrak{A} + \mathfrak{B}}{\mathfrak{A}^2 \mathfrak{B}^2} = d^2 \operatorname{tg}^2 \vartheta \frac{\mathfrak{a}^2 + \mathfrak{b}^2}{\mathfrak{b}^4} \mathfrak{a}^2,$$

folglich:

$$(46) \qquad d = \frac{\mathfrak{b}^2}{\mathfrak{a}} \cot \vartheta = p \cot \vartheta,$$

wo p der Halbparameter der Ellipse. Die Formeln (44) und (46) ändern sich offenbar nicht, wenn der Kegelschnitt eine Hyperbel sein soll; nur ist jetzt $\varepsilon = \frac{\sqrt{\mathfrak{a}^2 + \mathfrak{b}^2}}{\mathfrak{a}}$ zu setzen, und α wird nur dann reell sein, wenn $\varepsilon \leqq \frac{1}{\cos \vartheta}$, oder wenn die Asymptoten der Hyperbel mit der schneidenden Achse einen Winkel bilden, der höchstens gleich demjenigen der Kegelkante mit der Rotationsachse ist. Wir erhalten so den Satz:

69. *Soll ein Kegelschnitt, für den p der Halbparameter und ε das Verhältnis der Entfernungen der Punkte vom Brennpunkte und von der Direktrix ist, auf dem geraden Kegel $y^2 + z^2 = x^2 \operatorname{tg}^2 \vartheta$ liegen, so hat seine Ebene die Gleichung $ux + vy + wz = d$, wo $u = \sqrt{1 - \varepsilon^2 \cos^2 \vartheta}$ und $d = p \cot \vartheta$, und die Brennpunktsachse ist die orthogonale Projektion der Kegelachse auf die Ebene des Kegelschnittes.*

Wir schließen diesen Paragraphen mit einer Klassifikation der Flächen 2. Grades nach vier Einteilungsgründen:

I. a) Flächen ohne Mittelpunkt:

Der parabolische Zylinder und die beiden Paraboloide.

b) Flächen mit einem Mittelpunkt:

Das Ellipsoid, die beiden Hyperboloide und der Kegel.

c) Flächen mit unendlich vielen Mittelpunkten:

Der elliptische und der hyperbolische Zylinder.

II. a) Flächen ohne Kreise:

Der parabolische und hyperbolische Zylinder und das hyperbolische Paraboloid.

b) Flächen mit Kreisen:

Der elliptische Zylinder, das elliptische Paraboloid, der Kegel, die beiden Hyperboloide und das Ellipsoid.

III. a) Flächen ohne gerade Linien:

Das elliptische Paraboloid, das zweischalige Hyperboloid und das Ellipsoid.

b) Flächen mit geraden Linien:

Die Zylinderflächen, der Kegel, das hyperbolische Paraboloid und das einschalige Hyperboloid.

IV. Flächen, welche von der Tangentialebene:

a) in einem Punkte berührt werden:

Das elliptische Paraboloid, das zweischalige Hyperboloid und das Ellipsoid;

b) längs einer Geraden berührt werden:

Die Zylinder und der Kegel;

c) in zwei Geraden geschnitten werden:

Das hyperbolische Paraboloid und das einschalige Hyperboloid.

---

1. **Aufgabe.** Zu entscheiden, in welchem Kegelschnitte sich die beiden Flächen:

$$36x^2 + 9y^2 + 4z^2 + 72x + 36y + 24z + 72 = 0$$

und:

$$12x + 3y + 4z + 10 = 0$$

schneiden, und dessen Elemente zu berechnen.

2. **Aufgabe.** Einen parabolischen Zylinder in einer Parabel von gegebenem Parameter zu schneiden.

3. **Aufgabe.** Das Ellipsoid mit den Halbachsen $a > c > b$ durch eine Durchmesserebene in einer Ellipse von dem Achsenverhältnisse $\frac{\mathfrak{b}}{\mathfrak{a}}$, wo $\frac{c}{a} > \frac{\mathfrak{b}}{\mathfrak{a}} > \frac{b}{a}$ ist, zu schneiden.

Bezeichnen wir die auf S. 208 gefundenen Grenzwerte von λ, nämlich $\frac{1}{2a^2}\left(1 + \left(\frac{\mathfrak{b}}{\mathfrak{a}}\right)^2\right)$, $\frac{1}{2a^2}\left(1 + \left(\frac{\mathfrak{a}}{\mathfrak{b}}\right)^2\right)$, usw. mit α', α''; β', β''; γ', γ'', so besitzen diese, je nachdem $\frac{\mathfrak{b}}{\mathfrak{a}} \gtreqless \frac{b}{c}$ ist, die Reihenfolge α', γ', α'', γ'', β', β'' oder α', γ', α'', β', γ'', β'', je nachdem muß also, damit sich u^2, v^2 und w^2 aus den Formeln (34) positiv ergeben, λ zwischen α'' und γ'' oder α'' und β' liegen. Man hat, um dies einzusehen, von den Vorzeichen der u^2, v^2, w^2 für $\lambda = 0$ ausgehend, deren Zeichenwechsel für jene Grenzwerte zu untersuchen.

4. **Aufgabe.** Kann ein beliebiger Punkt (l, m, n) Mittelpunkt eines auf einer gegebenen Fläche 2. Grades gelegenen Kegelschnittes sein?

Die Richtungskoeffizienten der Ebene des Kegelschnittes sind durch die Gleichungen (16) bestimmt; man zeige, daß diese Ebene parallel ist der Polarebene von (l, m, n) (Gl. (III) auf S. 184).

5. **Aufgabe.** Jede Gerade $(x = l + \mathfrak{r} f_1,\ y = m + \mathfrak{r} g_1,\ z = n + \mathfrak{r} h_1)$ ist Durchmesser eines Kegelschnittes einer gegebenen Fläche 2. Grades.

Die Bedingung $\mathfrak{C}\mathfrak{D} - \mathfrak{A}\mathfrak{E} = 0$ (Gl. (28) auf S. 97) liefert für u, v, w die Gleichung (Satz 4 auf S. 23):

$$\begin{vmatrix} u, & Af_1, & Al + D \\ v, & Bg_1, & Bm + E \\ w, & Ch_1, & Cn + F \end{vmatrix} = 0,$$

wodurch die Ebene des Kegelschnittes ($uf_1 + vg_1 + wh_1 = 0$) bestimmt ist.

6. Aufgabe. Man beweise, daß die Tangentialebene der Kugel auf dem Halbmesser des Berührungspunktes senkrecht steht ($\delta = e^2 - (d - au - bv - cw)^2$, wenn (a, b, c) der Mittelpunkt und e der Radius der Kugel).

7. Aufgabe. Die Brennpunkte jedes ebenen Schnittes eines geraden Kegels sind die Berührungspunkte der Schnittebene mit den Kugeln, welche zugleich den Kegel längs eines Kreises berühren. (Satz von Dandelin.)

Die Mittelpunkte der Kugeln liegen offenbar auf der Kegelachse OX und haben die Abszisse $a = \frac{e}{\sin\vartheta}$, wenn e der Kugelradius; in der Tat ergibt die Elimination von y und z aus den Gleichungen des Kegels und dieser Kugel eine Gleichung für x mit zwei zusammenfallenden Wurzeln. Stellt man andrerseits die Bedingung für die Berührung der Ebene mit der Kugel auf ($\delta = 0$), so ergibt sich $d = a\cos\alpha \pm e$; hieraus findet man die Koordinaten der Berührungspunkte in dem System, auf das die Gleichung (42) des Kegelschnittes bezogen ist, als $\mathfrak{x} = \frac{d\sin\alpha}{\cos\alpha \pm \sin\vartheta}$, $\mathfrak{y} = 0$. Daß hierdurch die Brennpunkte dargestellt werden, kann entweder direkt oder unter Benutzung der Formeln (7) in § 9 auf S. 82 gezeigt werden.

8. Aufgabe. Der Krümmungsradius ϱ im Punkte (l, m, n) desjenigen Kegelschnittes der Fläche (I), dessen Ebene die Tangentialebene im Punkte (l, m, n) unter dem Winkel ϑ und in einer Tangente mit den Richtungskosinus f, g, h schneidet, ist:

$$\varrho = \frac{\sqrt{(Al + D)^2 + (Bm + E)^2 + (Cn + F)^2}\,\sin\vartheta}{Af^2 + Bg^2 + Ch^2}.$$

(Satz von Meusnier.)

Man benutze Satz 37 in § 12 auf S. 114 und die Form (VI) von δ für $\mathfrak{F} = 0$, $\mathfrak{D} = 0$, $\mathfrak{E} = M\sin\vartheta$ (s. 9. Aufgabe); $\mathfrak{O}\mathfrak{X}$ in die Tangente fallend.

9. Aufgabe. Da nach der letzten Aufgabe die Krümmung $\frac{1}{\varrho}$ im Punkte $\mathfrak{O}$ derjenigen Schnitte der Fläche, welche die Normale von $\mathfrak{O}$ enthalten, in der Form:

$$\frac{1}{\varrho} = \frac{\mathfrak{A}\cos^2\varphi + \mathfrak{B}\sin^2\varphi + 2\,\mathfrak{C}\cos\varphi\sin\varphi}{M}$$

darstellbar sind ($\mathfrak{A}$, $\mathfrak{B}$, $\mathfrak{C}$ beziehen sich aber hier auf den Schnitt mit der Tangentialebene), wo $M^2 = (Al + D)^2 + (Bm + E)^2 + (Cn + F)^2$, f_1, g_1, h_1 und f_2, g_2, h_2 die Richtungskosinus irgend zweier aufeinander senkrechten Tangenten $\mathfrak{O}\mathfrak{X}$ und $\mathfrak{O}\mathfrak{Y}$ der Fläche und φ die Amplitude der Tangente des Schnittes ist, so kann man nach § 10 die Achsen $\mathfrak{O}\mathfrak{X}$ und $\mathfrak{O}\mathfrak{Y}$ so wählen, daß $\mathfrak{C}$ verschwindet; sind dann $\frac{1}{\varrho_1}$ und $\frac{1}{\varrho_2}$ die Krümmungen der zugehörigen Schnitte, so ist (s. Formel (19)): $\frac{1}{\varrho_1\varrho_2} = \frac{\Gamma}{M^2} = \frac{\Delta}{M^4}$ (Krümmungsmaß).

§ 23.

Das Hauptachsenproblem der Flächen zweiten Grades.

Die Koordinatentransformation, die wir am Anfange des vorigen Paragraphen vorgenommen haben, führt die Gleichung der Fläche 2. Grades offenbar in eine solche über, welche nicht nur die Quadrate sondern auch die Produkte der drei Koordinaten enthält. Auch andere einfache Fragestellungen führen auf eine solche Gleichungsform. Fragen wir z. B. nach dem Orte derjenigen Tangenten einer Fläche 2. Grades, welche durch einen gegebenen Punkt (l, m, n) laufen oder eine gegebene Richtung (α, β, γ) besitzen, so erhalten wir hierfür nach den Formeln (1) und (II) in § 21 auf S. 183, wenn wir die Diskriminante der quadratischen Gleichung (II) für u bilden, die beiden Gleichungen:

$$\text{(a)}\quad \begin{cases} \left(A(x-l)^2 + B(y-m)^2 + C(z-n)^2\right) \times \\ \quad \times \left(Al^2 + Bm^2 + Cn^2 + 2Dl + 2Em + 2Fn + G\right) \\ \quad - \left((Al+D)(x-l) + (Bm+E)(y-m) + (Cn+F)(z-n)\right)^2 = 0 \end{cases}$$

und:

$$\text{(b)}\quad \begin{cases} \left(A\cos^2\alpha + B\cos^2\beta + C\cos^2\gamma\right) \times \\ \quad \times \left(Ax^2 + By^2 + Cz^2 + 2Dx + 2Ey + 2Fz + G\right) \\ \quad - \left((Ax+D)\cos\alpha + (By+E)\cos\beta + (Cz+F)\cos\gamma\right)^2 = 0, \end{cases}$$

wo im ersten Falle $\cos\alpha$, $\cos\beta$, $\cos\gamma$ durch $\frac{1}{u}(x-l)$, usw. und im zweiten l, m, n durch die Koordinaten x, y, z irgend eines Punktes der Tangente ersetzt wurden; sie haben beide die beschriebene Form, ohne daß wir wissen, ob sie überhaupt durch Drehung des Koordinatensystems in die bisher zugrunde gelegte Gleichungsform der Flächen 2. Grades übergeführt werden können, ob diese Gleichungen also einen Kegel oder einen Zylinder der bisher beobachteten Arten darstellen. Wir werden uns daher die Frage vorlegen müssen, ob die Gleichung:

$$\text{(I)} \quad \left\{ \begin{aligned} &Ax^2 + By^2 + Cz^2 + 2A_1yz + 2B_1zx + 2C_1xy \\ &\qquad + 2Dx + 2Ey + 2Fz + G = 0 \end{aligned} \right.$$

durch die Koordinatendrehung (vgl. die Formeln (I) in § 19 auf S. 156):

$$\text{(II)} \quad \left\{ \begin{aligned} x &= f_1x' + f_2y' + f_3z', \\ y &= g_1x' + g_2y' + g_3z', \\ z &= h_1x' + h_2y' + h_3z' \end{aligned} \right.$$

auf eine Form gebracht werden kann, in der die Produkte der Koordinaten fehlen. Geht durch diese Transformation die Gleichung (I) über in:

$$\text{(1)} \quad \left\{ \begin{aligned} &A'x'^2 + B'y'^2 + C'z'^2 + 2A_1'y'z' + 2B_1'z'x' + 2C_1'x'y' \\ &\qquad + 2D'x' + 2E'y' + 2F'z' + G = 0, \end{aligned} \right.$$

so ist, weil:

$$\text{(c)} \quad \left\{ \begin{aligned} &Ax^2 + By^2 + Cz^2 + 2A_1yz + 2B_1zx + 2C_1xy = (Ax + C_1y \\ &\qquad + B_1z)x + (C_1x + By + A_1z)y + (B_1x + A_1y + Cz)z \end{aligned} \right.$$

ist:

$$\text{(2)} \quad \left\{ \begin{aligned} A' = {} & f_1(Af_1 + C_1g_1 + B_1h_1) + g_1(C_1f_1 + Bg_1 + A_1h_1) \\ & + h_1(B_1f_1 + A_1g_1 + Ch_1), \text{ usw.}, \end{aligned} \right.$$

$$\text{(3)} \quad \left\{ \begin{aligned} C_1' &= f_2(Af_1 + C_1g_1 + B_1h_1) + g_2(C_1f_1 + Bg_1 + A_1h_1) \\ &\quad + h_2(B_1f_1 + A_1g_1 + Ch_1) \\ &= f_1(Af_2 + C_1g_2 + B_1h_2) + g_1(C_1f_2 + Bg_2 + A_1h_2) \\ &\quad + h_1(B_1f_2 + A_1g_2 + Ch_2), \text{ usw.}, \end{aligned} \right.$$

$$\text{(4)} \quad D' = Df_1 + Eg_1 + Fh_1, \text{ usw.}$$

Man erhält nämlich, wenn man zuerst die Substitution (II) in die linearen Klammerausdrücke $Ax + C_1y + B_1z$, usw. macht und diese dann mit den rechten Seiten von (II) multipliziert und addiert, zuerst $2C_1'$ gleich der Summe der beiden Ausdrücke für C_1', also, da diese einander gleich sind, Formel (3).

Sollen also B_1' und C_1' verschwinden, so erhalten wir hiernach das folgende Gleichungssystem:

$$(5)\quad \begin{cases} f_1(Af_1 + C_1 g_1 + B_1 h_1) + g_1(C_1 f_1 + Bg_1 + A_1 h_1) \\ \qquad + h_1(B_1 f_1 + A_1 g_1 + Ch_1) = A', \\ f_2(Af_1 + C_1 g_1 + B_1 h_1) + g_2(C_1 f_1 + Bg_1 + A_1 h_1) \\ \qquad + h_2(B_1 f_1 + A_1 g_1 + Ch_1) = 0, \\ f_3(Af_1 + C_1 g_1 + B_1 h_1) + g_3(C_1 f_1 + Bg_1 + A_1 h_1) \\ \qquad + h_3(B_1 f_1 + A_1 g_1 + Ch_1) = 0. \end{cases}$$

Multiplizieren wir beide Seiten dieser drei Gleichungen der Reihe nach mit f_1, f_2, f_3 und ebenso mit g_1, g_2, g_3 und h_1, h_2, h_3 und addieren sie jedesmal, so erhalten wir nach den Formeln (II) und (III) in § 19 auf S. 156 das neue System:

$$(\text{III})\quad \begin{cases} (A - A')f_1 + C_1 g_1 + B_1 h_1 = 0, \\ C_1 f_1 + (B - A')g_1 + A_1 h_1 = 0, \\ B_1 f_1 + A_1 g_1 + (C - A')h_1 = 0. \end{cases}$$

Aus den beiden letzten Gleichungen folgt:

$$(6)\quad f_1 : g_1 : h_1 = (B - A')(C - A') - A_1^2 : A_1 B_1 - (C - A')C_1 : A_1 C_1 - (B - A')B_1,$$

so daß der ersten Gleichung zufolge A' eine Wurzel der kubischen Gleichung:

$$(\text{IV})\quad \begin{cases} (A - u)(B - u)(C - u) - A_1^2(A - u) - B_1^2(B - u) \\ \qquad - C_1^2(C - u) + 2A_1 B_1 C_1 = 0 \end{cases}$$

sein muß. Diese Gleichung hat die Form:

$$(7)\quad u^3 - \alpha u^2 + \beta u - \gamma = 0,$$

wo:

$$(8)\quad \alpha = A + B + C,$$

$$(9)\quad \beta = BC + CA + AB - A_1^2 - B_1^2 - C_1^2,$$

$$(10)\quad \gamma = ABC - AA_1^2 - BB_1^2 - CC_1^2 + 2A_1 B_1 C_1,$$

und entsteht durch Elimination von v aus den beiden Gleichungen:

$$(11)\quad uv + \beta u - \alpha v - \gamma = 0 \quad \text{und:}$$

$$(12)\quad v = u^2.$$

Jede Wurzel u der Gleichung (7) ist demnach die Abszisse eines Durchschnittspunktes der gleichseitigen Hyperbel (11), deren Asymptoten die Parallelen zu den Koordinatenachsen durch den Punkt $(-\beta, \alpha)$ (s. Formel (28) auf S. 97) sind, und der Parabel (12), deren Scheitelpunkt der Anfangspunkt und deren Achse die Ordinatenachse ist. (Fig. 81.) Da die der Ordinatenachse parallele Asymptote der Hyperbel durch den Punkt $(-\beta, \beta^2)$ der Parabel in zwei Teile zerfällt, von denen der eine ganz innerhalb, der andere ganz außerhalb der Parabel liegt, während von der anderen Asymptote nur ein endlicher Teil innerhalb der Parabel liegen kann, so enthält derjenige Zweig der Hyperbel, welcher dem innerhalb der Parabel gelegenen Teile der ersten Asymptote zustrebt (in Fig. oben links), sowohl innerhalb als außerhalb der Parabel gelegene Punkte, muß diese also mindestens einmal schneiden. Die kubische Gleichung (IV) hat folglich mindestens eine reelle Wurzel $u = A'$.

Ist eine solche Wurzel A' bekannt, so können die Richtungskosinus der Achse OX' aus den Gleichungen (6) gefunden werden, es

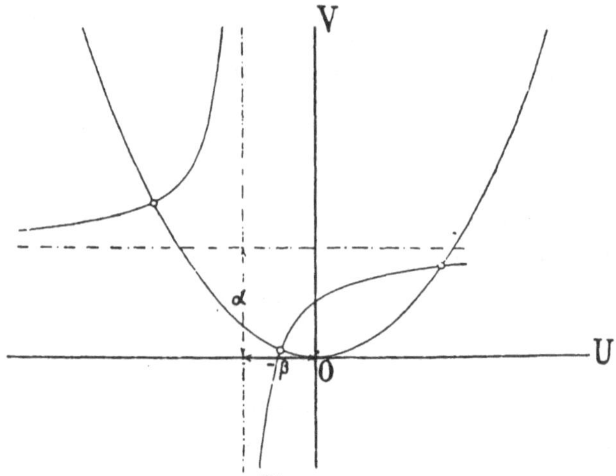

Fig. 81.

müßten denn die Ausdrücke der rechten Seite sämtlich verschwinden. Sucht man in diesem Falle f_1, g_1, h_1 aus den ersten beiden Gleichungen des Systems (III) zu bestimmen, setzt also:

$$(13)\quad \begin{cases} f_1 : g_1 : h = A_1 C_1 - (B - A') B_1 : B_1 C_1 - (A - A') A_1 \\ \qquad\qquad : (A - A')(B - A') - C_1^2, \end{cases}$$

und sollten auch hier die Ausdrücke rechts sämtlich verschwinden, so wäre das Verschwinden jener 6 Ausdrücke gleichbedeutend mit dem Bestehen der Proportionen:

$$(14)\quad A - A' : C_1 : B_1 = C_1 : B - A' : A_1 = B_1 : A_1 : C - A',$$

d. h. die drei Gleichungen des Systems (III) folgen aus einer derselben und sind erfüllt, sobald OX' nur irgend eine Gerade ist, die auf der Achse OZ' mit den Richtungskosinus

$$(15)\quad f_3 : g_3 : h_3 = A - A' : C_1 : B_1 = C_1 : B - A' : A_1 = B_1 : A_1 : C - A'$$

senkrecht steht.

Ist dann auch $OY' \perp OZ'$ und OX', so ergeben sich aus den Gleichungen (III) die Gleichungen (5), es ist folglich $B_1' = C_1' = 0$. Es bleiben nunmehr aber auch die Gleichungen (III) erfüllt, wenn man f_1, g_1, h_1 durch f_2, g_2, h_2 ersetzt, so daß auch $B' = A'$ und $C_1' = A_1' = 0$ ist; durch Gleichung (I) ist dann folglich, falls $B' = A'$ von Null verschieden ist, eine Rotationsfläche dargestellt, sonst ein parabolischer Zylinder.

Um die Bedingungen kennen zu lernen, die dann zwischen den Koeffizienten von (I) bestehen, müssen wir drei Fälle unterscheiden. Sind erstens die Größen A_1, B_1, C_1 sämtlich von Null verschieden, so folgt aus den Gleichungen (14) leicht:

$$A' = A - \frac{B_1 C_1}{A_1} = B - \frac{C_1 A_1}{B_1} = C - \frac{A_1 B_1}{C_1}, \tag{16}$$

und es ergeben sich umgekehrt aus diesen drei Gleichungen die den Proportionen (14) äquivalenten 6 Gleichungen. Aus (15) und (16) folgt in diesem Falle:

$$f_3 : g_3 : h_3 = B_1 C_1 : C_1 A_1 : A_1 B_1. \tag{17}$$

Gleichung (IV) nimmt dann die Form:

$$(A' - u)^2 \left(A' - u + \frac{B_1 C_1}{A_1} + \frac{C_1 A_1}{B_1} + \frac{A_1 B_1}{C_1}\right) = 0$$ an, hat also die Wurzeln

$$A' = B' \text{ und } C' = A + \frac{C_1 A_1}{B_1} + \frac{A_1 B_1}{C_1} = B + \frac{A_1 B_1}{C_1} + \frac{B_1 C_1}{A_1} = C + \frac{B_1 C_1}{A_1} + \frac{C_1 A_1}{B_1}.$$

Man sieht dann direkt, daß die Gleichungen (III) nur das Senkrechtstehen von OZ' auf OX' und OY' ausdrücken und auch erfüllt sind, wenn man A durch C' und f_1, g_1, h_1 durch f_3, g_3, h_3 ersetzt. Ist zweitens etwa $A_1 = 0$, so können, weil nach (13) $B_1 C_1 = (A - A') A_1$ sein soll, B_1 und C_1 nicht beide von Null verschieden sein. Ist dann etwa noch $B_1 = 0$, C_1 hingegen von Null verschieden, so folgt $A' = C$ und:

$$(A - C)(B - C) = C_1^2, \tag{18}$$

und es ergeben sich umgekehrt aus diesen Gleichungen die Proportionen (14); alsdann wird:

$$f_3 : g_3 : h_3 = A - C : C_1 : 0 = C_1 : B - C : 0. \tag{19}$$

Gleichung (IV) nimmt hiernach die Form $(C - u)^2 (A + B - C - u) = 0$ an, woraus dieselben Schlüsse gezogen werden können wie eben. Die entsprechenden Bedingungen würde man erhalten, wenn entweder $B_1 = C_1 = 0$ oder $C_1 = A_1 = 0$ wäre. Ist drittens $A_1 = B_1 = C_1 = 0$, so stellt (I) nach dem Früheren eine Rotations- oder parabolische Zylinderfläche dar, wenn von den Größen A, B, C zwei einander gleich sind.

Genügen daher die Koeffizienten der Gleichung (I) weder den Bedingungen (16) noch den der Gleichung (18) entsprechenden, so muß es möglich sein, die Richtungskosinus f_1, g_1, h_1 von OX' aus den Gleichungen (6) oder (13) zu bestimmen, und es wird dann, weil A' eine Wurzel von (IV) sein sollte, auch jedesmal die dritte Gleichung des Systems (III) erfüllt sein. Sind also OY' und OZ' irgend zwei untereinander und auf OX' senkrechte Achsen, so folgt ebenso, wie sich (III) aus (5) ergab, aus dem Systeme (III) umgekehrt das System (5), die Transformation (II) führt demnach unsere Gleichung (I) sicher in eine solche über, in welcher die Koeffizienten von $2x'y'$ und $2x'z'$ verschwinden. Dann wird der Koeffizient A_1' von $2y'z'$ im allgemeinen von Null verschieden sein. Denn verschwindet A_1' bei bestimmter Wahl von OY' und OZ', so würde eine weitere Koordinatendrehung um OX':

$$(20)\qquad x' = x'',\ y' = y''\cos\varepsilon - z''\sin\varepsilon,\ z' = y''\sin\varepsilon + z''\cos\varepsilon$$

stets wieder das Glied $2y''z''$ zum Vorschein bringen, es müßte denn $B' = C'$ sein. Dann bestünden aber die Systeme (III^a) und (III^b) auf S. 222 für $C' = B'$. Vergleichen wir daher die beiden gleichvielten Gleichungen jedes Systems mit den beiden letzten Gleichungen des Systems (III) auf S. 156, so ergäben sich die Proportionen:

$$(21)\quad f_1 : g_1 : h_1 = A - B' : C_1 : B_1 = C_1 : B - B' : A_1 = B_1 : A_1 : C - B',$$

woraus wieder die Bedingungen (16) oder (18) folgen würden, deren Bestehen wir ausgeschlossen haben.

Ist nunmehr A_1' von Null verschieden, so können wir die Drehung (20) immer so einrichten, daß Gleichung (1) in eine solche übergeht, in der auch das Glied $2y''z''$ fehlt; wir brauchen ja nach Formel (8) in § 10 auf S. 94 nur:

$$(22)\qquad \operatorname{tg} 2\varepsilon = \frac{2A_1'}{B' - C'}$$

zu setzen.

Hiermit ist bewiesen, daß Gleichung (I) durch eine rechtwinkelige Koordinatentransformation (II) stets auf die Form:

$$(1^a)\quad A'x'^2 + B'y'^2 + C'z'^2 + 2D'x' + 2E'y' + 2F'z' + G = 0$$

gebracht werden kann, daß folglich durch Gleichung (I) nur eine der von uns behandelten Flächen 2. Grades dargestellt sein kann. Zugleich sieht man, daß die kubische Gleichung (IV) stets drei reelle und im allgemeinen voneinander verschiedene Wurzeln besitzt. Dasselbe kann auch folgendermaßen direkt bewiesen werden. Nehmen wir zuerst an, daß A_1, B_1, C_1 sämtlich von Null verschieden seien, und setzen:

$$(23)\qquad p = \frac{B_1 C_1}{A_1},\quad q = \frac{C_1 B_1}{B_1},\quad r = \frac{A_1 B_1}{C_1},$$

so findet man durch Entwickelung nach $u - A$, $u - B$ und $u - C$, daß die linke Seite U von Gleichung (IV) auch in der Form:

$$U = p(u - B + q)(u - C + r) + q(u - C + r)(u - A + p) + \\ r(u - A + p)(u - B + q) - (u - A + p)(u - B + q)(u - C + r)$$

geschrieben werden kann. Da hier p, q, r jedenfalls von demselben Zeichen sind, weil z. B. $p \cdot q = C_1^2$ ist, so kann man der Gleichung (I) der Fläche ein solches Vorzeichen geben, daß sie positiv sind. Denkt man sich dann weiter die Bezeichnung der Koordinatenachsen so gewählt, daß $A - p > B - q > C - r$ sei, so finden wir, daß U für $u = C - r$ positiv, für $u = B - q$ negativ und für $u = A - q$ wieder positiv ist. Wächst u dann weiter, so wird U für hinreichend große u wieder negativ. Ist nämlich $U = a_0 u^3 + a_1 u^2 + a_2 u + a_3$ $= u^3 \left(a_0 + \frac{1}{u}\left(a_1 + \frac{a_2}{u} + \frac{a_3}{u^2}\right)\right)$ und sind α_i die absoluten Werte der a_i, so ist für alle $u > 1$ jedenfalls der absolute Wert des Koeffizienten von $\frac{1}{u}$ in der Klammer $< \alpha_1 + \alpha_2 + \alpha_3 = \alpha$. Ist außerdem $u > \frac{\alpha}{\alpha_0}$, so ist der absolute Wert des zweiten Summanden sicher $< \alpha_0$, so daß das Vorzeichen von a_0 über dasjenige von U entscheidet; da hier $a_0 = -1$ ist, so ist unsre Behauptung bewiesen. Der obige Zeichenwechsel von U zeigt aber, daß U jedenfalls verschwinden muß für $u = A' > A - p$, für $u = B'$ zwischen $A - p$ und $B - q$ und für $u = C'$ zwischen $B - q$ und $C - r$. Unter unsern Voraussetzungen hat also Gleichung (IV) drei reelle und von einander verschiedene Wurzeln; daß sie nicht mehr Wurzeln haben kann, folgt aus einem bekannten Satze der Algebra.

Unsere Schlüsse wären nur dann hinfällig, wenn etwa $A - p = B - q$ wäre. Dann ist $u = A - p$ die eine Wurzel, und es entsteht nach Division von (IV) durch $u - A + p$ die quadratische Gleichung: $u^2 - u(A + C + q) + C(A + q) - r(p + q) = 0$, deren Diskriminante $(A - C + q)^2 + 4r(p + q)$ stets positiv ist. Demnach hat, wenn diese quadratische Gleichung nicht etwa auch die Wurzel $u = A - p$, also auch $C - r = A - p$ ist, auch in diesem Falle Gleichung (IV) drei reelle und von einander verschiedene Wurzeln. Den Fall aber, daß $A - p = B - q = C - r$ ist, oder die Bedingungen (16) haben wir schon oben behandelt. Wir sehen also, daß wir zu den drei reellen und von einander verschiedenen Wurzeln auch drei Systeme von Richtungskosinus f_i, g_i, h_i finden können.

Was aber den bisher ausgeschlossenen Fall betrifft, daß die Größen A_1, B_1, C_1 nicht sämtlich von Null verschieden seien, so möge etwa $A_1 = 0$, B_1 und C_1 hingegen von Null verschieden und

$B > C$ sein. Dann findet man wieder, indem man auf die ursprüngliche Form der linken Seite U von Gleichung (IV) zurückgeht, daß U für hinreichend große positive Werte von u negativ, für $u = B$ positiv, für $u = C$ negativ und für hinreichend große negative Werte von u wieder positiv ist. Demnach besitzt auch in diesem Falle unsre Gleichung die drei reellen und von einander verschiedenen Wurzeln $A' > B$, B' zischen B und C und $C' < C$.

Ist aber auch $B_1 = 0$, so verschwindet U für $u = C$, und die nach Division von Gleichung (IV) durch $C - u$ entstehende Gleichung: $AB - C_1^2 - u(A + B) + u^2 = 0$ hat die Diskriminante $(A - B)^2 + 4C_1^2$, also stets zwei reelle und von einander verschiedene Wurzeln, wenn nicht der oben behandelte Fall eintritt. daß $A = B$ und auch $C_1 = 0$ ist. Es kann aber auch keine dieser Wurzeln mit C zusammenfallen, es müßte denn der andere oben behandelte Fall eintreten, daß $(A - C) \times (B - C) = C_1^2$ wäre. Nehmen wir endlich an, daß $B = C$, B_1 und C_1 hingegen von Null verschieden wäre, so besitzt (IV) die Wurzel B und die nach Division mit $B - u$ entstehende quadratische Gleichung $AB - B_1^2 - C_1^2 - u(A + B) + u^2 = 0$ hat die stets positive Diskriminante $(A - B)^2 + 4B_1^2 + 4C_1^2$, die nur für den Fall der Kugel verschwinden kann. Auch kann diese Gleichung nur dann eine mit B zusammenfallende Wurzeln haben, wenn $B_1 = C_1 = 0$, sodaß wir wieder auf einen früheren Fall zurückkommen.

Alles in allem sehen wir also, daß, von den auf S. 217 behandelten Fällen abgesehen, die auf Rotationsflächen führen, die kubische Gleichung (IV) stets drei reelle und von einander verschiedene Wurzeln besitzt, und daß folglich diesen drei Systeme von Richtungskosinus zugehören, die sich durch die Gleichungen (III) bestimmen, wenn man darin A' der Reihe nach durch B' und C' ersetzt ((III^a) und (III^b)). Nun läßt sich auch direkt beweisen, daß die diesen Richtungskosinus zugehörigen Achsen OX', OY', OZ' senkrecht aufeinander stehen. Ersetzen wir nämlich in Gleichung (3) die Koeffizienten von f_2, g_2, h_2 resp. f_1, g_1, h_1 auf Grund von (III) durch $B'f_2$, $B'g_2$, $B'h_2$ resp. $A'f_1$, $A'g_1$, $A'h_1$, so folgt:

$$(24) \qquad (B' - A')(f_1 f_2 + g_1 g_2 + h_1 h_2) = 0,$$

also, da $B' \lesseqgtr A'$ ist, $OX' \perp OY'$; entsprechend verfährt man mit den andern Achsen.

Das Resultat unserer Untersuchungen können wir hiernach in den folgenden Satz zusammenfassen:

70. *Gleichung* (I) *kann durch eine rechtwinklige Koordinatentransformation* (II) *stets auf die Form:*

$$(1^a) \quad A'x'^2 + B'y'^2 + C'z'^2 + 2D'x' + 2E'y' + 2F'z' + G = 0$$

gebracht werden. Um die Richtungskosinus f_i, g_i, h_i, ($i = 1, 2, 3$) *der neuen Achsen* OX', OY', OZ' *zu finden, bestimme man zuerst* A', B', C' *als die drei stets reellen Wurzeln der kubischen Gleichung* (IV) *und dann* f_i, g_i, h_i *aus dem Systeme* (III) *und den beiden ihnen analogen, die bei Ersetzung von* A' *durch* B' *und* C' *entstehen. Hieraus werden diese Richtungskosinus nur dann nicht bestimmt sein, wenn etwa* $A' = B'$. *Dieser Fall tritt erstens ein, wenn* A_1, B_1 *und* C_1 *von Null verschieden und zugleich:*

$$\text{(V)} \qquad A - \frac{B_1 C_1}{A_1} = B - \frac{C_1 A_1}{B_1} = C - \frac{A_1 B_1}{C_1};$$

alsdann ist $f_3 : g_3 : h_3 = B_1 C_1 : C_1 A_1 : A_1 B_1$, *während* OX' *und* OY' *irgend zwei unter einander und auf* OZ' *senkrechte Achsen sind. Jener Fall tritt zweitens ein, wenn von den Größen* A_1, B_1, C_1 *mindestens zwei, etwa* A_1 *und* B_1, *verschwinden und außerdem* $(A - C)(B - C) = C_1^2$ *ist; alsdann ist* $f_3 : g_3 : h_3 = A - C : C_1 : 0$, *während* OX' *und* OY' *wie eben bestimmt sind. In beiden Fällen und nur in diesen stellt Gleichung* (I) *eine Rotationsfläche oder einen parabolischen Zylinder dar.*

Um hiernach aus den Koeffizienten der Gleichung (I) selbst unmittelbar über die Art der durch sie dargestellten Flächen 2. Grades entscheiden zu können, bemerken wir zuvörderst, daß die Größen A', B', C' dann und nur dann alle von demselben Vorzeichen sind, wenn gleichzeitig:

$$\text{(25)} \qquad B'C' + C'A' + A'B' > 0$$

und:

$$\text{(26)} \qquad A'B'C'(A' + B' + C') > 0.$$

Wäre nämlich dann etwa $A' > 0$, hingegen B' und $C' < 0$, so würde aus (26) folgen, daß $A' > -(B' + C')$; ersetzt man also in der nach (25) positiven Differenz $B'C' - A'(-B' - C')$ den positiven Subtrahenden durch den kleineren $(-B' - C')(-B' - C')$, so müßte auch $B'C' - (B' + C')^2 = -B'^2 - C'^2 - B'C'$ positiv sein, was den Voraussetzungen wiederspricht. Ebenso zeigt man, daß jene Ungleichungen für $A' < 0$ und B' und $C' > 0$ nicht bestehen können. Hiermit sind aber, wenn wir von der Bezeichnung absehen, alle möglichen Fälle ungleicher Vorzeichen der A', B', C' erschöpft.

Es wird daher darauf ankommen, die obigen symmetrischen Funktionen von A', B', C' durch die Koeffizienten von Gleichung (I) auszudrücken. Obwohl dies direkt durch Zerlegung der linken Seite von Gleichung (7) in die linearen Faktoren $(u - A')(u - B')(u - C')$ geschehen könnte, schlagen wir wegen der wichtigen damit verbundenen

Formeln einen etwas umständlicheren Weg ein. Zu diesem Zwecke gehen wir aus von den beiden Systemen:

$$(\mathrm{III^a})\qquad \begin{cases} B' f_2 = A f_2 + C_1 g_2 + B_1 h_2, \\ B' g_2 = C_1 f_2 + B g_2 + A_1 h_2, \\ B' h_2 = B_1 f_2 + A_1 g_2 + C h_2 \end{cases}$$

und

$$(\mathrm{III^b})\qquad \begin{cases} C' f_3 = A f_3 + C_1 g_3 + B_1 h_3, \\ C' g_3 = C_1 f_3 + B g_3 + A_1 h_3, \\ C' h_3 = B_1 f_3 + A_1 g_3 + C h_3. \end{cases}$$

Führen wir die neuen Bezeichnungen ein:

$$(27)\qquad \begin{cases} \mathfrak{A} = BC - A_1^2,\ \mathfrak{B} = CA - B_1^2,\ \mathfrak{C} = AB - C_1^2; \\ \mathfrak{A}_1 = B_1 C_1 - A A_1,\ \mathfrak{B}_1 = C_1 A_1 - B B_1,\ \mathfrak{C}_1 = A_1 B_1 - C C_1, \end{cases}$$

so folgt hieraus unter Berücksichtigung der Identitäten (IV) in § 19 auf S. 156:

$$(28)\qquad B' C'(g_2 h_3 - h_2 g_3) = \pm B' C' f_1 = \begin{vmatrix} C_1 f_2 + B g_2 + A_1 h_2, & B_1 f_2 + A_1 g_2 + C h_2 \\ C_1 f_3 + B g_3 + A_1 h_3, & B_1 f_3 + A_1 g_3 + C h_3 \end{vmatrix}$$

$$= \pm(\mathfrak{A} f_1 + \mathfrak{C}_1 g_1 + \mathfrak{B}_1 h_1),\ \text{usw.}$$

Man erhält so das System:

$$(\mathrm{VI})\qquad \begin{cases} B' C' f_1 = \mathfrak{A} f_1 + \mathfrak{C}_1 g_1 + \mathfrak{B}_1 h_1, \\ B' C' g_1 = \mathfrak{C}_1 f_1 + \mathfrak{B} g_1 + \mathfrak{A}_1 h_1, \\ B' C' h_1 = \mathfrak{B}_1 f_1 + \mathfrak{A}_1 g_1 + \mathfrak{C} h_1 \end{cases}$$

und zwei analoge, die hieraus entstehen, wenn man f_1, g_1, h_1 durch f_2, g_2, h_2 und f_3, g_3, h_3, sowie $B'C'$ durch $C'A'$ und $A'B'$ ersetzt. Da f_1, g_1, h_1 nicht gleichzeitig verschwinden können, so folgt daraus, daß man beide Seiten dieser drei Gleichungen entweder mit resp. A, C_1, B_1 oder C_1, B, A_1 oder B_1, A_1, C multipliziert und addiert, und aus dem Systeme (III) eine der drei Gleichungen:

$$(29)\qquad \begin{cases} A'B'C' = A\mathfrak{A} + C_1\mathfrak{C}_1 + B_1\mathfrak{B}_1 = C_1\mathfrak{C}_1 + B\mathfrak{B} + A_1\mathfrak{A}_1 \\ \qquad = B_1\mathfrak{B}_1 + A_1\mathfrak{A}_1 + C\mathfrak{C} = \gamma, \end{cases}$$

die aber, weil jeder dieser Ausdrücke für γ die Determinante:

$$\gamma = \begin{vmatrix} A & C_1 & B_1 \\ C_1 & B & A_1 \\ B_1 & A_1 & C \end{vmatrix}$$

bedeutet, stets auch zugleich bestehen müssen; daß $\gamma = A'B'C'$ das konstante Glied in Gleichung (7) darstellt (Gl. 10), folgt auch daraus, daß diese auch die Form $(u - A')(u - B')(u - C') = 0$ hat.

Multipliziert man ferner beide Seiten der ersten der Gleichungen (VI) und der beiden analogen Systeme der Reihe nach mit f_1, f_2, f_3 und addiert sie, so folgt:

(30) $$B'C'f_1^2 + C'A'f_2^2 + A'B'f_3^2 = \mathfrak{A},$$

denen sich die analogen:

(31) $$B'C'g_1^2 + C'A'g_2^2 + A'B'g_3^2 = \mathfrak{B},$$

(32) $$B'C'h_1^2 + CA'h_2^2 + A'B'h_2^2 = \mathfrak{C},$$

(33) $$B'C'g_1h_1 + C'A'g_2h_2 + A'B'g_3h_3 = \mathfrak{A}_1 \text{ usw.}$$

anschließen. Durch Addition beider Seiten der Gleichungen (30), (31) und (32) folgt:

(34) $$B'C' + C'A' + A'B' = \mathfrak{A} + \mathfrak{B} + \mathfrak{C} = \beta.$$

Aus den Gleichungen (2) folgt endlich noch:

(35) $$A' + B' + C' = A + B + C = \alpha.$$

Um nunmehr die Kriterien für die Art der Fläche (I) vollständig angeben zu können, fehlt uns noch der Ausdruck für die Größe Δ (vgl. Formel (IV) in § 21, S. 185):

(36) $$\Delta = B'C'D'^2 + C'A'E'^2 + A'B'F'^2 - A'B'C'G.$$

Nach den Formeln (4) und den Gleichungen (30)ff. erhalten wir hierfür:

(VII) $$\Delta = \mathfrak{A}D^2 + \mathfrak{B}E^2 + \mathfrak{C}F^2 + 2\mathfrak{A}_1EF + 2\mathfrak{B}_1FD + 2\mathfrak{C}_1DE - \gamma G.$$

Man kann auch Δ in die Form einer Determinante von vier Horizontal- und Vertikalreihen setzen und hieraus wie auf S. 99 beweisen, daß Δ bei jeder rechtwinkeligen Koordinatentransformation ungeändert bleibt.

Nach den Sätzen 64 und 65 in § 21 auf S. 191 und 194 können wir daher die gesuchten Kriterien in dem folgenden Satze ausdrücken:

71. *Durch Gleichung* (I) *ist für* $\gamma = 0$, *falls zugleich* $\Delta = 0$ *ist, eine Zylinderfläche dargestellt, deren ebene Schnitte Kegelschnitte derselben Art sind, falls* $\Delta > 0$, *ein elliptisches, und falls* $\Delta < 0$, *ein hyperbolisches Paraboloid. Ist hingegen* γ *von Null verschieden und sind* β *und* $\alpha.\gamma$ *beide positiv, so stellt Gleichung* (I) *für* $\Delta \leqq 0$ *keine reelle Fläche dar, für* $\Delta > 0$ *ein Ellipsoid. Sind endlich für* $\gamma \lesseqgtr 0$ *die Größen* β *und* $\alpha.\gamma$ *nicht beide positiv, so ist die durch Gleichung* (I) *dargestellte Fläche für* $\Delta > 0$ *ein zweischaliges Hyperboloid, für* $\Delta = 0$ *eine Kegelfläche und für* $\Delta < 0$ *ein einschaliges Hyperboloid.*

Will man für $\gamma = \Delta = 0$ über die Art der Zylinderfläche entscheiden, so braucht man nur Satz 32 in § 10 auf S. 95 auf die Schnitte der Fläche mit den Koordinatenebenen anzuwenden, da diese nicht sämtlich der Achse des Zylinders parallel sein können.

1. Aufgabe. Die Hauptachsen und die Art der Flächen:

$$11x^2 + 11y^2 + 27z^2 - 18yz - 18xz + 14xy = 36 \text{ und}$$
$$9x^2 + 25y^2 + 16z^2 - 24xz - 40x - 30z = 0$$

zu bestimmen.

2. Aufgabe. Man bestimme die Hauptachsen des Kegels, der den Kreis $x^2 + y^2 = a^2$ vom Punkte (l, m, n) aus projiziert.

Es ergibt sich hier sofort die eine Wurzel $A' = n^2$, der die Senkrechte zur Ebene durch OZ und die Spitze des Kegels zugehört; man beweise, daß auch die beiden andern Wurzeln B' und C' stets reell sind und den Halbierungslinien des Winkels der in jener Ebene gelegenen Kanten des Kegels entsprechen.

3. Aufgabe. Es sollen diejenigen Punkte des Raumes gefunden werden, von denen aus ein Kegelschnitt durch einen Rotationskegel projiziert wird.

Man findet einen zweiten Kegelschnitt in einer zur Ebene der ersten senkrechten Ebene, von dem zwei (der) Scheitelpunkte und die (der) Brennpunkte in die (den) Brennpunkte resp. zwei (den) Scheitelpunkte des gegebenen fallen; Benutzung der Bedingung (18).

4. Aufgabe. Man diskutiere für die verschiedenen Arten der Flächen 2. Grades die möglichen Arten der Tangentialzylinder (s. Gl. (b) auf S. 213).

Man suche im besonderen auch zu beweisen, daß für diese Gleichung die Kriterien des Zylinders erfüllt sind ($\gamma = \Delta = 0$).

5. Aufgabe. Man suche den Ort der Punkte, für welche das Verhältnis der Entfernungen von zwei windschiefen Geraden konstant ist.

Nimmt man die Geraden zunächst in der allgemeinen Form (7) und (8) auf S. 144 an, so genügt man den Gleichungen (III^b) auf S. 222 durch $C' = 1 - \varepsilon^2$ (ε das konstante Verhältnis) und $f_3 = \cos\lambda$, usw. Macht man daher den kürzesten Abstand der beiden Geraden von vornherein zur Achse OZ und wählt für den Fall, daß $\varepsilon \gtreqless 1$ sei, den Anfangspunkt und die Achsen OX und OY so, daß $c_1 = \varepsilon^2 c_2$ und $\sin(2\alpha_1) = \varepsilon^2 \sin(2\alpha_2)$, so findet man ein sogenanntes orthogonales Hyperboloid (s. 4. Aufg. auf S. 196). Für $\varepsilon = 1$ findet man ein hyperbolisches Paraboloid mit zwei auf einander senkrechten Scheitelgeraden, den Umwendungsachsen des Geradenpaares.

6. Aufgabe. Den Ort der Schnittlinien zweier entsprechend gleichwinkeliger Ebenenbüschel zu bestimmen.

Die beiden Ebenenbüschel kann man in der Form annehmen:

$$(x\cos\delta + y\sin\delta)\cos\varphi + (z - c)\sin\varphi = 0,$$
$$(x\cos\delta - y\sin\delta)\cos\psi + (z + c)\sin\psi = 0,$$

wo $\cos\varphi = \cos(\psi - \varepsilon)$ und $\sin\varphi = \sin(\psi - \varepsilon)$ sein muß. Auch dies Hyperboloid ist ein orthogonales; denn man findet, daß $C' = A' + B' = \sin\varepsilon\cos^2\delta$ ist.

7. Aufgabe. Man beweise, daß durch die beiden Gleichungen:

$$y^2(1 - \mathrm{tg}^2\delta) + z^2 + 2xy\,\mathrm{tg}\,\delta + 2pz = 0 \quad \text{und}$$
$$y^2(1 - \mathrm{tg}^2\varepsilon) + z^2 - 2xy\,\mathrm{tg}\,\varepsilon - 2qz = 0$$

zwei einschalige Rotationshyperboloide dargestellt sind, die sich längs der Achse OX berühren und die Achse OZ zur gemeinsamen Normale in einem Scheitelpunkte haben (Hyperboloidräder).

Benutzung des Satzes 70 und der Formel (I) in § 25 auf S. 236.

8. Aufgabe. Man führe die 2. Aufgabe in § 10 auf S. 101 für den Raum durch, indem man die feste Gerade durch eine feste Ebene ($x = 2d$) ersetzt und den Kreis durch eine Kugel (für die Koordinaten des Mittelpunktes der Fläche (vgl. die Formeln (II) in § 25, S. 237). Man erhält diejenigen Flächen 2. Grades, welche keine Geraden enthalten (Reliefperspektive).

§ 24.
Fokaleigenschaften der Flächen 2. Grades.

Zu Eigenschaften der Flächen 2. Grades, die den Brennpunktseigenschaften der Kegelschnitte analog sind, gelangt man durch die Frage nach solchen Punkten (l, m, n) des Raumes, von denen aus gerade Tangentialkegel an eine Fläche 2. Grades:

$$(1) \qquad Ax^2 + By^2 + Cz^2 + 2Dx + 2Ey + 2Fz + G = 0$$

gelegt werden können. Bezeichnen wir die linke Seite dieser Gleichung für die gesuchte Spitze mit L, so lautet nach Gleichung (a) auf S. 213 die Gleichung eines solchen Kegels:

$$(2) \qquad \left(A(x-l)^2 + B(y-m)^2 + C(z-n)^2\right) L$$
$$- \{(Al + D)(x - l) + (Bm + E)(y - m) + (Cn + F)(z - n)\}^2 = 0;$$

die Koeffizienten der Glieder zweiter Dimension in x, y, z sind daher:

$$(3) \quad \alpha = AL - (Al + D)^2, \quad \beta = BL - (Bm + E)^2, \quad \gamma = CL - (Cn + F)^2,$$

$$(4) \quad \alpha_1 = -(Bm + E)(Cn + F), \quad \beta_1 = -(Cn + F)(Al + D),$$
$$\gamma_1 = -(Al + D)(Bm + E).$$

Die Bedingungen (16) auf S. 217 für eine Rotationsfläche nehmen hiernach die Form an:

$$(5) \qquad AL = BL = CL,$$

können also, wenn es sich nicht um eine Kugelfläche handelt, nur für $L = 0$ erfüllt sein, d. h. wenn die Spitze des Kegels auf der Fläche liegt.

Sehen wir von diesen trivialen Fällen ab, so werden wir das zweite durch $\alpha_1 = \beta_1 = 0$ und $(\alpha - \gamma)(\beta - \gamma) - \gamma_1{}^2 = 0$ (Gl. (18) auf S. 217) ausgedrückte Kriterium für eine Rotationsfläche anzuwenden haben, indem wir voraussetzen, daß $C \gtreqless 0$ sei, und erhalten die Bedingungen:

$$Cn + F = 0 \tag{6}$$

$$\left(L(A - C) - (Al + D)^2\right)\left(L(B - C) - (Bm + E)^2\right) - (Al + D)^2(Bm + E)^2 = 0, \tag{7}$$

oder:

$$L(A - C)(B - C) - (A - C)(Bm + E)^2 - (B - C)(Al + D)^2 = 0. \tag{7^a}$$

Der gesuchte Ort ist demnach der in der Symmetrieebene $Cz + F = 0$ der Fläche gelegene Kegelschnitt:

$$\begin{aligned} &AC(B - C)x^2 + BC(A - C)y^2 + 2CD(B - C)x + 2CE(A - C)y \\ &+ (B - C)D^2 + (A - C)E^2 + \left(\frac{F^2}{C} - G\right)(A - C)(B - C) = 0. \end{aligned} \tag{I}$$

Einen ebensolchen Kegelschnitt erhalten wir in jeder andern Symmetrieebene, wo aber die Realität noch zu untersuchen ist; ebenso sehen wir hier davon ab, ob die Tangentialkegel, deren Spitzen auf solchen Kegelschnitten liegen, reell seien.

Für die Richtungskosinus der Achse eines solchen von (l, m, n) ausgehenden geraden Tangentialkegels ergibt sich nach (19) auf S. 217 und (7^a) die Proportion:

$$\begin{aligned} f_3 : g_3 : h_3 &= \frac{A - C}{B - C}(Bm + E)^2 : -(Al + D)(Bm + E) : 0 = \\ &= (A - C)(Bm + E) : -(B - C)(Al + D) : 0. \end{aligned} \tag{8}$$

Diese Achse ist also eine in der Symmetrieebene gelegene Gerade, deren Gleichung ist:

$$(x - l)(B - C)(Al + D) + (y - m)(A - C)(Bm + E) = 0, \tag{9}$$

also die Tangente des Kegelschnittes (I) im Punkte (l, m, n) (s. Gl. (6) auf S. 65).

Liegt die Spitze des Kegels zugleich auf der Fläche, ist also auch $L = 0$, so wird nach (7^a):

$$f_3 : g_3 : h_3 = Al + D : Bm + E : 0, \tag{10}$$

die Achse ist also, wie auch geometrisch evident ist, die Flächennormale. Dann ist die Spitze ein sogenannter Nabelpunkt der Fläche, d. h. ein Punkt, dessen Tangentialebene ihren

Kreisebenen parallel ist. Setzen wir nämlich in den Formeln (2) auf S. 198:

$$(11)\qquad f_1 N = Bm + E,\quad g_1 N = -(Al + D),\quad h_1 = 0,$$

$$(12)\qquad f_2 = 0\quad ,\ g_2 = 0\quad ,\ h_2 = 1,$$

wo $N^2 = (Al + D)^2 + (Bm + E)^2$, so wird $\mathfrak{C} = 0$ und:

$$(13)\qquad (\mathfrak{A} - \mathfrak{B}) N^2 = (A - C)(Bm + E)^2 + (B - C)(Al + D)^2,$$

jeder der Tangentialebene in (l, m, n) parallele Schnitt wird daher ein Kreis, wenn der Berührungspunkt zugleich auf dem Kegelschnitte (7^a) liegt, und umgekehrt.

Eine der wesentlichsten Eigenschaften, die diese Spitzen von geraden Tangentialkegeln der Fläche 2. Grades mit den Brennpunkten der Kegelschnitte teilen, besteht darin, daß jeder von einem Punkte des Kegelschnittes (I) ausgehende Lichtstrahl durch die Fläche als Spiegel wieder in einen Punkt des Kegelschnittes reflektiert wird. Er wird daher mit Recht Fokalkegelschnitt genannt. Den Beweis führen wir so, daß wir zeigen: die Normale in jedem Punkte der Fläche ist eine Hauptachse des Kegels, der den Kegelschnitt (I) von dem Punkte aus projiziert. Denn trifft ein von einem Punkte des Fokalkegelschnittes ausgehender Strahl die Fläche in einem Punkte, so enthält hiernach dieser Punkt einen anderen den Fokalkegelschnitt treffenden Strahl, der mit der Flächennormale in derselben Ebene liegt wie der erste Strahl und mit ihr denselben Winkel bildet wie jener.

Ist nämlich (ξ, η, ζ) ein Punkt jenes Projektionskegels, so liegt er mit der Spitze (l, m, n) und dem Punkte $(x, y, -\frac{F}{C})$ des Kegelschnittes (I) in einer Geraden, wenn man setzt:

$$(14)\qquad x = \frac{\xi(Cn + F) - l(C\zeta + F)}{C(n - \zeta)},\quad y = \frac{\eta(Cn + F) - m(C\zeta + F)}{C(n - \zeta)}.$$

Hiernach erhalten wir für die Koeffizienten der Glieder 2. Dimension in der Gleichung des Kegels:

$$(15)\qquad \mathfrak{a} = AC(B - C)(Cn + F)^2,\ \mathfrak{b} = BC(A - C)(Cn + F)^2,$$

$$\begin{aligned}(16)\qquad \mathfrak{c} = {} & \big(A(B-C)l^2 + B(A-C)m^2 + 2D(B-C)l + 2E(A-C)m\big)C^3 \\ & + \{(B-C)D^2 + (A-C)E^2 + (A-C)(B-C)(\tfrac{F^2}{C} - G)\}C^2,\end{aligned}$$

$$\begin{aligned}(17)\qquad \mathfrak{a}_1 &= -C^2(A - C)(Cn + F)(Bm + E), \\ \mathfrak{b}_1 &= -C^2(B - C)(Cn + F)(Al + D),\ \mathfrak{c}_1 = 0.\end{aligned}$$

Hieraus geht hervor, daß die Gleichungen (III) auf S. 215 erfüllt sind, wenn man setzt:

(18) $$f_1 : g_1 : h_1 = Al + D : Bm + E : Cn + F,$$

(19) $$\mathfrak{a}' = C(A - C)(B - C)(Cn + F)^2.$$

Die ersten beiden Gleichungen (III) sind dann identisch erfüllt, die dritte aber nur in Rücksicht darauf, daß (l, m, n) der Fläche (1) angehört. Denn es wird von dem Proportionalitätsfaktor abgesehen:

(20) $$\begin{aligned} &\mathfrak{b}_1 f_1 + \mathfrak{a}_1 g_1 + \mathfrak{c} h_1 = \\ &- C^2(Cn + F)\{(B - C)\big((Al + D)^2 - ACl^2 - 2DCl - D^2\big) \\ &\qquad + (A - C)\big((Bm + E)^2 - BCm^2 - 2ECm - E^2\big) \\ &\qquad\qquad - \left(\frac{F^2}{C} - G\right)(A - C)(B - C)\} = \\ &- C^2(Cn + F)(A - C)(B - C)\left\{ Al^2 + 2Dl + Bm^2 + 2Em + G - \frac{F^2}{C}\right\} \\ &\qquad = C(A - C)(B - C)(Cn + F)^3 = \mathfrak{a}' h_1 . \end{aligned}$$

Hiermit ist unsre Behauptung bewiesen.

Ist auch B von Null verschieden, also die Gerade $By + E = 0$, $Cz + F = 0$ eine gemeinsame Hauptachse des Fokalkegelschnittes (I) und des in seiner Ebene gelegenen Kegelschnittes der Fläche, so läßt sich zeigen, daß diese beiden Kegelschnitte die Brennpunkte auf dieser Hauptachse gemein haben. Nach Gleichung (7) auf S. 82 sind nämlich die Brennpunkte von (I) oder (7^a) bestimmt durch:

(21) $$(\mathfrak{A} - \mathfrak{B})\lambda - (\mathfrak{A}l + \mathfrak{D})^2 = 0,$$

wo, wenn wir unter $\mathfrak{A}$, $\mathfrak{B}$, usw. die Koeffizienten von Gleichung (7^a) verstehen:

(22) $$\mathfrak{A} - \mathfrak{B} = C^2(A - B), \quad \mathfrak{A}l + \mathfrak{D} = -C(B - C)(Al + D),$$

(23) $$\lambda = (B - C)\big(L_0(A - C) - (Al + D)^2\big),$$

und L_0 die linke Seite von (1) für $x = l$, $By + E = 0$, $Cz + F = 0$ bedeutet. Demnach ergibt sich für die Abszisse l der gesuchten Brennpunkte die Gleichung:

(24) $$L_0(A - B) - (Al + D)^2 = 0;$$

durch dieselbe Gleichung sind aber auch die Brennpunkte des in derselben Ebene gelegenen Kegelschnittes der Fläche bestimmt, so daß unsre Behauptung bewiesen ist.

Nun hat aber der in der Symmetrieebene $By + E = 0$ gelegene Fokalkegelschnitt in den Koordinaten l und n geschrieben die Gleichung:

(25) $$L(C - B)(A - B) - (C - B)(Al + D)^2 - (A - B)(Cn + F)^2 = 0,$$

so daß jene Brennpunkte zugleich Scheitelpunkte dieses Fokalkegelschnittes sind. Da wegen der Symmetrie unserer Formeln die Betrachtung auch von diesem Fokalkegelschnitte hätte ausgehen können, so erhalten wir das Resultat, daß **zwei Fokalkegelschnitte so liegen, daß in der gemeinsamen Symmetrieachse die Brennpunkte des einen die Scheitelpunkte des andern sind** (vgl. 3. Aufg. auf S. 224). Da nach Gleichung (9) auf S. 82 auch die Brennpunkte einer imaginären quadratischen Linie die Scheitelpunkte einer Hyperbel sind, so folgt schon aus diesen allgemeinen Betrachtungen, daß jede Fläche 2. Grades reelle Brennpunkte besitzt. Wir können daher den Satz aussprechen:

72. *Der Ort derjenigen Punkte oder Fokalpunkte, von denen aus gerade Tangentialkegel an eine Fläche 2. Grades gelegt werden können, ist je eine quadratische Linie in jeder Symmetrieebene der Fläche, die nicht ganz imaginär sein können. Die Achse eines solchen Kegels ist Tangente in dem Fokalpunkte an den Fokalkegelschnitt. Jeder von einem Fokalpunkte ausgehende Lichtstrahl wird durch die Fläche als Spiegel in einen Punkt desselben Fokalkegelschnittes reflektiert. Die Tangentialebenen in gemeinsamen Punkten eines Fokalkegelschnittes mit der Fläche sind deren Kreisebenen parallel. Jeder Fokalkegelschnitt hat mit dem in derselben Symmetrieebene gelegenen Kegelschnitte der Fläche die Brennpunkte gemein. Je zwei Fokalkegelschnitte liegen so, daß in der gemeinsamen Hauptachse die Brennpunkte des einen die Scheitelpunkte des anderen sind.*

Endlich kann man auch eine der Erzeugung der Kegelschnitte durchaus analoge **Erzeugung aller Flächen 2. Grades** (wegen den Ausnahmen vgl. den Schluß des Paragraphen) von den Fokalkegelschnitten aus herleiten. Daß diese Verallgemeinerung keine so unmittelbare sein kann, lehren die 6. und 7. Aufgabe auf S. 196. Wir gelangen hierzu, wenn wir jedem Punkte $\mathfrak{F}$ $(l,\ m,\ -\frac{F}{C})$ des Fokalkegelschnittes (I) oder (7ᵃ) denjenigen Punkt $\mathfrak{Q}$ $(p,\ q)$ derselben Ebene zuordnen, welcher erstens in der Polare von $\mathfrak{F}$ für den Kegelschnitt der Fläche und zweitens in der Normale von $\mathfrak{F}$ an den Fokalkegelschnitt liegt. Die erste Gerade hat die Gleichung:

$$(26)\quad (x-l)(Al+D)+(y-m)(Bm+E)=-L=-\frac{(Al+D)^2}{A-C}-\frac{(Bm+E)^2}{B-C},$$

und die zweite nach (9):

$$(27)\quad (x-l)(Bm+E)(A-C)-(y-m)(Al+D)(B-C)=0,$$

so daß wir erhalten:

$$(28)\qquad p-l=-\frac{Al+D}{A-C},\quad q-m=-\frac{Bm+E}{B-C}.$$

Man beweist hieraus leicht, daß $\mathfrak{L}$ der Pol der Tangente (9) in $\mathfrak{F}$ in bezug auf den Kegelschnitt der Fläche ist, indem man die Polare von $\mathfrak{L}$ bildet, p, q durch l, m ausdrückt und (7ª) benutzt.

Nunmehr betrachten wir die Gerade $x = p$, $y = q$ als Leitlinie und suchen den Abstand irgend eines Punktes $\mathfrak{P}(x, y, z)$ der Fläche von ihr, wenn dieser Abstand parallel einer Kreisebene gemessen wird, welche natürlich der Leitlinie nicht parallel, also auf der Ebene des Fokalpunkts $\mathfrak{F}$ nicht senkrecht sein darf. Die Richtungskosinus u, v, w einer solchen Kreisebene sind nach den Formeln (34) auf S. 207 gegeben durch ($\eta = 1$, $\lambda = B$):

$$u : v : w = \sqrt{B - A} : 0 : \sqrt{C - B}. \tag{29}$$

Hierbei ist die Bezeichnung so zu wählen, daß diese Richtungskosinus reell resultieren auch im Falle der uneigentlichen Kreisebenen (s. S. 207). Sind daher p, q, r die Koordinaten desjenigen Punktes $\mathfrak{Q}$, in dem die Kreisebene durch $\mathfrak{P}$ die Leitlinie trifft, so muß sein:

$$z - r = \sqrt{\frac{B - A}{C - B}}(x - p). \tag{30}$$

Bedenken wir nun noch, daß wegen (28):

$$x - p = x - l + \frac{Al + D}{A - C}, \quad y - q = y - m + \frac{Bm + E}{B - C}, \tag{31}$$

so folgt auf grund von (7ª):

$$\left.\begin{aligned}\overline{\mathfrak{P}\mathfrak{Q}}^2 &= (x-p)^2 + (y-q)^2 + (z-r)^2 = \frac{A-C}{B-C}(x-p)^2 + (y-q)^2 \\ &= \frac{A-C}{B-C}(x-l)^2 + (y-m)^2 + \frac{2(x-l)(Al+D)}{B-C} + \frac{2(y-m)(Bm+E)}{B-C} \\ &+ \frac{L}{B-C} = \frac{1}{B-C}\{-C((x-l)^2 + (y-m)^2) + Ax^2 + By^2 + 2Dx \\ &+ 2Ey - Al^2 - Bm^2 - 2Dl - 2Em + L\},\end{aligned}\right\} \tag{32}$$

also wegen (1) und (7ª):

$$\overline{\mathfrak{P}\mathfrak{Q}}^2 = \frac{C}{C-B}\left((x-l)^2 + (y-m)^2 + \left(z + \frac{F}{C}\right)^2\right) = \frac{C}{C-B}\overline{\mathfrak{P}\mathfrak{F}}^2. \tag{II}$$

Hiernach können folgende allgemeine Erzeugungsweise der Flächen 2. Grades aussprechen, die man Mac Cullagh verdankt:

73. *Jede Fläche 2. Grades ist der Ort derjenigen Punkte, für welche das Verhältnis der Entfernung von einem Fokalpunkte, dessen Symmetrieebene nicht auf den Kreisebenen senkrecht steht, zu der parallel den Kreisebenen gemessenen Entfernung von einer Geraden, die in dem Pole der Kegelachse des Fokalpunktes in bezug auf den in seiner Ebene gelegenen Flächenschnitt auf dieser Ebene senkrecht steht, konstant ist.*

Daß dieser Satz auch für diejenigen Flächen richtig bleibt, welche keine Kreisebenen besitzen, wenn wir diese durch die Ebenen ersetzen, die nur je eine Gerade der Fläche enthalten (vergl. S. 207), werden wir durch die nunmehr vorzunehmende Diskussion der einzelnen Arten der Flächen 2. Grades bestätigt finden; sie wird uns zugleich über die gestaltlichen Verhältnisse der Fokalkegelschnitte Aufschluß geben und die Ausnahmefälle kennen lehren.

Gehen wir aus von dem parabolischen Zylinder (Fig. 76 auf S. 187) $z^2 - 2py = 0$, so erhalten wir in der einzigen Symmetrieebene $z = 0$ die Fokalgerade $y = \frac{p}{2}$, die den Brennpunkt der Leitparabel in der Ebene OYZ enthält und den Kanten des Zylinders parallel ist; die Kreisebenen (im Sinne von S. 207) werden hier parallel OXY, und der Zylinder ist der Ort der Punkte, die von einem Brennpunkte obiger Parabel und ihrer Leitlinie gleich weit abstehen (7. Aufgabe, S. 196).

Haben wir den hyperbolischen Zylinder (Fig. 77 auf S. 188 bei Ersetzung von $OX'Y'Z'$ durch $OYZX$) $\frac{x^2}{a^2} - \frac{z^2}{c^2} - 1 = 0$, so erhalten wir in der Symmetrieebene $z = 0$ die beiden Fokalgeraden $x = \pm\sqrt{a^2 + c^2}$, die in den Brennpunkten der Leithyperbel auf deren Ebene senkrecht stehen. Die uneigentlichen Kreisebenen sind $\frac{x}{a} \pm \frac{z}{c} = \text{const}$ oder den Asymptotenebenen des Zylinders parallel, und der Zylinder ist der Ort der Punkte, deren Entfernung von einem Brennpunkte der Leithyperbel gleich der parallel einer Asymptotenebene gemessenen Entfernung von der zugehörigen Leitlinie ist. Man wird bemerken, daß diese Ebenen senkrecht stehen auf der Ebene durch den festen Punkt und die feste Gerade.

Handelt es sich um den elliptischen Zylinder $\frac{y^2}{b^2} + \frac{z^2}{c^2} - 1 = 0$ $(b > c)$, so erhalten wir die Fokalgeraden $z = 0$, $y = \pm\sqrt{b^2 - c^2}$, die wieder in den Brennpunkten der Leitellipse auf deren Ebene senkrecht stehen. Die Gleichungen der Kreisebenen sind $xc \pm z\sqrt{b^2 - c^2} = \text{const}$, und das konstante Verhältnis $\mathfrak{PF}:\mathfrak{PQ}$ ist gleich der numerischen Exzentrizität der Ellipse oder gleich dem Sinus des Winkels der festen Ebene mit der festen Geraden. Man wird aber bemerken, daß die feste Ebene parallel dem Lote von dem festen Punkte auf die feste Gerade ist. Der Fall $b = c$ oder der Rotationszylinder ist hier auszunehmen.

Handelt es sich um das hyperbolische Paraboloid $x^2 - z^2 \operatorname{tg}^2 \alpha - 2py = 0$ (Fig. 78 auf S. 189 bei Vertauschung von OX und OY), so erhalten wir die beiden Fokalparabeln $z = 0$, $x^2 \sin^2\alpha - 2py - p^2 \cot^2\alpha = 0$ und $x = 0$, $z^2 \sin^2\alpha + 2py - p^2 = 0$, an denen man leicht die früheren Beziehungen bestätigen kann; beide liegen ganz außerhalb der zugehörigen Hauptparabeln. Die uneigentlichen Kreisebenen sind $x \pm z \operatorname{tg}\alpha = \text{const}$ und das Verhältnis $\mathfrak{P}\mathfrak{F}:\mathfrak{P}\mathfrak{Q}$ ist wiederum 1. Das hyperbolische Paraboloid ist also der Ort der Punkte, die von irgend einem Punkte der beiden Fokalparabeln dieselbe Entfernung haben wie von der zugehörigen Leitlinie, die letztere gemessen parallel jenen Ebenen; man achte aber auf die besondere Lage jener Ebenen zum festen Punkte und zur festen Geraden beim hyperbolischen Zylinder.

Haben wir das elliptische Paraboloid $\frac{y^2}{p} + \frac{z^2}{q} - 2x = 0$, wo $p > q$ sein mag, so erhalten wir die beiden Fokalparabeln $z = 0$, $y^2 - 2(p-q)x + q(p-q) = 0$, und $y = 0$, $z^2 + 2(p-q)x - p(p-q) = 0$, von denen die erste ganz innerhalb des Paraboloids liegt und die zweite die Nabelpunkte enthält. Die Kreisebenen sind $z \mp x \operatorname{tg}\beta = \text{const}$, wenn $q = p \sin^2\beta$ gesetzt wird, und das konstante Verhältnis ist $\cos\beta$, also der Sinus des Winkels der Kreisebenen mit der festen Geraden; es ist aber auch hier auf die besondere Lage dieser Ebenen zum festen Punkte und zur festen Geraden beim elliptischen Zylinder zu achten. Der feste Punkt für die MAC CULLAGHsche Erzeugung darf nur auf der inneren Parabel liegen. Das Rotationsparaboloid ($p = q$) ist hier auszunehmen.

Von den Mittelpunktsflächen bedarf einer besonderen Behandlung die Kegelfläche $\frac{x^2}{a^2} - \frac{y^2}{b^2} - \frac{z^2}{c^2} = 0\,(b > c)$. Hier ergeben sich die Fokalgeraden $z = 0$, $\sqrt{b^2 - c^2}\,x \pm \sqrt{a^2 + c^2}\,y = 0$, auf denen der feste Punkt beliebig angenommen werden darf. Die Kreisebenen haben die Gleichung $c\sqrt{a^2 + b^2}\,x \pm a\sqrt{b^2 - c^2}\,z = \text{const}$, und das konstante Verhältnis $\mathfrak{P}\mathfrak{F}:\mathfrak{P}\mathfrak{Q}$ wird $\varepsilon = \frac{\sqrt{b^2 - c^2}}{b}$ oder $1 - \varepsilon^2 = \frac{c^2}{b^2}$. Hieraus ist ersichtlich, wie ε nach Annahme des festen Punktes $\mathfrak{F}$, der festen Geraden $\mathfrak{L}\mathfrak{Q}$ und der festen Ebene $\varkappa$ zu wählen ist, damit nach der MAC CULLAGHschen Erzeugungsweise eine Kegelfläche resultiere. Es bedeutet nämlich $\frac{c}{b}\sqrt{\frac{a^2 + b^2}{a^2 + c^2}}$ den Kosinus des Winkels, den OX mit der Normale zur festen Ebene bildet, oder des Winkels der festen Geraden ($\parallel OZ$) mit der festen Ebene. Ebenso bedeutet $\sqrt{\frac{a^2 + c^2}{a^2 + b^2}}$ den Kosinus des Winkels, den das Lot vom festen Punkte auf die feste Gerade, das auch auf der Fokalgeraden senkrecht stehen muß, mit der Spur der festen Ebene in der auf der festen Geraden senkrechten Ebene einschließt. Damit eine Kegelfläche resultiere, muß also $\sqrt{1-\varepsilon^2}$ dem Produkte dieser beiden Kosinus gleich sein; daß dann auch wirklich eine Kegelfläche entsteht, kann leicht verifiziert werden (s. 3. Aufg.). Wir erhalten so das Resultat: Der Ort derjenigen Punkte, für welche das Verhältnis ε der Entfernung von einem festen Punkte $\mathfrak{F}$ zu der von einer festen Geraden $\mathfrak{L}\mathfrak{O}$ ($\mathfrak{F}\mathfrak{L} \perp \mathfrak{L}\mathfrak{O}$), diese gemessen parallel einer festen Ebene $\varkappa$ konstant sein soll, ist eine Kegelfläche, wenn $\sqrt{1-\varepsilon^2} = \cos(\varkappa, \mathfrak{L}\mathfrak{O}) \times \cos(y, \mathfrak{F}\mathfrak{L})$, wo y die Spur von $\varkappa$ in der zu $\mathfrak{L}\mathfrak{O}$ senkrechten Ebene durch $\mathfrak{F}$ ist. Der Rotationskegel ist hier auszuschließen.

Was endlich die eigentlichen Mittelpunktsflächen betrifft, so folgt daraus, daß es stets reelle Fokalkegelschnitte gibt, und aus der Beziehung ihrer Brenn- und Scheitelpunkte (Satz 72), daß von den drei Fokalkegelschnitten stets einer eine Ellipse, der andere eine Hyperbel und der dritte imaginär sein muß.

Betrachten wir in der Tat zuerst das Ellipsoid $\frac{x^2}{a^2} + \frac{y^2}{b^2} + \frac{z^2}{c^2} - 1 = 0$ $(a > b > c)$, so haben wir die Fokalellipse $z = 0$, $\frac{x^2}{a^2 - c^2} + \frac{y^2}{b^2 - c^2} - 1 = 0$ und die Fokalhyperbel $y = 0$, $\frac{x^2}{a^2 - b^2} - \frac{z^2}{b^2 - c^2} - 1 = 0$, während die Kreisebenen $z \mp x \operatorname{tg} \alpha = \text{const}$ sind, wo $\cos^2 \alpha = \frac{b^2 - c^2}{b^2} \frac{a^2}{a^2 - c^2}$. Da hier die Fokalhyperbel die Nabelpunkte enthält, so kann $\mathfrak{F}$ nur auf der ganz innerhab des Ellipsoids gelegenen Fokalellipse angenommen werden. Ferner ist $\varepsilon = \frac{\sqrt{b^2 - c^2}}{b} < \cos \alpha$ oder kleiner als der Sinus der festen Ebene mit der Leitgeraden; für den Fall der Gleichheit erhielten wir in der Tat das elliptische Paraboloid. Das verlängerte Rotationsellipsoid ist hier auszuschließen, für das abgeplattete s. 7. Aufg. auf S. 196.

Betrachten wir weiter das zweischalige Hyperboloid $\frac{x^2}{a^2} - \frac{y^2}{b^2} - \frac{z^2}{c^2} - 1 = 0$ $(b > c)$, so erhalten wir die Fokalhyperbel $z = 0$, $\frac{x^2}{a^2 + c^2} - \frac{y^2}{b^2 - c^2} - 1 = 0$ und die Fokalellipse $y = 0$, $\frac{x^2}{a^2 + b^2} + \frac{z^2}{b^2 - c^2} - 1 = 0$, während $z \mp x \operatorname{tg} \alpha = \text{const.}$ die Kreisebenen sind, wenn $\cos^2 \alpha = \frac{b^2 - c^2}{b^2} \frac{a^2}{a^2 + c^2}$ ist. Der feste Punkt $\mathfrak{F}$ darf also nur auf der Fokalhyperbel liegen; die Fokalellipse enthält hier die Nabelpunkte. Das konstante Verhältnis ε ist $\frac{\sqrt{b^2 - c^2}}{b} > \cos \alpha$, aber, wie wir zeigen werden, $< \varepsilon_1$, wo ε_1 das zur Kegelfläche führende Verhältnis bezeichnet. Es ist nämlich $1 - \varepsilon^2 = \sin^2 \alpha \frac{a^2 + c^2}{a^2 + b^2}$ und $90^0 - \alpha = \sphericalangle(\varkappa, \mathfrak{L}\mathfrak{O})$. Sind ferner l, m, o die Koordinaten von $\mathfrak{F}$, so ist, da $\mathfrak{F}\mathfrak{L}$ die Normale der Fokalhyperbel ist:

$$(33) \qquad \cos^2(\mathfrak{F}\mathfrak{L}, O\mathfrak{Y}) = \frac{m^2(a^2 + c^2)}{m^2(a^2 + b^2) + (b^2 - c^2)^2} < \frac{a^2 + c^2}{a^2 + b^2},$$

also $1 - \varepsilon^2 > \sin^2 \alpha . \cos^2(\mathfrak{F}\mathfrak{L}, O\mathfrak{Y}) = 1 - \varepsilon_1^2$, demnach in der Tat $\varepsilon < \varepsilon_1$. Das zweischalige Rotationshyperboloid ist hier auszunehmen.

Wenden wir uns schließlich zu dem einschaligen Hyperboloid $-\frac{x^2}{a^2} + \frac{y^2}{b^2} + \frac{z^2}{c^2} - 1 = 0$ $(b > c)$, so ergibt sich die Fokalhyperbel $z = 0$, $-\frac{x^2}{a^2 + c^2} + \frac{y^2}{b^2 - c^2} - 1 = 0$ und die Fokalellipse $x = 0$, $\frac{y^2}{a^2 + b^2} + \frac{z^2}{a^2 + c^2} - 1 = 0$ und die Kreisebenen wie im vorigen Falle. Der feste Punkt $\mathfrak{F}$ für die Mac Cullaghsche Erzeugung kann also jedem der beiden Fokalkegelschnitte angehören, da die Kreisebenen auf keiner ihrer Ebenen senkrecht stehen. Gehört $\mathfrak{F}$ der Fokalhyperbel an, so findet man wieder $\varepsilon = \frac{\sqrt{b^2 - c^2}}{b}$ und man beweist wie eben (im Nenner der rechten Seite von (33) steht $-(b^2 - c^2)^2$), daß $\varepsilon_1 < \varepsilon < 1$; für $\varepsilon = 1$ entsteht ja das hyperbolische Paraboloid. Liegt $\mathfrak{F}$ hingegen auf der Fokalellipse, so wird $\varepsilon = \frac{\sqrt{a^2 + c^2}}{c} > 1$.

Somit haben wir bewiesen, daß die Mac Cullaghsche Erzeugungsweise alle Flächen 2. Grades umfaßt mit Ausnahme der ausdrücklich genannten besonderen Fälle. Diese sind erstens die aus der Elementargeometrie bekannten Flächen, nämlich die Kugel, der gerade Zylinder und Kegel, und zweitens die durch Rotation eines Kegelschnittes um seine Brennpunktsachse entstehenden Flächen; diese drei Flächen entstehen als Ort der Punkte, für die das Verhältnis der Abstände von einem festen Punkte und einer festen Ebene konstant ist (s. 6. Aufg. auf S. 196 und 4. Aufg. dieses Paragraphen).

---

1. Aufgabe. Die Ebene, die in einem Fokalpunkte auf dessen Tangente an den Fokalkegelschnitt senkrecht steht, schneidet die Fläche in einem Kegelschnitte, von dem der Fokalpunkt ein Brennpunkt ist.

Dieser Satz, der unmittelbar aus Satz 72 folgt, ist auch analytisch auf grund der allgemeinen Formeln in § 9 auf S. 82 zu beweisen.

2. Aufgabe. Dreht sich eine Ebene um irgend eine Gerade einer Symmetrieebene einer Fläche 2. Grades, und man fällt von ihrem Pole in bezug auf die Fläche ein Lot auf die Ebene, so läuft dieses durch einen festen Punkt der Symmetrieebene, den Pol jener Geraden in bezug auf den Fokalkegelschnitt.

Den Pol einer Ebene findet man durch Vergleichung der Koeffizienten ihrer Gleichung mit denen der Gleichung der Polarebene (S. 184), wobei man die Mittelpunktsflächen und die Paraboloide gesondert behandeln kann.

3. Aufgabe. Man bestimme den Ort der Punkte, für die das Verhältnis der Entfernung von einem festen Punkte zu der von einer festen Geraden, die letztere gemessen parallel zu einer festen Ebene konstant ist.

Man kann die feste Gerade zur Achse OZ machen, den festen Punkt in der Ebene OXY und die Gleichung der festen Ebene in der Form $z = x \operatorname{tg} \alpha$ annehmen; dann ergibt sich:

$$\Delta = \frac{\varepsilon^2}{d^2}\left\{1 - \varepsilon^2 - \sin^2\alpha \sin^2\delta\right\}\frac{1}{\cos^2\alpha},$$

wenn ε das konstante Verhältnis, d der Radiusvektor und δ die Amplitude des festen Punktes ist. Auf diesem Wege bestätige man die Resultate des Textes.

4. Aufgabe. Man suche den Ort der Punkte, für welche das Quadrat des Abstands von einem festen Punkte zu dem Produkte der Abstände von zwei festen Ebenen konstant ist (Amiot).

Man wird auch hier den festen Punkt in der Ebene OXY, aber die festen Ebenen in der Form $y = \pm x \operatorname{tg} \alpha$ annehmen. Man erhält ein Ellipsoid, ein elliptisches Paraboloid und ein zweischaliges Hyperboloid. Der feste Punkt muß auf dem Fokalkegelschnitte durch die Nabelpunkte liegen, und die festen Ebenen enthalten die zugehörige Leitgerade und sind den Kreisebenen parallel.

5. Aufgabe. Man suche den Ort der Punkte, für die das Verhältnis der senkrechten Abstände von einer festen Geraden und einer festen Ebene konstant ist.

Man erhält eine Kegelfläche; die feste Gerade ist eine Fokalgerade und die feste Ebene der Ort ihrer Leitgeraden, wie auch aus dem Texte S. 233 folgt.

6. Aufgabe. Ordnet man jedem Punkte P des Ellipsoids $\frac{x^2}{a^2} + \frac{y^2}{b^2} + \frac{z^2}{c^2} - 1 = 0$ $(a > b > c)$ den Punkt P' $\left(x' = \frac{x}{a}\sqrt{a^2 - c^2},\right.$ $\left. y' = \frac{y}{b}\sqrt{b^2 - c^2},\ z' = 0\right)$ zu, so ist stets $\overline{P_1 P'} = \overline{PP_1'}$; sind daher

P_1, P_2, P_3 drei Punkte der Hauptellipse $\frac{x^2}{a^2} + \frac{y^2}{b^2} - 1 = 0$, liegen also die entsprechenden Punkte auf der Fokalellipse, so kann das Ellipsoid ebenso erzeugt wie die Ellipse nach Formel (24) auf S. 87 (Ivory).

7. Aufgabe. Man beweise das Entsprechende, wenn man jedem Punkte des elliptischen Paraboloids $\frac{y^2}{p} + \frac{z^2}{q} - 2x = 0$ $(p > q)$ den Punkt P' $\left(x' = x + \frac{q}{2},\ y' = y\frac{\sqrt{p-q}}{q},\ z' = 0\right)$ zuordnet, und versuche die Übertragung dieser Sätze auf die übrigen Flächen 2. Grades.

8. Aufgabe. Man zeige, daß die in der 9. Aufgabe auf S. 197 aus einem einschaligen Hyperboloide entstehenden Flächen dieselben Fokalkegelschnitte besitzen.

§ 25.

Konjugierte Durchmesser der Flächen 2. Grades.

Nachdem wir schon in § 22 auf S. 202 gesehen haben, daß auch den Flächen 2. Grades analoge Durchmessereigenschaften zukommen wie den Kegelschnitten, wollen wir dieselben nunmehr systematisch untersuchen, indem wir von der allgemeinen Gleichung (1) in § 23 auf S. 214 ausgehen. Bringen wir die hierdurch dargestellte Fläche 2. Grades mit der Geraden: $x = p + uf, y = q + ug, z = r + uh$ zum Durchschnitte, so erhalten wir für die Abstände u der gesuchten Schnittpunkte vom Punkte (p, q, r) die folgende quadratische Gleichung:

$$(1)\quad \begin{cases} u^2(Af^2 + Bg^2 + Ch^2 + 2A_1gh + 2B_1hf + 2C_1fg) \\ \quad + 2u\{(Ap + C_1q + B_1r + D)f + (C_1p + Bq + A_1r + E)g \\ \quad + (B_1p + A_1q + Cr + F)h\} + P = 0, \end{cases}$$

wo:

$$(2)\quad \begin{cases} P = (Ap + C_1q + B_1r + D)p + (C_1p + Bq + A_1r + E)q \\ \quad + (B_1p + A_1q + Cr + F)r + Dp + Eq + Fr + G. \end{cases}$$

Soll nun die Gerade eine Tangente der Fläche im Punkte (p,q,r) sein, so muß sowohl der Koeffizient von $2u$ als P verschwinden. Setzt man daher für f,g,h umgekehrt $(x-p):u$, usw., so erhält man auf Grund von (2) als Gleichung der Tangentialebene im Punkte (p,q,r):

$$(\mathrm{I})\quad \begin{cases} (Ap + C_1q + B_1r + D)x + (C_1p + Bq + A_1r + E)y \\ \quad + (B_1p + A_1q + Cr + F)z + Dp + Eq + Fr + G = 0. \end{cases}$$

Liegt der Punkt (p, q, r) nicht auf der Fläche, so findet man wie auf S. 184, daß dies die Gleichung der **Polarebene** dieses Punktes ist.

Weiter ergibt sich als Ort der Mittelpunkte paralleler Sehnen der Fläche mit den Richtungskosinus f, g, h die **Durchmesserebene**:

$$(3)\quad \begin{cases} (Af + C_1 g + B_1 h)x + (C_1 f + Bg + A_1 h)y \\ \quad + (B_1 f + A_1 g + Ch)z + Df + Eg + Fh = 0. \end{cases}$$

Alle diese Durchmesserebenen enthalten offenbar den endlichen oder unendlich fernen gemeinsamen Punkt der drei besonderen Durchmesserebenen:

$$(4)\quad \begin{cases} Ax + C_1 y + B_1 z + D = 0, \\ C_1 x + By + A_1 z + E = 0, \\ B_1 x + A_1 y + Cz + F = 0, \end{cases}$$

welche den Richtungen der drei Koordinatenachsen zugeordnet sind. Ist, wie wir zunächst annehmen wollen, die **Größe** γ (Gl. (29) auf S. 222) **von Null verschieden**, so ist dieser Punkt der **Mittelpunkt** der Fläche; wir erhalten seine Koordinaten p, q, r, wenn wir die Gleichungen (3) der Reihe nach mit $\mathfrak{A}$, $\mathfrak{C}_1$, $\mathfrak{B}_1$ (vergl. Gl. (27) und (29) auf S. 222) multiplizieren und addieren und entsprechend mit $\mathfrak{C}_1, \mathfrak{B}, \mathfrak{A}_1$ und $\mathfrak{B}_1, \mathfrak{A}_1, \mathfrak{C}$ resp. verfahren, nämlich:

$$(\text{II})\quad \begin{cases} -p\gamma = \mathfrak{A}D + \mathfrak{C}_1 E + \mathfrak{B}_1 F, \\ -q\gamma = \mathfrak{C}_1 D + \mathfrak{B}E + \mathfrak{A}_1 F, \\ -r\gamma = \mathfrak{B}_1 D + \mathfrak{A}_1 E + \mathfrak{C}F, \end{cases}$$

wo wir die rechten Seiten ebenfalls in Determinantenform schreiben können.

Bei Substitution dieser Werte von p, q, r wird (vergl. (VII) auf S. 223):

$$(5)\quad P = Dp + Eq + Fr + G = -\frac{\Delta}{\gamma}.$$

Um nunmehr die Beziehungen der verschiedenen Durchmesser zueinander für $\Delta \lesseqgtr 0$ zu studieren, führen wir die Abkürzungen ein:

$$(6)\quad \begin{cases} Af_i + C_1 g_i + B_1 h_i = F_i, \\ C_1 f_i + Bg_i + A_1 h_i = G_i, \\ B_1 f_i + A_1 g_i + Ch_i = H_i. \end{cases}$$

Dann ist zunächst nach (1) und (5) die Länge u_i des Halbmessers mit den Richtungskosinus f_i, g_i, h_i gegeben durch:

$$(7)\quad u_i^2(f_i F_i + g_i G_i + h_i H_i) = \frac{\Delta}{\gamma}.$$

Jedem solchen Halbmesser u_i ist die Durchmesserebene:

$$F_i x + G_i y + H_i z + D f_i + E g_i + F h_i = 0 \tag{3^a}$$

konjugiert, welche der Ort der Mittelpunkte der dem Halbmesser u_i parallelen Sehnen der Fläche ist. Dann sind offenbar je zwei Halbmesser u_i und u_k einander in dem Sinne konjugiert, daß der eine in der dem anderen konjugierten Durchmesserebene liegt; denn dann besteht zwischen ihren Richtungskosinus die Bedingung:

$$0 = F_i f_k + G_i g_k + H_i h_k = F_k f_i + G_k g_i + H_k h_i. \tag{8}$$

Hieraus geht hervor, daß eine Mittelpunktsfläche 2. Grades unendlich viele Tripel einander konjugierter Halbmesser besitzt. Die Richtung (f_1, g_1, h_1) des einen dieser drei Halbmesser können wir nämlich willkürlich annehmen und ebenso die Richtung (f_2, g_2, h_2) eines zweiten in der dem ersten konjugierten Durchmesserebene; dann ist ja der dritte Halbmesser vollkommen bestimmt als Schnittlinie der den ersten beiden konjugierten Durchmesserebenen.

Die Quadrate solcher drei konjugierter Halbmesser lassen sich nun wesentlich einfacher ausdrücken. Für einen derselben gelten nämlich nach (7) und (8) die drei Gleichungen:

$$\left\{\begin{aligned} u_1^2(f_1 F_1 + g_1 G_1 + h_1 H_1) &= \frac{\Delta}{\gamma}, \\ u_1^2(f_2 F_1 + g_2 G_1 + h_2 H_1) &= 0, \\ u_1^2(f_3 F_1 + g_3 G_1 + h_3 H_1) &= 0. \end{aligned}\right. \tag{9}$$

Multiplizieren wir diese drei Gleichungen der Reihe nach mit $l_1 \sin\eta_1$, $l_2 \sin\eta_2$, $l_3 \sin\eta_3$ (vergl. die Formeln (V) und (IV^b) in § 19 auf S. 156 u. 164) und verfahren entsprechend mit $m_1 \sin\eta_1$, $m_2 \sin\eta_2$, $m_3 \sin\eta_3$ und $n_1 \sin\eta_1$, $n_2 \sin\eta_2$, $n_3 \sin\eta_3$, so folgt:

$$u_1^2 T\gamma F_1 = \Delta l_1 \sin\eta_1, \; u_1^2 T\gamma G_1 = \Delta m_1 \sin\eta_1, \; u_1^2 T\gamma H_1 = \Delta n_1 \sin\eta_1, \tag{10}$$

und entsprechende Gleichungen gelten für u_2^2 und u_3^2.

Hieraus folgt nach einer leichten Rechnung (vergl. Formel (31) und (IV^c) in § 19 auf S. 165):

$$\left\{\begin{aligned} u_2^2 u_3^2 T^2\gamma^2(G_2 H_3 - H_2 G_3) &= u_2^2 u_3^2 T^2 \gamma^2(\mathfrak{A} l_1 + \mathfrak{C}_1 m_1 + \mathfrak{B}_1 n_1)\sin\eta_1 \\ &= \Delta^2(m_2 n_3 - n_2 m_3)\sin\eta_2 \sin\eta_3 = \Delta^2 f_1 \sin\varepsilon_1 \sin\eta_2 \sin\eta_3 = \Delta^2 T f_1, \end{aligned}\right. \tag{11}$$

wenn wir uns die positiven Seiten der drei Halbmesser so gewählt denken, daß T positiv ist. Schreiben wir Gleichung (11) in der Form:

$$u_2^2 u_3^2 T\gamma^2(\mathfrak{A} l_1 + \mathfrak{C}_1 m_1 + \mathfrak{B}_1 n_1)\Delta \sin\eta_1 = \Delta^3 f_1 \tag{11^a}$$

und substituieren für $l_1 \Delta \sin\eta_1$ usw. ihre Werte aus (10), so folgt, da wir mit u_1 denjenigen der drei Halbmesser bezeichnen können, für welchen f_i nicht verschwindet:

$$\text{(III)} \qquad u_1^2 u_2^2 u_3^2 T^2 = \frac{\Delta^3}{\gamma^4}.$$

Hiernach können wir den ersten Gleichungen des Systems (10) und den beiden analogen für u_2^2 und u_3^2 die folgende Form geben:

$$\text{(12)} \qquad \begin{cases} u_2^2 u_3^2 T l_1 \sin\eta_1 = \frac{\Delta^2}{\gamma^3} F_1, \; u_3^2 u_1^2 T l_2 \sin\eta_2 = \frac{\Delta^2}{\gamma^3} F_2, \\ u_1^2 u_2^2 T l_3 \sin\eta_3 = \frac{\Delta^2}{\gamma^3} F_3. \end{cases}$$

Multiplizieren wir diese drei Gleichungen der Reihe nach mit $l_1 \sin\eta_1$, $l_2 \sin\eta_2$, $l_3 \sin\eta_3$ und addieren sie, so folgt:

$$\text{(13)} \quad u_2^2 u_3^2 \sin^2\eta_1 l_1^2 + u_3^2 u_1^2 \sin^2\eta_2 l_2^2 + u_1^2 u_2^2 \sin^2\eta_3 l_3^2 = \frac{\Delta^2}{\gamma^3} A.$$

Addiert man hierzu die beiden analogen Gleichungen für B und C, so erhält man die Relation (vergl. Gleichung (8) auf S. 215):

$$\text{(IV)} \qquad u_2^2 u_3^2 \sin^2\eta_1 + u_3^2 u_1^2 \sin^2\eta_2 + u_1^2 u_2^2 \sin^2\eta_3 = \frac{\Delta^2 \alpha}{\gamma^3}.$$

Nach (III) kann man (11[a]) auch in der Form:

$$\text{(14)} \qquad \Delta(\mathfrak{A} l_1 + \mathfrak{C}_1 m_1 + \mathfrak{B}_1 n_1)\sin\eta_1 = \gamma^2 T u_1^2 f_1$$

schreiben, denen sich die entsprechenden Gleichungen:

$$\text{(15)} \qquad \Delta(\mathfrak{A} l_2 + \mathfrak{C}_1 m_2 + \mathfrak{B}_1 n_2)\sin\eta_2 = \gamma^2 T u_2^2 f_2,$$

$$\text{(16)} \qquad \Delta(\mathfrak{A} l_3 + \mathfrak{C}_1 m_3 + \mathfrak{B}_1 n_3)\sin\eta_3 = \gamma^2 T u_3^2 f_3$$

anschließen. Multiplizieren wir diese drei Gleichungen der Reihe nach mit f_1, f_2, f_3 und addieren sie, so folgt:

$$\text{(17)} \qquad \Delta \mathfrak{A} = \gamma^2 (u_1^2 f_1^2 + u_2^2 f_2^2 + u_3^2 f_3^2).$$

Addiert man hierzu die beiden analogen Gleichungen für $\mathfrak{B}$ und $\mathfrak{C}$, so ergibt sich endlich die Relation (vergl. Gleichung (9) auf S. 215):

$$\text{(V)} \qquad u_1^2 + u_2^2 + u_3^2 = \frac{\Delta \beta}{\gamma^2}.$$

Die Relationen (III), (IV) und (V) gestatten eine einfache geometrische Interpretation, wenn man annimmt, daß die drei Halbmesser u_1, u_2, u_3 reell seien, welcher Fall nach diesen Relationen nur dann eintreten kann, wenn $\Delta, \alpha\gamma$ und β positiv sind, wenn die Fläche also nach Satz 71 ein Ellipsoid ist; umgekehrt hat ja für das Ellipsoid jeder Durchmesser reelle Endpunkte. Übrigens können wir auch wie auf S. 221 aus den Relationen (III), (IV) und (V) beweisen, daß u_1^2, u_2^2, u_3^2 positiv sein müssen, wenn Δ, $\alpha\gamma$ und β positiv sind, indem wir den Satz[1] benutzen, daß $\sin\eta_a < \sin\eta_b + \sin\eta_c$ ist.

Für je drei konjugierte Halbmesser gilt demnach der folgende Satz:

74. *Für je drei konjugierte Halbmesser eines Ellipsoids ist konstant erstens die Summe der Quadrate derselben, zweitens die Summe der Quadrate der Flächeninhalte der drei von ihnen gebildeten Dreiecke und drittens der Rauminhalt des von ihnen bestimmten Tetraeders.*

Dieser Satz läßt sich auch aus den entsprechenden Eigenschaften der Ellipse (Satz 35, S. 105) beweisen, da jedes Tripel konjugierter Durchmesser dadurch in jedes andere übergeführt werden kann, daß man dreimal je ein Paar durch ein Paar derselben Ebene ersetzt.

Auch Gleichung (17) gestattet die Interpretation, daß die Summe der Quadrate der Projektionen je dreier konjugierter Halbmesser auf eine bestimmte Achse (OX) konstant ist, und eine entsprechende Interpretation gilt für Gleichung (13) (in Beziehung auf die Ebene OYZ).

Nehmen wir an, daß die Fläche 2. Grades auf ihre Hauptachsen bezogen sei, daß also Gleichung (I) des Paragraphen 23 die Form:

$$\frac{x^2}{a^2} + \frac{y^2}{b^2} + \frac{z^2}{c^2} = 1 \tag{18}$$

habe, so lehren unsere Formeln die **Bestimmung dieser Hauptachsen aus drei der Größe und gegenseitigen Lage nach gegebenen konjugierten Halbmessern der Fläche 2. Grades.** Dann nimmt nämlich Gleichung (17) die Form an:

$$u_1^2 f_1^2 + u_2^2 f_2^2 + u_3^2 f_3^2 = a^2, \tag{19}$$

der sich die beiden anderen ($\mathfrak{C}_1 = \mathfrak{B}_1 = 0$):

$$u_1^2 f_1 g_1 + u_2^2 f_2 g_2 + u_3^2 f_3 g_3 = 0, \tag{20}$$

$$u_1^2 f_1 h_1 + u_2^2 f_2 h_2 + u_3^2 f_3 h_3 = 0 \tag{21}$$

---

[1] Dieser Satz der sphärischen Trigonometrie, der in keinem der dem Verfasser zugänglichen Lehrbücher zu finden war, folgt für den Fall, daß $\eta_a \geqq \eta_b$ und η_c ist, aus der Ungleichung $2\sin\frac{\eta_a}{2} < 2\sin\frac{\eta_b}{2} + 2\sin\frac{\eta_c}{2}$, die eine bekannte Eigenschaft des geradlinigen Dreiecks ausdrückt, das mit dem sphärischen die Ecken gemein hat; denn dann ist $\cos\frac{\eta_a}{2} \leqq \cos\frac{\eta_b}{2}$ und $\cos\frac{\eta_c}{2}$. Der Satz ist also bewiesen, wenn η_a, η_b und $\eta_c \leqq 90^0$ sind, und folgt für η_a, η_b, $\eta_c \geqq 90^0$ aus der Betrachtung des Nebendreiecks mit den Seiten η_a, $180^0 - \eta_b$, $180^0 - \eta_c$. Auf diese beiden Fälle können aber mit Hilfe der Nebendreiecke alle anderen zurückgeführt werden.

anschließen. Multiplizieren wir diese drei Gleichungen der Reihe nach mit f_1, g_1, h_1 und addieren sie und verfahren ebenso mit f_2, g_2, h_2 resp. f_3, g_3, h_3, so folgt:

$$(22)\qquad \begin{cases} u_1^2 f_1 + u_2^2 f_2 \cos\eta_3 + u_3^2 f_3 \cos\eta_2 = a^2 f_1, \\ u_1^2 f_1 \cos\eta_3 + u_2^2 f_2 + u_3^2 f_3 \cos\eta_1 = a^2 f_2, \\ u_1^2 f_1 \cos\eta_2 + u_2^2 f_2 \cos\eta_1 + u_3^2 f_3 = a^2 f_3; \end{cases}$$

aus diesen drei homogenen linearen Gleichungen für die Kosinus f_1, f_2, f_3 der Winkel der Halbachse a mit den drei konjugierten Halbmessern u_1, u_2, u_3 können die Verhältnisse jener berechnet werden, sobald die Halbachse a so bestimmt ist, daß die drei Gleichungen (22) mit einander vereinbar sind. Eliminiert man demnach f_1, f_2, f_3 aus ihnen (z. B. durch Nullsetzung der Determinante), so ergibt sich für $a^2 = u$ die folgende kubische Gleichung:

$$(23)\qquad \begin{cases} T^2 u_1^2 u_2^2 u_3^2 - u(u_2^2 u_3^2 \sin^2\eta_1 + u_3^2 u_1^2 \sin^2\eta_2 + u_1^2 u_2^2 \sin^2\eta_3) \\ \qquad + u^2(u_1^2 + u_2^2 + u_3^2) - u^3 = 0. \end{cases}$$

In der Tat wird der Koeffizient von $u_1^2 u_2^2 u_3^2$:

$$(24)\qquad \begin{cases} 1 - \cos^2\eta_1 - \cos^2\eta_2 - \cos^2\eta_3 + 2\cos\eta_1\cos\eta_2\cos\eta_3 \\ = (1-\cos^2\eta_2)(1-\cos^2\eta_3) - (\cos\eta_1 - \cos\eta_2\cos\eta_3)^2 \\ = \sin^2\eta_2\sin^2\eta_3 - \sin^2\eta_2\sin^2\eta_3\cos^2\varepsilon_1 = \sin^2\eta_2\sin^2\eta_3\sin^2\varepsilon_1 = T^2. \end{cases}$$

Schreibt man Gleichung (23) in der Form:

$$(23^a)\qquad \begin{cases} (u_1^2 - u)(u_2^2 - u)(u_3^2 - u) - (u_1^2 - u)u_2^2 u_3^2 \cos\eta_1 \\ \quad - (u_2^2 - u)u_3^2 u_1^2 \cos\eta_2 - (u_3^2 - u)u_1^2 u_2^2 \cos\eta_3 \\ \quad + 2u_1^2 u_2^2 u_3^2 \cos\eta_1\cos\eta_2\cos\eta_3 = 0, \end{cases}$$

so geht sie in Gleichung (IV) auf S. 215 über, wenn man setzt: $u_1^2 = A$, $u_2^2 = B$, $u_3^2 = C$, $u_2 u_3 \cos\eta_1 = A_1$, $u_3 u_1 \cos\eta_2 = B_1$, $u_1 u_2 \cos\eta_3 = C_1$. Man kann folglich wie dort beweisen, daß sie stets drei reelle und im allgemeinen von einander verschiedene Wurzeln a^2, b^2, c^2 besitzt. Gleichung (23) liefert somit einen neuen Beweis der Relationen (III), (IV) und (V) für die besondere Flächengleichung (18), und aus ihnen kann man wie auf S. 221 beweisen, daß a^2, b^2, c^2 positiv sind, wenn dasselbe von u_1^2, u_2^2 und u_3^2 bekannt ist.

Hat man nun aus den Gleichungen (22) und den entsprechenden die Verhältnisse der f_1, f_2, f_3; g_1 usw. gefunden, so bestimmt man diese Größen selbst aus (19) und den beiden entsprechenden Gleichungen. Substituiert man dann in die linke Seite von (20) aus (22) einmal die Werte von $a^2 f_1$, $a^2 f_2$, $a^2 f_3$ und das andere Mal die von $b^2 g_1$, $b^2 g_2$, $b^2 g_3$, so ergibt sich durch Gleichsetzung der so gewonnenen Ausdrücke, wenn, wie wir voraussetzen wollen, die drei

Wurzeln unserer kubischen Gleichung verschieden sind, das Bestehen von Gleichung (20); ebenso beweist man dasselbe von Gleichung (21) und der entsprechenden dritten. Die Gleichungen (19), (20) und (21) zeigen nunmehr, daß:

$$f_1(g_2 h_3 - h_2 g_3) + f_2(g_3 h_1 - h_3 g_1) + f_3(g_1 h_2 - h_1 g_2)$$

nicht verschwinden darf. Multipliziert man dann dieselben Gleichungen der Reihe nach mit f_1, g_1, h_1 und addiert sie und verfährt ebenso mit den analogen Gleichungen für b^2 und c^2, so erhält man in Rücksicht auf die erste der Gleichungen (22) und die entsprechenden in b^2 und c^2 für die drei Größen:

$$u_1^2(f_1^2 + g_1^2 + h_1^2 - 1),\ u_2^2(f_1 f_2 + g_1 g_2 + h_1 h_2 - \cos\eta_3),$$
$$u_3^2(f_1 f_3 + g_1 g_3 + h_1 h_3 - \cos\eta_2)$$

drei homogene lineare Gleichungen mit den Koeffizienten f_1, f_2, f_3; g_1, g_2, g_3; h_1, h_2, h_3, so daß jene drei Größen verschwinden müssen.

Auf diesem Wege kann man direkt zeigen, daß die nach der obigen Vorschrift berechneten Größen f_1, g_1, h_1, usw. wirklich die Richtungskosinus der gegebenen konjugierten Halbmesser in Beziehung auf drei zueinander senkrechte Achsen, die Hauptachsen der Fläche 2. Grades, sind. Man kann daher die Gleichungen (22) und die entsprechenden auch dazu benutzen, um die Richtungskosinus dreier konjugierter Halbmesser eines Ellipsoids zu bestimmen, die gegebene Größen haben und gegebene Winkel mit einander bilden, vorausgesetzt, daß diese 6 Stücke die Relationen (III), (IV) und (V) befriedigen.

Transformiert man die allgemeine Flächengleichung (I) auf S. 214 auf drei konjugierte Halbmesser u_1, u_2, u_3 als Koordinatenachsen mit Hilfe der Formeln:

(25) $$x = p + f_1 x_1 + f_2 x_2 + f_3 x_3, \text{ usw.},$$

so geht die allgemeine Flächengleichung nach (4), (7), (8) über in:

(VI) $$\frac{x_1^2}{u_1^2} + \frac{x_2^2}{u_2^2} + \frac{x_3^2}{u_3^2} = 1,$$

wo für $\Delta = 0$ auf der rechten Seite 1 durch 0 zu ersetzen ist, und die $1 : u_i^2$ irgendwelche den $F_i f_i + G_i g_i + H_i h_i$ proportionale Größen bedeuten.

Handelt es sich um die Paraboloide, ist also $\gamma = 0$, so führt die Transformation (25) deren Gleichung über in:

(VII) $$\omega_1^2 x_1^2 + \omega_2^2 x_2^2 + 2\sqrt{\frac{\Delta}{\beta}}\, x_3 = 0,$$

wenn (p, q, r) irgend ein Punkt des Paraboloids, (f_1, g_1, h_1) und

(f_2, g_2, h_2) zwei konjugierte Richtungen der Tangentialebene dieses Punktes bedeuten, so also, daß:

(26) $$F_1 f_2 + G_1 g_2 + H_1 h_2 = 0$$

ist, und

(27) $$f_3 : g_3 : h_3 = \mathfrak{A} : \mathfrak{C}_1 : \mathfrak{B}_1 = \mathfrak{C}_1 : \mathfrak{B} : \mathfrak{A}_1 = \mathfrak{B}_1 : \mathfrak{A}_1 : \mathfrak{C},$$

endlich:

(28) $$\omega_i^2 = F_i f_i + G_i g_i + H_i h_i$$

ist. Für $\gamma = 0$ wird nämlich hiernach:

(29) $$\Delta = \pm (D\sqrt{\pm \mathfrak{A}} + E\sqrt{\pm \mathfrak{B}} + F\sqrt{\pm \mathfrak{C}})^2,$$

wo das obere oder untere Vorzeichen gilt, je nachdem $\mathfrak{A}$, $\mathfrak{B}$ und $\mathfrak{C}$, die nach (27) gleichen Zeichens sind, oder β positiv oder negativ sind. Für die ω_i^2 ergeben dann analoge Rechnungen wie eben die beiden Relationen:

(VIII) $$\begin{cases} T^2\alpha = \omega_1^2 \sin^2 \eta_1 + \omega_2^2 \sin^2 \eta_2, \\ T^2\beta = \omega_1^2 \omega_2^2, \end{cases}$$

deren geometrische Interpretation für das elliptische Paraboloid von geringem Interesse ist.

Stehen die drei neuen Achsen aufeinander senkrecht, so sind p, q, r die Koordinaten des Scheitelpunktes des Paraboloids, zu deren Berechnung man zunächst die folgenden drei Gleichungen erhält:

(30) $$pA + qC_1 + rB_1 + D = \frac{1}{\beta}(\mathfrak{A}D + \mathfrak{C}_1 E + \mathfrak{B}_1 F), \text{ usw.},$$

die aber wegen $\gamma = 0$ nicht unabhängig voneinander sind. Substituiert man jedoch die linken Seiten dieser Gleichungen in (2), so erhält man die zur Bestimmung von p, q, r noch fehlende lineare Gleichung.

Die Durchmessereigenschaften der Zylinderflächen decken sich mit denjenigen ihrer Kegelschnitte.

---

1. Aufgabe. Man beweise, daß durch schiefe Spiegelung an der Ebene OXY jede Kugelfläche in ein Ellipsoid übergeht, und daß je drei aufeinander senkrechte Durchmesser der Kugel in drei konjugierte Durchmesser des Ellipsoids übergehen (vgl. Aufg. 3 in § 10 auf S. 101).

2. Aufgabe. Gleitet eine Strecke mit ihren Endpunkten auf irgend drei festen Ebenen, so beschreibt irgend ein Punkt der Strecke oder ihrer Verlängerung ein Ellipsoid, und zwar erhält man den Endpunkt des jeder der drei Ebenen konjugierten Durchmessers,

wenn die bewegliche Strecke auf ihr senkrecht steht (vgl. Aufg. 5 in § 11 auf S. 109 und Aufg. 5 in § 20 auf S. 183).

3. Aufgabe. Man stelle die Bedingungen dafür auf, daß ein Ellipsoid drei gleiche und gegeneinander gleich geneigte konjugierte Halbmesser besitzt.

4. Aufgabe. Man stelle die Bedingungen zwischen den Größen und Winkeln dreier konjugierter Halbmesser eines Ellipsoids auf, wenn dieses eine Rotationsfläche sein soll (vgl. Satz 70 auf S. 220 und die Bemerkungen zu Gleichung (23) dieses Paragraphen).

5. Aufgabe. Man bestimme die Kreisschnitte eines Ellipsoids durch die Frage nach einem solchen Tripel konjugierter Halbmesser, von denen zwei einander gleich sind, aufeinander senkrecht stehen und gegen den dritten gleich geneigt sind.

6. Aufgabe. Man zerlege wie am Schlusse von § 10, S. 99 die linke Seite der Flächengleichung (I) des vorigen Paragraphen in die beiden linearen Faktoren, in die sie zerfallen muß, wenn erstens $\gamma = 0$ und zweitens die drei Kegelschnitte zerfallen, in denen die Fläche von den drei Koordinatenebenen getroffen wird.

Man untersuche die Abhängigkeit dieser vier Bedingungen voneinander.

7. Aufgabe. Man bestimme den Ort derjenigen Geraden, welche drei windschiefe Geraden gleichzeitig schneiden.

Will man hier zu lange Rechnungen vermeiden, so wird man zwei Fälle unterscheiden: 1. die drei Geraden sind derselben Ebene parallel, 2. sie sind nicht derselben Ebene parallel. Im ersten Falle kann man die drei Geraden zu einer der drei Koordinatenebenen parallel annehmen und erhält ein hyperbolisches Paraboloid. Im zweiten Falle bilden die drei Geraden mit denjenigen, welche je zwei schneiden und der dritten parallel sind, sechs Kanten eines Parallelepipedons, dessen Mittelpunkt man zum Mittelpunkt eines den drei Geraden parallelen schiefwinkligen Koordinatensystems machen kann. Transformiert man die so erhaltene einfache Gleichung auf irgend ein rechtwinkliges System mit demselben Anfangspunkte, so ist zu zeigen, daß Δ' negativ ist (s. die Formeln (2), (3), (4) auf S. 214 und (IV^b) in § 19 auf S. 164). Ist das Parallelepipedon ein Würfel, so erhält man ein einschaliges Rotationshyperboloid besonderer Art; man bestimme in diesem Falle die Rotationsachse.

Register.

Bemerkter Druckfehler.

S. 127, Z. 4 muß stehen statt Abteilung: Ableitung.

FSC
www.fsc.org
MIX
Papier | Fördert
gute Waldnutzung
FSC® C083411

Zeitfracht Medien GmbH
Ferdinand-Jühlke-Straße 7
99095 Erfurt, Deutschland
produktsicherheit@kolibri360.de